国家科学技术学术著作出版基金资助出版

"十四五"时期国家重点出版物出版专项规划项目

材料先进成型与加工技术丛书

申长雨　总主编

碳纤维增强树脂基复合材料
切削加工理论与技术

贾振元　王福吉　著

科学出版社

北　京

内 容 简 介

  本书为"材料先进成型与加工技术丛书"之一。轻质、高强的碳纤维增强树脂基复合材料(CFRP)是高端装备减重增效的优选材料,但其切削加工易产生分层等损伤,影响服役性能。阐明 CFRP 的切削机理、实现其构件的高质高效加工,已成为学术与工程界急需解决的瓶颈问题。

  本书详述了 CFRP 切削机理和加工损伤形成机制,并由此提出适用于 CFRP 加工的新方法,旨在为根本解决 CFRP 构件高质高效加工难题提供基础理论和技术指导,还可为其他类复合材料的低损伤高效加工提供借鉴。

  本书可作为普通高等学校机械类相关专业学生和教师的课程参考书,也可用作研究机构和企业中相关工作人员的技术参考书。

图书在版编目(CIP)数据

碳纤维增强树脂基复合材料切削加工理论与技术 / 贾振元,王福吉著. —北京:科学出版社,2022.6

  (材料先进成型与加工技术丛书 / 申长雨总主编)

  "十四五"时期国家重点出版物出版专项规划项目

  ISBN 978-7-03-071859-4

  Ⅰ. ①碳… Ⅱ. ①贾…②王… Ⅲ. ①碳纤维增强复合材料-加工 Ⅳ. ①TB334

  中国版本图书馆 CIP 数据核字(2022)第 040996 号

丛书策划:翁靖一
责任编辑:朱晓颖 毛 莹 / 责任校对:崔向琳
责任印制:霍 兵 / 封面设计:东方人华

科 学 出 版 社 出版
北京东黄城根北街 16 号
邮政编码:100717
http://www.sciencep.com

三河市春园印刷有限公司 印刷

科学出版社发行 各地新华书店经销
*
2022 年 6 月第 一 版 开本:720×1000 1/16
2022 年 6 月第一次印刷 印张:15 1/4
字数:305 000
定价:158.00 元
(如有印装质量问题,我社负责调换)

材料先进成型与加工技术丛书

编 委 会

材料先进成型与加工技术丛书

总　序

　　"料要成材、材要成器、器要可用"是材料科学和技术发展的根本，也是国民经济建设、国防现代化建设和人民生活质量提升的基础。

　　进入 21 世纪，作为"材要成器"的先进成型加工技术备受各国关注，成为全球制造业竞争的核心，也是我国"制造强国"和实体经济发展的根基。特别是随着我国供给侧结构性改革的深入推进，中国材料加工业正发生着历史性的变化。**一是产业的规模越来越大**。目前，在世界 500 种主要工业产品中，中国有 40%以上产品的产量居世界第一，其中，高技术加工和制造业占规模以上工业增加值的比重达到 15%以上，在多个行业形成规模庞大、技术较为领先的生产实力。**二是涉及的领域越来越广**。近十年，材料加工在国家基础研究和原始创新、"深海、深空、深地、深蓝"等战略高技术、高端产业、民生科技等领域都占据着举足轻重的地位，推动光伏、新能源汽车、家电、智能手机、消费级无人机等重点产业跻身世界前列，通信设备、工程机械、高铁等一大批高端品牌走向世界。**三是创新的水平越来越高**。特别是嫦娥五号、天问一号、空间站、长征五号、国和一号、华龙一号、C919 大飞机、歼 20、东风－17 等无不锻造着中国的材料加工业，刷新着创新的高度。

　　材料成型加工是一个"宏观成型"和"微观成性"的过程，是在多外场耦合作用下，材料多层次结构响应、演变、形成的物理或化学过程，同时也是人们对其进行有效调控和定构的过程，是一个典型的现代工程和技术科学问题。习近平总书记深刻指出，"现代工程和技术科学是科学原理和产业发展、工程研制之间不可缺少的桥梁，在现代科学技术体系中发挥着关键作用。要大力加强多学科融合的现代工程和技术科学研究，带动基础科学和工程技术发展，形成完整的现代科学技术体系。"这对我们的工作具有重要指导意义。

　　过去 10 年，我国的材料成型加工技术得到了快速发展。**一是成形工艺不断革新**。围绕着传统和多场辅助成形，如冲压成形、液压成形、粉末成形、注射成型，超高速和极端成型的电磁成形、电液成形、爆炸成形，以及先进的材料切削加工工艺，如先进的磨削、电火花加工、微铣削和激光加工等，开发了各种创新的工艺，使得生产过程更加灵活，能源消耗更少，对环境更为友好。**二是精度越来越高。**随着加工尺度的微纳化，各种微纳加工工艺得到了广泛的应用，如激光微加工、微挤压、微压花、微冲压、微锻压技术等大量涌现。**三是增材制造异军突起。**作为一种颠覆性加工技术，增材制造（3D 打印）随着新材料、新工艺、新装备的发展，广泛应用于航空航天、国防建设、生物医学和消费产品等各个领域。**四是数字技术和人工智能带来深刻变革。**数据技术——包括机器学习(ML)和人工智能(AI) 的迅猛发展，为推进材料加工工程的科学发现和创新提供了更多机会，大量的实验数据和复杂的模拟仿真被用来预测材料性能，设计和成型过程控制改变和加速着传统材料加工科学和技术的发展。

当然，在看到上述发展的同时，我们也深刻认识到，材料加工成型领域仍面临一系列挑战。例如，"双碳"目标下，材料成型加工业如何应对气候变化、环境退化、战略金属供应和能源问题，如废旧塑料的回收加工；再如，具有超常使役性能新材料的加工技术问题，如超高分子量聚合物、高熵合金、纳米和量子电子材料等；又如，极端环境下材料成型技术问题，如深空月面环境下的原位资源制造、深海环境下的制造等。所有这些，都是我们需要攻克的难题。

我国"十四五"规划明确提出，要"实施产业基础再造工程，加快补齐基础零部件及元器件、基础软件、基础材料、基础工艺和产业技术基础等瓶颈短板"，在这一大背景下，及时总结并编撰出版一套高水平、全面、系统地反映材料加工领域国际学术和技术前沿原理、最新研究进展及未来发展趋势的系列学术著作，将对推动我国基础制造业的发展起到积极的作用。

为此，我接受科学出版社的邀请，组织活跃在科研第一线的三十多位优秀科学家积极撰写"材料先进成型与加工技术丛书"，内容涵盖了我国在材料先进成型与加工领域的最新研究基础成果和技术成果，包括传统材料成型加工中的新理论和新技术、先进材料成型和加工的理论和技术、材料循环高值化与绿色制造理论和技术、极端条件下材料的成型与加工理论和技术、材料的智能化成型加工理论和方法、增材制造等各个领域。丛书强调理论和技术相结合、材料与成型加工相结合、信息技术与材料成型加工技术相结合，旨在推动学科发展、促进产学研合作，夯实我国制造业的基础。

本套丛书于 2021 年获批为"十四五"时期国家重点出版物出版专项规划项目，具有学术水平高、涵盖面广、时效性强、技术引领性突出等显著特点，是国内第一套全面系统总结材料先进成型加工技术的学术著作，同时也深入探讨了技术创新过程中要解决的科学问题。相信该丛书的出版对于推动我国材料领域技术创新过程中科学问题的深入研究，加强科技人员的交流，提高我国在材料领域的创新水平具有重要意义。

最后，我衷心感谢程耿东院士、李依依院士、张立同院士、韩杰才院士、贾振元院士、瞿金平院士、张清杰院士、张跃院士、朱美芳院士、陈光院士、傅正义院士，以及多位长江学者、国家杰青等专家学者的积极参与和无私奉献。也要感谢科学出版社的各级领导和编辑人员，特别是翁靖一编辑，为这套丛书的策划出版所做出的一切努力。正是在大家辛勤付出和共同努力下，本套丛书才可以顺利出版，得以奉献给广大读者。

中国科学院院士
橡塑模具 CAE 技术国家工程研究中心主任

前　言

碳纤维增强树脂基复合材料(CFRP，以下简称为碳纤维复合材料)是 20 世纪 60 年代出现并被逐步使用的一种新兴轻质、高强先进材料。其制备过程是：先由碳纤维和环氧树脂等原材料经涂膜、热压、覆膜等工艺制成预浸料，再按构件性能需求对预浸料进行赋形、固化而成。相比于传统材料，碳纤维复合材料的制备体现了结构性能一体化设计制造方法的先进性，不仅赋予了所制构件灵活的可设计性，还大幅提高了比强度、比刚度、抗疲劳性等诸多性能。鉴于此，碳纤维复合材料近年来已被大量应用于高端装备关键构件的制造。与此同时，在装备的一些关键连接部位，还有相当一部分碳纤维复合材料与铝合金、钛合金等高性能金属共同使用，从而组成了大量的叠层结构。而无论是碳纤维复合材料构件，还是其与金属组成的叠层结构，在连接装配前都需进行大量的切削加工，以满足严苛的尺寸、形位等精度要求和连接需求。但由于碳纤维复合材料细观上呈纤维、树脂及界面的多相混合态，宏观上呈层叠、各向异性等特征，其切削过程中材料的失效行为和去除机理与传统金属等均质材料明显不同，使碳纤维复合材料构件以及其与金属组成的叠层结构的高质高效加工面临系列挑战，主要表现在以下方面。

(1)碳纤维复合材料中的纤维高强、耐高温，树脂低强、性能对温度变化敏感，二者在切削力热共同作用下的去除行为迥异且相互关联；同时，受铺层角度影响，碳纤维复合材料各层中树脂对纤维的约束状态差异明显，导致力热规律、成屑方式、加工损伤形式等均大不相同，使得多层同步切削过程中的材料去除机理和加工损伤形成机制都十分复杂。

(2)纤维与树脂性能差异大以及碳纤维复合材料层间结合力弱等特点导致碳纤维复合材料的相间、层间在加工中极易开裂，造成纤维难以被有效切断，引发毛刺、撕裂、分层等损伤；特别是在铣削上下表层以及钻削出口等表层区域时，由于纤维所受约束更弱，其有效去除更为困难，因此损伤也更为严重。同时，高强高硬纤维与低强低硬树脂对刀具切削刃的高频交替作用还会导致刀具发生严重磨损，不仅会增加加工成本、降低生产效率，还会进一步加剧碳纤维复合材料构件的加工损伤。

(3)对于由碳纤维复合材料和金属组成的叠层结构，一方面，因二者弹性模量等性能差异大，一体化加工时材料回弹程度明显不同，导致尺寸一致性差；另一方面，刀具切削金属时产生的连续切屑和大量切削热，不仅会加剧碳纤维复合材料的加工损伤程度，还会带来已加工表面划伤、叠层界面热损伤等新问题，使得叠层结构的高质高效加工难上加难。

针对上述挑战，作者团队多年来开展了系统的理论研究和技术攻关。团队首先以碳纤维复合材料的切削基础理论为着眼点，深入揭示了材料的切削去除机理和加工损伤形成机制；并以此为依据，创新性地提出了抑制碳纤维复合材料加工损伤的变革性切削原理，并开发出拥有自主知识产权的系列高质高效加工专用工具和工艺；与此同时，还发展了碳纤维复合材料与金属叠层结构的一体化钻削加工理论，并研发出适用于叠层结构一体化低损伤加工的系列工具和工艺。上述成果已在成都飞机工业(集团)有限责任公司、沈阳飞机工业(集团)有限公司、哈尔滨飞机工业集团有限责任公司等企业生产的先进飞机平尾、垂尾、机身筒段等关键碳纤维复合材料构件和叠层结构的加工中应用验证，不仅直接推进了我国重点型号产品的研制和批产，还将我国碳纤维复合材料构件的加工技术水平推进至国际前沿，显著提升了我国装备制造业的国际影响力和竞争力。相关成果获国家技术发明奖一等奖。

展望未来，随着世界科技水平的持续高速发展，高端装备的性能将面临越来越高的要求。作为高端装备性能跃升的根本途径，减重增效将成为未来装备研制的大势所趋。碳纤维复合材料集轻质、高强、抗疲劳、耐腐蚀等诸多优势于一身，其将在未来装备研制中发挥越来越重要的作用，应用前景广阔，市场潜力巨大。然而，受限于碳纤维复合材料切削加工理论体系的缺乏和技术体系的不完善，构件加工损伤大、效率低，致使其设计性能无法保证，实际性能难以准确计算，严重制约此类先进材料在工程领域中的应用。为早日解决这一问题，国内很多高校已将复合材料切削加工作为本科生或研究生的必修或选修课程，旨在传授以碳纤维复合材料为代表的先进复合材料切削加工理论与技术，以提升未来相关领域技术人员的从业水平，进而推动碳纤维复合材料在工程中的应用。然而，限于国内有关碳纤维复合材料切削加工理论与技术的专著至今仍极为少见，相关成果的推广与进一步发展仍较为有限。为满足高校教学以及各研究机构和企业中相关技术人员学习、科研和工作的需要，作者在其团队多年研究所得成果的基础上，参阅了国内外同行研究的最新进展，系统地撰写了本书。同时，为便于读者更全面地查阅与学习，在本书撰写过程中，结合章节内容，特将本团队和国内外学者发表的本领域代表性论文与专利列于本书每一章后面。

本书的主要特点在于：①学术性强。内容涵盖了对碳纤维复合材料切削去除过程的细观、宏观分析，包括理论、仿真方法，全面揭示了切削去除机理与加工损伤形成机制，可为研究生自学和后续科研提供参考。②实用性强。内容涵盖了碳纤维复合材料专用加工工具的设计及研制方法，以及低损伤加工工艺等实用技术，可为科研院所、企业中的技术人员提供实际参考。③条理清晰。全书整体按照碳纤维复合材料切削过程的理论分析、加工工具设计、加工工艺开发的逻辑顺序进行编排，层层递进，深入浅出地阐述了从理论研究到技术落地应用的完整研究路线和知识体系，便于读者理解。全书由大连理工大学贾振元、王福吉主持撰写并统稿，所涉及的研究新成果是作者课题组多年研究工作的总结和凝练，在此感谢课题组已经毕业和在读的从事复合材料加工研究的年轻教师和研究生们的辛勤付出以及对本书中的成果所做出的贡献。同时，本书中的研究工作得到了国家973计划项目(2014CB046500)的资助，出版工作得到国家科学技术学术著作出版基金资助。

　　尽管作者多年从事碳纤维复合材料切削加工理论与技术的研究，但对其中的一些国际前沿问题也处于不断认知的过程中，书中难免有疏漏或不妥之处，恳请读者批评并不吝指正。

作　者
2022 年 6 月

目　录

总序

前言

第1章　碳纤维增强树脂基复合材料(CFRP)概述 ················· 1

1.1　引言 ··· 1

1.2　CFRP 的发展历程 ····································· 3

1.3　CFRP 的工程应用 ····································· 5

　　1.3.1　航空航天领域 ································· 5

　　1.3.2　海洋工程领域 ································· 7

　　1.3.3　陆地交通运输领域 ····························· 8

　　1.3.4　能源及其他领域 ······························ 8

1.4　CFRP 的成型 ··· 9

　　1.4.1　CFRP 的成型原料 ···························· 10

　　1.4.2　CFRP 的成型方法 ···························· 11

1.5　CFRP 的加工 ··· 13

　　1.5.1　CFRP 的加工要求 ···························· 14

　　1.5.2　CFRP 的加工方法 ···························· 15

　　1.5.3　CFRP 切削加工的挑战 ························· 17

1.6　本章小结 ··· 22

参考文献 ··· 22

第2章　CFRP 的切削基础理论 ····························· 26

2.1　细观尺度 CFRP 的切削模型 ························· 27

　　2.1.1　虑及多向约束的单纤维切削模型 ················· 27

　　2.1.2　纤维切削断裂的判定 ························· 32

　　2.1.3　细观尺度上切削 CFRP 的纤维变形 ············· 34

2.2　宏观尺度 CFRP 的成屑行为和切削力模型 ············· 35

　　2.2.1　宏观尺度 CFRP 的成屑行为 ··················· 35

2.2.2 CFRP 直角切削的切削力模型 ·································40

2.3 虑及切削温度的 CFRP 切削模型的建立 ·····················43
2.3.1 CFRP 切削温度场分布模型 ·····························43
2.3.2 虑及切削温度的切削模型 ·····························49

2.4 本章小结 ··50
参考文献 ···50

第3章 切削加工 CFRP 的有限元数值模拟 ·························52

3.1 细观尺度直角切削 CFRP 的有限元数值模拟 ················53
3.1.1 CFRP 组成相的本构模型 ·····························53
3.1.2 细观尺度直角切削 CFRP 的有限元数值模拟过程 ·······58
3.1.3 细观尺度直角切削 CFRP 的材料去除分析 ·············60

3.2 宏观尺度直角切削 CFRP 的有限元数值模拟 ················65
3.2.1 宏观尺度 CFRP 的本构模型 ·························65
3.2.2 宏观尺度直角切削 CFRP 的有限元数值模拟过程 ·······69
3.2.3 宏观尺度直角切削 CFRP 的面下损伤分析 ·············74

3.3 钻削和铣削 CFRP 的有限元数值模拟 ······················78
3.3.1 钻削 CFRP 的有限元数值模拟过程及分析 ·············78
3.3.2 铣削 CFRP 的有限元数值模拟过程及分析 ·············82

3.4 本章小结 ··84
参考文献 ···84

第4章 CFRP 切削加工损伤抑制原理和加工工具 ·················88

4.1 CFRP 切削加工损伤抑制原理 ······························89
4.1.1 "微元去除" CFRP 切削加工损伤抑制原理 ············91
4.1.2 "反向剪切" CFRP 切削加工损伤抑制原理 ············96

4.2 CFRP 钻削制孔刀具 ··101
4.2.1 传统钻削刀具几何特征对 CFRP 制孔损伤的影响 ·······102
4.2.2 具有 "反向剪切" 功能的钻削刀具微齿结构 ···········114
4.2.3 具有 "反向剪切" 功能的微齿钻削刀具及制孔效果 ·····118
4.2.4 系列化微齿钻削刀具 ································126

4.3 CFRP 铣削刀具 ··129
4.3.1 CFRP 铣削刀具的基本结构 ·························129
4.3.2 具有 "微元去除" 和 "反向剪切" 功能的
左、右螺旋刃微齿铣刀 ······························131
4.3.3 左、右螺旋刃微齿结构的优化设计及切削加工效果 ·········135

4.3.4　系列化左、右螺旋刃微齿铣刀 ·················· 139

4.4　本章小结 ··· 141

参考文献 ··· 141

第 5 章　切削 CFRP 的刀具磨损 ·································· 143

5.1　切削 CFRP 时刀具磨损的成因 ·················· 143

5.2　切削 CFRP 时刀具磨损的形态及程度表征 ·········· 144

5.2.1　刀具磨损形态 ································· 144

5.2.2　刀具磨损程度表征 ························· 146

5.3　切削 CFRP 时刀具磨损的规律 ·················· 148

5.4　切削 CFRP 时刀具磨损的抑制方法 ·········· 152

5.4.1　局部润滑冷却抑制刀具磨损 ··········· 153

5.4.2　涂层抑制刀具磨损 ························· 156

5.5　本章小结 ··· 159

参考文献 ··· 159

第 6 章　CFRP 低损伤切削加工工艺 ························· 161

6.1　CFRP 低损伤钻削工艺 ···························· 162

6.1.1　基于工艺参数优化的低损伤钻削工艺 ········· 162

6.1.2　强化出口侧支撑的低损伤钻削工艺 ········· 164

6.1.3　降低切削区温度的低损伤钻削工艺 ········· 165

6.1.4　振动辅助式低损伤钻削工艺 ··········· 168

6.1.5　逆向冷却低损伤钻削工艺 ··········· 169

6.2　CFRP 低损伤铣削工艺 ···························· 173

6.2.1　铣削工艺参数对 CFRP 去除过程的影响 ········· 173

6.2.2　铣削材料去除过程对铣削损伤形成的影响 ········· 180

6.2.3　铣削工艺参数对铣削损伤形成的影响 ········· 182

6.2.4　CFRP 低损伤铣削工艺参数的优选方法 ········· 185

6.3　本章小结 ··· 188

参考文献 ··· 188

第 7 章　CFRP 与金属叠层结构的一体化钻削 ·········· 190

7.1　叠层结构一体化钻削轴向力的计算方法 ·········· 191

7.2　叠层结构一体化钻削界面温度场的计算方法 ·········· 199

7.3　不同温度下叠层结构钻削损伤形成的临界条件 ·········· 203

7.3.1　金属/CFRP 叠层一体化钻削 ········· 203

　　7.3.2　CFRP/金属叠层一体化钻削 ……………………………………… 206

　7.4　叠层结构一体化钻削损伤抑制方法 ……………………………… 208

　　7.4.1　多阶梯多刃带式低损伤钻削刀具结构 ……………………… 208

　　7.4.2　竖刃断屑式低损伤钻削刀具结构 ……………………………… 216

　7.5　本章小结 …………………………………………………………… 221

　参考文献 ……………………………………………………………………… 222

关键词索引 …………………………………………………………………… 224

第1章

碳纤维增强树脂基复合材料 (CFRP) 概述

1.1 引言

　　社会的发展与材料的生产和运用密切相关，种类数以万计的金属材料、无机非金属材料、高分子材料和复合材料被发现或发明，并应用于各个领域，大幅推动了社会文明的进步[1,2]。其中，复合材料是将两种或两种以上无机非金属、金属或有机高分子(又称聚合物)等材料分别作为嵌入的增强相(提供主要性能)和被嵌入的基体相(用于连接增强相，起到传递和分配载荷等作用)，基体相和增强相之间通过复合工艺在宏观层面结合但未相互熔融而形成的新型材料。复合材料既能保留增强相材料和基体相材料的主要特点，又能通过特殊设计使各相材料性能互补，彼此关联协同，从而获得原组成相材料所无法比拟的力学(抗拉、抗疲劳等)、理化(耐腐蚀、耐候性等)等性能[3,4]。因此，复合材料已成为现阶段新材料发展的重要方向。

　　复合材料根据基体相的不同，大体上可分为金属基、无机非金属基和聚合物基三类复合材料[5]。金属基复合材料一般具有高导热、高导电和抗辐射等特性，常被应用于航空、军事等领域，如哈勃太空望远镜臂架采用碳纤维增强铝基复合材料(CF/Al)制造[6]。无机非金属基复合材料(如陶瓷基、碳基复合材料等)多用于高温、高磨蚀和高烧蚀等场合，如飞行器动力系统的燃烧室和核能系统的燃料包壳等[7]。相比之下，聚合物基复合材料(如纤维增强树脂基复合材料等)一般密度更小，同时兼具耐酸耐碱等特性，其制备工艺也更为成熟、多样，灵活性高，适用于多种尺度、复杂形状零件的整体近净成型制造(如大型飞机机身桶段等[8])，因而其适用范围更广，是目前应用非常普遍的一类复合材料。

聚合物基复合材料的增强相一般采用纤维质材料，根据纤维质材料的形态和排布方式可进一步划分为随机分布非连续纤维、单向排布非连续纤维、随机分布连续纤维和定向排布连续纤维，如图 1-1 所示。非连续纤维增强聚合物基复合材料可以通过控制纤维长度实现复合材料的近似各向同性设计，目前已具备成熟的成型工艺，可实现高效稳定生产，多用于需求量较大但承载力相对较小的零部件，如汽车内饰、外壳等零部件[9]。相比之下，连续纤维增强聚合物基复合材料保证了纤维的完整性，使得纤维拔出需要消耗更多的能量，可显著提高成型后材料的抗拉强度等性能[10]；此外，连续纤维增强聚合物基复合材料在制备过程中还可控制纤维方向，从而定向提高材料所组成零件的力学性能。因此，连续纤维增强聚合物基复合材料的应用更为广泛。

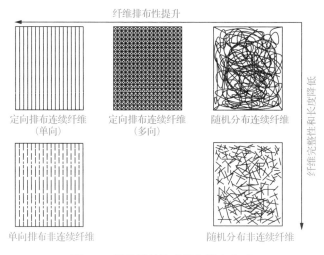

图 1-1　增强材料的形状和排布方式

连续纤维增强聚合物基复合材料的组成相包括连续纤维增强相(如玻璃纤维、芳纶纤维和碳纤维等)和聚合物基体相(如树脂、橡胶等，以树脂为主)[11]。其中，纤维普遍具备密度小、热膨胀系数小、耐腐蚀等特点；同时不同材质的纤维还具有各自独特的性质，使其组成的复合材料适用于不同场合。例如，玻璃纤维具有良好的绝缘性、耐热性等特点，因而其所组成的玻璃纤维增强树脂基复合材料(GFRP)多用于电力、建筑等领域；芳纶纤维具有良好的韧性和耐冲击性能，其所组成的芳纶纤维增强树脂基复合材料(AFRP)多用于承受动载荷和局部冲击载荷的装备，如头盔、防弹衣等；碳纤维具有更高的抗拉强度和拉伸模量(图 1-2)，其所组成的碳纤维增强树脂基复合材料(CFRP)在比强度、比模量方面更具有突出的优势[12]，是先进复合材料的典型代表，已成为目前先进装备减重增效的优选材料[13]。因此，CFRP 的发展主要体现为碳纤维增强相性能和制备方法的不断进步。

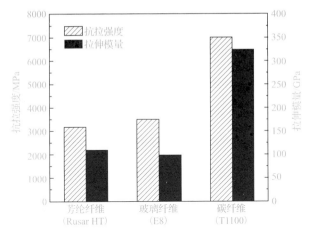

图 1-2　连续纤维的抗拉强度和拉伸模量对比

1.2　CFRP 的发展历程

　　碳纤维的起源可以追溯到 19 世纪末期,而直到 20 世纪五六十年代,美国 Wright-Patterson 空军基地材料实验室才以人造丝为原材料生产出了碳纤维[14],此后,Curry E. Ford 发明了在 3000℃高温下通过热处理人造丝制造碳纤维的工艺技术,生产出了当时强度最高的商业化碳纤维 Thornel-25,并获得了专利授权,其抗拉强度达 1.29GPa[15],推动了碳纤维的工业化进程。同期,近藤昭男等也开展了相关研究[16],发明了一种聚丙烯腈(PAN)基碳纤维的生产工艺技术(图 1-3[17]),使碳纤维的拉伸模量得到大幅提升,为工业化推广奠定了基础。英国皇家飞机研究中心的 William Watt 进一步解决了前驱体 PAN 基碳纤维共聚单体的内部结构缺陷和除杂、纺丝等问题,发明了真正意义上的高性能 PAN 基碳纤维[18]。1960 年,Roger Bacon 发现了丝状石墨(Filamentary Graphite)结构并提出了制备技术,这种结构的轴向性质与单晶碳相似,显著提高了 PAN 基碳纤维的抗拉强度和拉伸模量[19],这一成果奠定了高性能碳纤维技术的科学基础。1963 年,大谷杉夫还发明了沥青基碳纤维制备技术并生产了世界上最早的沥青基碳纤维[20]。1969 年,日本东丽公司(Toray)成功研制出抗拉强度高达 2.6GPa 的 PAN 基碳纤维,显著高于人造丝基碳纤维和沥青基碳纤维的强度[21]。至此,PAN 基碳纤维已成为制造 CFRP 的主要原料,制造的 CFRP 开始在一些非承力构件(如飞机起落架舱门、方向舵等)上应用[22]。

图 1-3　早期 PAN 基碳纤维生产工艺装置[17]

　　到了 20 世纪 70 年代，Wesley A. Schalamon 和 Roger Bacon 在 1970 年通过在 2800℃以上的高温条件下"热拉伸"人造丝，使石墨层取向与纤维轴向几乎平行，将纤维模量提高了近 10 倍，实现了高模量 PAN 基碳纤维制备技术的突破，发明了商业化制造高模量碳纤维的技术并获得专利授权[23]。1971 年日本东丽公司和美国联合碳化物(Union Carbide)公司进行了技术合作，同年月产 1t 级的碳纤维生产线开始运转，生产的碳纤维以 Torayca® 作为品牌[24]。1972 年 10 月，美国职业高尔夫球手 Gay Brewer 使用 CFRP 高尔夫球杆，在著名的高尔夫球锦标赛——太平洋俱乐部大师赛(Taiheiyo Club Masters)中获得冠军，这是 CFRP 在中下游民用领域的标志性应用。此后碳纤维的需求量快速增长，到 1974 年底，仅日本东丽公司的 PAN 基碳纤维的产量就已经达到每月 13t[25]，此外日本东邦(Toho Tenax)、三菱人造纤维(Mitsubishi Rayon)等公司也开始生产 PAN 基碳纤维。在此期间，碳纤维抗拉强度已达 3GPa 并实现了批量生产，大幅提高了 CFRP 的性能，降低了制造成本，促进了 CFRP 的推广应用，成功用于制造航空航天装备的次承力构件(如飞机垂尾、平尾等)以及民用制品(如高尔夫球杆、钓鱼竿等)[26]。

　　步入 20 世纪 80 年代后，碳纤维的发展进入跨越式阶段，其性能得到了大幅提升。日本东丽公司相继研制成功抗拉强度达 4.9GPa、拉伸模量达 230GPa 的 T700 级高强 PAN 基碳纤维和抗拉强度达 5.49GPa、拉伸模量达 294GPa 的 T800 级高强中模碳纤维，同时还发展了拉伸模量达 390GPa 的 M40 等高模碳纤维。到了 90 年代，世界主要的碳纤维生产企业相继推出了系列化的高性能碳纤维产品，包括德国巴斯夫公司(BASF)的 Celion G40 系列、美国赫氏公司(HEXCEL)的 IM 系列、日本东丽公司的 T 系列和 M 系列等，如日本东丽公司生产的 T1000 级碳纤维是

高强高模碳纤维的代表，其抗拉强度达 6.37GPa、拉伸模量达 294GPa。进入 21
世纪后，为了提高竞争力以及满足更高性能复合材料对碳纤维的要求，国际各大
公司相继推出更高强度的碳纤维，如赫氏公司的 IM10、东丽公司的 T1100、三菱
人造纤维公司的 MR70、东邦公司的 XMS32 都是抗拉强度达 7GPa、拉伸模量达
320GPa 的高强高模碳纤维[27]。碳纤维力学性能的大幅提升使得 CFRP 在先进装备
的大尺寸主承力构件中得到了应用(图 1-4[28])，这也使得碳纤维的用量需求快速
增长。统计数据表明，2008～2018 年全球碳纤维需求量从 36400t 增长到 92600t，
十年间的年均增长率为 9.8%，在此期间中国碳纤维的需求量从 8200t 增长至
31000t，年均增长率达到 14.22%[29]，这些碳纤维绝大部分用于制造 CFRP 零件。

(a)空客 A350XWB 机翼壁板　　　　　　(b)波音 787 机身桶段

图 1-4　CFRP 在大型飞机主承力构件中的应用[28]

1.3　CFRP 的工程应用

　　经过 50 余年的发展，CFRP 实现了从非承力构件到主承力构件、小型构件到
大型构件、简单结构件到复杂结构件的应用升级，在航空航天、海洋工程、陆地
交通等领域先进装备的制造中优势凸显。同时，随着生产技术的进步，CFRP 的
产能不断提升，生产成本逐步下降，CFRP 在普通民用生活领域也得到了广泛应用。

1.3.1　航空航天领域

　　减轻重量、提高结构效率是航空航天领域高端装备追求的永恒目标，轻质高
强的 CFRP 在航空航天领域的大量应用，在保证性能的前提下实现了大幅减重，
提高了装备的结构效能。在军用飞机方面，C-17 军用运输机(图 1-5(a))的复合材
料用量约为 7258kg(大多数为 CFRP)，占此飞机结构重量的 8.1%，与未采用复合
材料的原设计相比，减重达 20%，零件减少约 90%，生产过程中工装数量减少近

70%，大幅提高了运输能力和生产效率[30]；NH-90 直升机（图 1-5（b））的复合材料用量高达 95%，机身、旋翼系统、舱门等均采用了高强度的 CFRP，与全金属结构相比，零件数量减少近 20%，重量减轻约 15%[31]；美国的"全球鹰"无人机（图 1-5（c））作为目前全世界最先进的无人机，CFRP 用量达 65%，除机身主体结构为铝合金外，其他部件均用复合材料（大部分为 CFRP）制成，航程达到 22236km，续航时间达到 35h，最大飞行速度达到 650km/h[32]。可见，CFRP 的应用大幅提高了军用飞机的作战性能。

（a）C-17 军用运输机　　　　（b）NH-90 直升机　　　　（c）"全球鹰"无人机

图 1-5　应用 CFRP 的军用飞机

在民用飞机方面，国际先进的大型客机所用材料的比重如图 1-6 所示，复合材料占比最高，其中绝大部分复合材料是 CFRP。波音公司从 B707 到 B747 的型号发展经历了 10 年时间，机身面积增加不到一倍，复合材料使用面积增加 50 倍。目前最新机型 B787"梦想"飞机复合材料用量首次达到了 50%，使得 B787 飞机的燃油效率提高了 20%，其中 8%的贡献来自复合材料[33]。空中客车公司系列飞机复合材料所占结构重量的比例也在不断上升，从最初 A310-300 飞机的复合材料用量不足 5%，到 A320 飞机的 10%、A340 飞机的 13%、A380 飞机的 25%，再到 A350XWB 飞机的 53%，首次实现了复合材料用量超过金属材料[34,35]。我国下线的大飞机 C919 也采用了 12%的复合材料，下一代宽体客机 CR929 复合材料的计划用量也超过了 50%[36]。复合材料的用量已成为民用飞机先进性的标志之一。

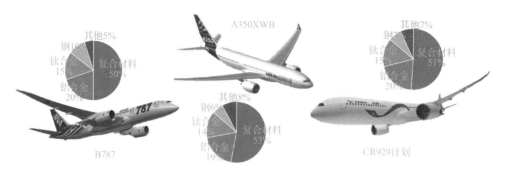

图 1-6　大型客机复合材料的使用情况

此外，航天领域的空间平台、运载火箭等也大量采用 CFRP 实现减重增效（图 1-7）。美国哈勃空间望远镜（图 1-7（a））采用了 CFRP 支撑的精密桁架结构，减轻了主镜和次镜的整体重量，提高了对准精度，提高了其观测效果[37]。国际通信卫星 V 采用了碳纤维/环氧面板蜂窝夹层结构制成的天线桁架，重量比相同结构的铝合金桁架减轻约 50%，如图 1-7(b)所示。此外，制造卫星和空间站的承力筒、基板等结构部件也多采用 CFRP[38]。战神 V 火箭的箭体整流罩、仪器舱、壳体等均采用 CFRP 进行制造[39]，得益于 CFRP 的大量应用，其运载能力高达 180t，如图 1-7(c)所示。因此，CFRP 在航天领域的应用在一定程度上推动了航天事业的发展。

(a)哈勃空间望远镜　　　　　(b)国际通信卫星 V　　　　　(c)战神 V 火箭

图 1-7　应用 CFRP 的航天装备

1.3.2　海洋工程领域

CFRP 的轻质高强、耐腐蚀以及易于实现降振等特性使其在海洋工程领域也有着广泛的应用。2000 年 6 月下水的瑞典海军维斯比级护卫舰(Visby Class Corvette)是世界第一艘在舰体结构中采用 CFRP 的海军舰艇(图 1-8(a))，CFRP 舰体结构实现减重 25%，维护成本也只有钢、铝舰体的 20%左右[40]。CFRP 在海洋武器(如鱼雷)中的应用时间可追溯到 20 世纪 60 年代，如美国生产的 MK46 鱼雷(图 1-8(b))，此类型鱼雷多处采用 CFRP 制作的结构组件，制造成本降幅达 70%左右[41]，此外，CFRP 还被应用于推进器螺旋桨叶的制造，日本中岛推进器公司(Nakashima Propeller)成功研制了大型货轮的 CFRP 螺旋桨(图 1-8(c))，比重仅为传统金属螺旋桨的 1/5，可大幅降低油耗，同时阻尼比提高了近 10 倍，实现了有效降振，进而保障了海洋装备的低噪声、平稳运行[42]。

(a)维斯比级护卫舰　　　　　(b)MK46 鱼雷　　　　　(c)CFRP 桨叶

图 1-8　应用 CFRP 的海洋工程装备

1.3.3 陆地交通运输领域

早期 CFRP 的制造成本较高，导致其很少在陆地交通运输领域应用。1992 年，美国通用汽车公司(General Motors)以超轻概念车的形式展出了由 CFRP 作为车身的概念汽车，车身重量为 191kg，整车重量降低约 68%，预期节油达 40%。随着 CFRP 制备成本的大幅下降，德国宝马公司(BMW)在 2014 年推出了全 CFRP 车身的宝马 i3 新能源汽车，如图 1-9(a)所示，实现减重 250～350kg，续航里程可达到 160km，大幅提升了新能源汽车的续航能力[43]。此外，韩国铁道科学研究院(KRRI)研制出蒙皮由 CFRP 构成的 TTX 型摆式列车车体，运行速度为 180km/h，车体外壳总重量比铝合金结构降低了 40%，且车体强度、疲劳强度、防火安全性、动态特性等性能均有所提高[44]，已于 2010 年投入商业化运营，如图 1-9(b)所示。美国沃尔玛公司(Walmart)也投入巨资开展沃尔玛先进交通工具体验项目(Walmart Advanced Vehicle Experience，WAVE)新概念卡车研究计划，如图 1-9(c)所示，计划整个车身用 CFRP 制成[45]。可以预期未来 CFRP 在陆地交通领域的应用将进一步扩大。

(a)宝马 i3　　　　　(b)TTX 型摆式列车　　　　　(c)沃尔玛新概念卡车

图 1-9 应用 CFRP 的陆地交通运输装备

1.3.4 能源及其他领域

增大单机容量和减轻单位千瓦质量是高性能发电装置的关键指标，采用大直径叶轮是实现上述指标的重要方法，然而增大叶轮直径的同时还必须保证其轻质且具有足够的强度，这使得 CFRP 成为能源领域叶片制造的优选材料。英国 AC Marine & Composites 公司生产了第一台商用潮汐发电机 O2 的 4 支 10m 长的叶片，如图 1-10(a)所示，叶片采用 CFRP 制造，提高了能源转化率并具有良好的耐腐蚀性[46]。2014 年，中材科技风电叶片股份有限公司成功研制出国内最长的 6MW 风机叶片(图 1-10(b))，该叶片全长 77.7m，重量为 28t，其中主梁由 5t 的国产 CFRP 制成，与采用玻璃纤维增强树脂基复合材料制造相比整体减重 20%以上[47]。

(a)潮汐发电机O2

(b)6MW风机叶片

图 1-10 应用 CFRP 的能源装备

除上述应用外，CFRP 以其优越的性能、复杂结构整体成型的制造优势和美观的外表，已经逐步深入人们的日常生活，如图 1-11 所示的电子、体育、装饰用品中都有了 CFRP 的身影。

(a)电子用品

(b)体育用品

(c)装饰用品

图 1-11 应用 CFRP 的生活用品

综上，CFRP 的快速发展和大量应用已为装备提升机动性、航程、运载能力和能源转化率等性能做出了突出贡献，助力了军用、民用等相关领域的全面发展，在现代科学技术的发展和高端装备的更新与换代过程中起到了至关重要的作用。

1.4 CFRP 的成型

CFRP 的大量应用离不开其制造技术的发展，目前制造 CFRP 零件首先需要对其进行成型。CFRP 的成型主要是在一定的温度、压力、时间条件下，实现高性能树脂对高性能增强纤维或其预成型体的浸渍和复合，并在模具中经过复杂的物理、化学变化而固化成型为所需形状制品的过程。因此，CFRP 的主要原材料(碳纤维、树脂)的种类和性能是影响 CFRP 性能的主要因素，而成型工艺则是影响两者相互复合的关键因素，可见，原材料和成型工艺共同决定了 CFRP 的最终性能。

1.4.1 CFRP 的成型原料

CFRP 所应用的碳纤维是一种含碳量不低于 93%的纤维状材料，按原料的不同可将碳纤维分为 PAN 基碳纤维、沥青基碳纤维以及粘胶基碳纤维。PAN 基碳纤维的生产工艺和技术最为成熟，是当今碳纤维工业应用的主要原料，目前常见的 PAN 基碳纤维及其性能见表 1-1。

表 1-1 常用 PAN 基碳纤维型号及力学性能

类型	断裂伸长率/%	抗拉强度/MPa	拉伸模量/GPa
T300	1.5	3530	230
T400HB	1.8	4410	250
T700SC	2.1	4900	230
T800SC	2.0	5880	294
T1000GC	2.2	6370	294
T1100GC	2.0	7000	324
M35JB	1.3	4510	343
M40JB	1.2	4400	377
M46JB	1.0	4200	436
M50JB	0.9	4120	475
M60JB	0.7	3820	588

CFRP 所用树脂主要有热固性树脂和热塑性树脂两大类。热固性树脂在固化剂或加热作用下进行交联、缩聚，形成不溶和不熔的交联体型结构。常用的热固性树脂有环氧树脂(EP)、双马来酰亚胺(BMI)等。热塑性树脂由线型高分子量聚合物组成，在一定条件下可溶解或熔融，并再次塑形，其间不发生化学反应，只发生物理变化。常用的热塑性树脂有聚醚醚酮(PEEK)、聚醚酰亚胺(PEI)等。常用的树脂体系及其力学性能见表 1-2。

表 1-2 常用高性能树脂的力学性能

树脂	抗拉强度/MPa	弯曲强度/MPa	弯曲模量/GPa	玻璃转化温度/℃	最高使用温度/℃
EP	85	50	3.3	180~200(分解)	160~180
BMI	84	45	3.3	>250(分解)	177~232
PEEK	99	145	3.8	143	260
PEI	107	148	3.4	215	300

从上述材料的属性差异可以看出，碳纤维和树脂作为 CFRP 的主要组成相，在强度、模量等基本属性参数上具有明显差别，同时树脂的属性还受到温度的影

响，基于此，两者经过复合后形成的 CFRP 将具有明显的非均质性、各向异性和对温度敏感等特性。

1.4.2　CFRP 的成型方法

单根碳纤维的直径一般为几微米至十几微米，难以直接用于成型。因此，为了实现碳纤维的应用并提高应用效率，需要对碳纤维进行一定的预处理，形成连续纤维丝束、编织带、编织布、预浸料等连续纤维形式的中间材料(图 1-12)用于 CFRP 零件的成型[48,49]。连续纤维丝束是由成千上万根单丝通过加捻的方式而形成的丝束；编织带和编织布是由连续碳纤维丝按照编织方式得到的织状物；预浸料是用树脂浸渍连续纤维丝束或织状物制成的碳纤维与树脂的组合物，是目前用于大型 CFRP 零件成型的主要中间材料。

(a)连续纤维丝束　　　　(b)编织带　　　　　　(c)编织布　　　　　　(d)预浸料

图 1-12　连续纤维形式的中间材料

这些含有连续纤维的中间材料通过一定的成型方法并做进一步处理，就会形成不同结构形式和性能的 CFRP 零件。目前 CFRP 零件常用的成型方法有树脂传递模塑(RTM)成型、纤维缠绕成型、拉挤成型和热压罐成型等。RTM 的基本原理如图 1-13(a)所示，先在模腔内铺放连续纤维的预成型体、芯材和预埋件，然后在压力或真空作用下将树脂注入闭合模腔，浸润纤维，固化后脱模，得到 CFRP 制品。这种方式获得的成型件尺寸和树脂含量稳定，多用于具有复杂外形且两面光滑的小型零件的中批量生产[50]。纤维缠绕成型是在控制纤维张力和预定线型的条件下，将连续的纤维布带等浸渍树脂胶液，连续地缠绕在相应于制品内腔尺寸的芯模或内衬上，在室温或加热条件下使之固化，制成一定形状 CFRP 制品的方法，如图 1-13(b)所示，这种方法是等强度结构(如圆柱体、球体及某些正曲率回转体)的主要成型方法[51]。拉挤成型(图 1-13(c))是在牵引装置的带动下，将无捻的连续纤维丝束和其他连续增强材料进行胶液浸渍、预成型，然后通过加热成型模具固化成型，从而实现复合材料制品的连续生产，主要用于成型制造各种不同截面形状的管、杆、棒、角形、工字形、槽型等 CFRP 型材[52]。

除上述工艺外，还有热压罐成型，它是目前在航空航天领域应用更为广泛的成型工艺。热压罐成型是利用一个具有整体加热系统的圆柱形压力容器(提供热量和压力，如图 1-13(d)所示)，对按照一定顺序铺放预浸料而形成的 CFRP 坯料，根据指定温度和压力曲线完成固化的工艺方法。采用热压罐成型方法即可以通过控制单向预浸料的铺放方向，得到统一整齐纤维取向的单向板和特定纤维取向的多向板，也可以利用编织预浸料进行铺放固化得到编织板，如图 1-14 所示。热压罐成型方法通用性强，在合理控制压力和温度的情况下，可以直接实现大型复杂 CFRP 零件的近净成型制造，大幅减少连接件的数量，广泛用于高端装备大型 CFRP 承力构件的制造[53]。

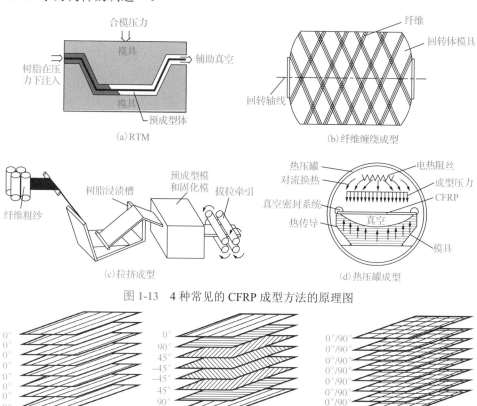

图 1-13　4 种常见的 CFRP 成型方法的原理图

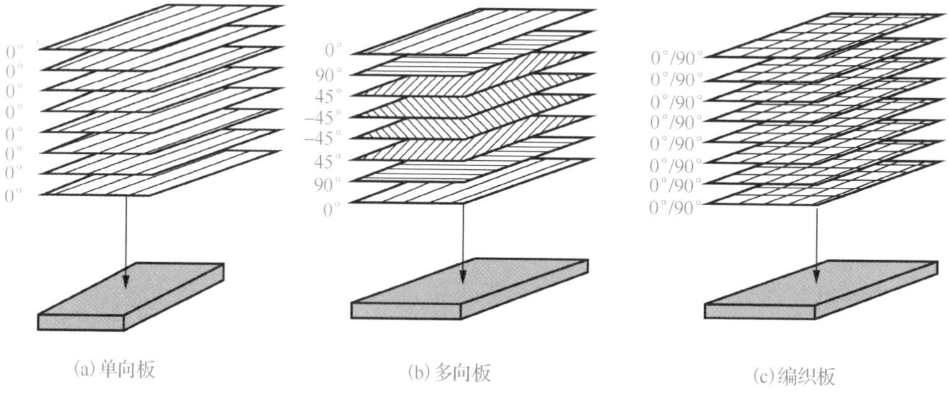

图 1-14　CFRP 层合板铺放方向示意图

经过成型工艺即可得到 CFRP 制件，如典型的 CFRP 层合板(图 1-15(a))。结合上述对原材料和成型方法的描述，可知 CFRP 具有如下特征：①CFRP 层合板在细观上由大量的碳纤维和树脂共同组成(图 1-15(b))，表现出明显的非均质性质，碳纤维和树脂的接触区域会产生过渡的界面，其属性与树脂相近，本书将树脂和过渡的界面统称为树脂及界面；②CFRP 中的碳纤维呈脆性，在外载荷作用下易发生脆性断裂，这也导致 CFRP 具有一定的脆性特征；③CFRP 沿厚度方向是由一层层纤维结合树脂按照一定的方向固化而成的，表现出明显的层叠特性和方向性，层间的结合强度与所用树脂的抗拉强度相近；④CFRP 每一层结构，在沿着纤维方向表现出较强的抗拉强度，而在垂直纤维方向主要依靠树脂及界面连接结合，其结合强度与树脂及界面的抗拉强度相近，相比于沿着纤维方向强度相对较低，因而 CFRP 具有强各向异性特征；⑤虽然 CFRP 组成相中碳纤维的耐热温度可达 1500℃，但树脂一般对温度较为敏感，如果温度超过树脂相的玻璃转化温度 T_g(一般小于 200℃)，CFRP 的力学性能通常会大幅改变。

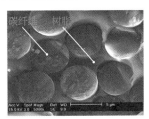

(a)CFRP 层合板　　　　　　　　　　　　　(b)CFRP 的细观特征

图 1-15　CFRP 层合板及其细观特征

1.5　CFRP 的加工

　　上述 CFRP 零件的成型过程包括对碳纤维、树脂等原材料进行预处理得到丝束、带或预浸料，再按零件的性能需求对预浸料进行赋形、固化，最终制成近净成型 CFRP 零件。虽然 CFRP 具有很强的可设计性，可以根据预期结构的尺寸和性能要求直接进行设计和整体成型制造，以减少连接和所用连接件的数量，但成型后的 CFRP 零件往往要与其他 CFRP 零件或金属零件进行装配连接，因此，在CFRP 应用的过程中对其进行加工(如连接孔、窗口和边缘等的加工)仍是必不可少的工序，且加工量往往很大。

　　材料的组成和特性直接影响其加工性能，CFRP 具有宏、细观多相态，层叠、各向异性等特征且对温度敏感，与金属等均质材料不同，加工 CFRP 的过程中易产生毛刺、分层、撕裂等损伤，且损伤随机不可控，致使 CFRP 零件的实际性能难以准确计算，设计性能难以保证，甚至会导致零件报废。因此，如何实现 CFRP 零件的低损伤、高效率加工是 CFRP 制造过程中的一大挑战。

1.5.1 CFRP 的加工要求

CFRP 的加工不仅包括对单体 CFRP 零件的连接孔、窗口和边缘等进行加工，同时为了实现 CFRP 零件与 CFRP 零件、金属零件之间的装配连接，还需对 CFRP 与 CFRP 组成的叠层结构，CFRP 与金属组成的叠层结构（如 CFRP/Ti、CFRP/Al、Ti/CFRP/Al）进行加工，主要是对叠层结构进行制孔，为了保证叠层结构各零件间制孔精度的一致性和制孔的形位公差，加工时常在装配工位上采用一体化制孔。

对 CFRP 进行加工将破坏其材料的连续性和完整性，会直接影响零件的强度、刚度和可靠性；特别是 CFRP 加工易产生如图 1-16 所示的分层、撕裂和毛刺等加工损伤，且损伤随机不可控，对 CFRP 的承载性能影响很大，如分层可能导致承载能力下降约 10%～70%，分层和毛刺可能使疲劳寿命下降约 9%～27%。特别是航空航天高端装备往往服役于极端环境，有些还需要满足长期服役的高可靠性要求，如 A380 客机（CFRP 用量占 25%左右）的中央翼盒主要由 CFRP 组成，需要承受超 1000t·m 的根部弯矩，并要求在 30 年服役期内，数万次飞行起降等条件下保证安全可靠。这对 CFRP 加工的损伤容限提出了严苛的要求：在飞机制造过程中，往往要求加工的成百上千个连接孔、数十至上百米边缘不能有任何一处损伤特征超差。这些要求对 CFRP 的加工技术提出了严峻的挑战。

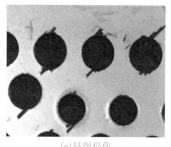

(a) 钻削损伤   (b) 铣削损伤

图 1-16 典型的 CFRP 切削加工损伤

此外，CFRP 零件多是整体成型，部分零件体积较大。对单个大型 CFRP 零件来说，其制孔较多、边缘加工相对较长。如图 1-17 所示，大型飞机 A350XWB 的 CFRP 机身前段和中段需要加工 36000 余个连接孔，CFRP 尾翼需要加工 5000 余个连接孔；尺寸相对较小的 F35 战机仅 CFRP 机身前段也需加工 1500 余个连接孔[54]，大型军用运输机 A400M 的单个 CFRP 机翼蒙皮与合金肋板之间有 6000 余个叠层结构连接孔[55]。A350XWB 长约 30m 的机翼蒙皮边缘都需要进行切边加工，A400M 的长 7m、12m 的内、外段前梁和长 14m、5m 的内、外段后梁也都需要进行切边加工。因此，在 CFRP 应用过程中，虽然整体成型减少了连接，但加工需求量仍较大，对加工效率也提出了较高的要求。

(a) A350XWB 机身桶段

(b) F35 机身前段

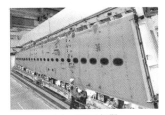
(c) A400M 机翼

图 1-17　典型的 CFRP 构件

1.5.2　CFRP 的加工方法

为了实现 CFRP 的低损伤、高效率加工，科研和工程技术人员不仅探索传统的机械加工方法，还在非传统的加工方法等方面开展了大量的探索。目前 CFRP 的非传统加工方法主要包括激光加工、电火花加工和水射流加工等。激光加工是利用高功率密度激光束照射被加工材料，使材料很快被加热至汽化温度蒸发，实现去除，其基本原理如图 1-18(a) 所示，随着激光束的移动，实现一定形状或深度的加工[56]，此方法没有机械力作用，加工无变形，因此应用于 CFRP 加工中能够避免由切削力过大引起的加工损伤。电火花加工是通过工具电极和工件电极之间脉冲的放电蚀除，直接利用电能和热能去除材料的加工工艺，其基本原理如图 1-18(b) 所示，由于碳纤维的导电特性，电火花加工也可用于 CFRP 的加工，避免机械力造成的损伤[57]。然而 CFRP 的树脂对温度敏感，采用激光和电火花加工 CFRP 过程中的热损伤、去除效率难以兼顾，导致其目前难以产业化应用。水射流加工是利用具有极大动能的高压水流或水流中掺杂的微颗粒对被加工材料进行切割加工，其原理如图 1-18(c) 所示，此方法效率较高且适合于难加工材料[58]，在 CFRP 的粗加工(如粗切边等)中得到了一定的应用，然而水射流难以达到较高的加工精度，对孔和非贯通特征加工难度较大，且对加工环境和设备的要求苛刻，这限制了水射流在 CFRP 零件加工中的应用，特别是装配环节的应用。另外，上述方法一般难以用于 CFRP 与金属叠层结构的加工。

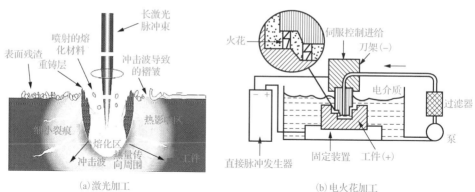

(a)激光加工　　　　　　　　　　(b)电火花加工

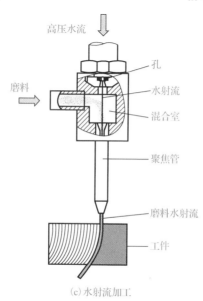

(c)水射流加工

图 1-18　非传统加工方法的原理

　　相比之下，传统机械加工(钻削、铣削等，如图 1-19 所示)在适用性上具有显著优势，不仅能够加工 CFRP，还可以实现对 CFRP 与金属叠层结构的一体化加工；同时其具有成熟、灵活的配套加工设备以及多种类型的切削工具，可在复杂的装配工位上有效控制加工精度和质量，是目前使用最广泛的 CFRP 加工方式。钻削制孔可适用多种形状(桶形、平板等)CFRP 零件的连接孔加工，加工效率可以通过控制转速和进给实现适当提高，具有更强的可控性和可操作性。铣削加工更可以通过控制铣刀轨迹实现逐层逐步铣削材料，完成异形孔(槽)、盲窗等特殊结构形式的加工，目前大尺寸壁板类/长桁类 CFRP 等制件、机身门窗与机翼肋板穿线口等特征一般都需要进行铣削加工。

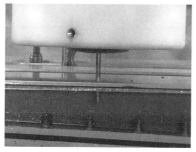
(a)钻削加工

(b)铣削加工

图 1-19　传统机械加工 CFRP 零件

此外，传统机械加工还可以附加振动等辅助手段形成新的加工方法。目前常用的辅助加工有超声振动辅助加工和低频振动辅助加工，如图 1-20 所示。在常规的切削刀具上施加高频或低频振动，使刀具和工件发生断续性的接触，相同加工参数下可降低切削力，减弱钻削 CFRP 过程中产生分层损伤的风险；同时振动的引入也减弱了工具、工件、切屑间的连续接触作用，进而降低切削产热和刀具磨损[59]。

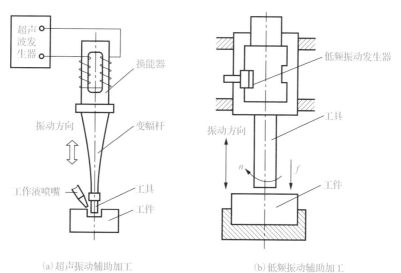

(a)超声振动辅助加工　　　　　　　(b)低频振动辅助加工

图 1-20　超声振动及低频振动辅助加工的原理

1.5.3　CFRP 切削加工的挑战

切削加工过程的实质是被加工材料受到切削加工刀具的作用产生变形直至破坏的过程。此过程中，刀具对切削层材料会产生切削力、切削热的作用，同时切削刀具也将发生磨损。目前,传统金属等均质材料的切削理论、切削技术以及刀具磨损机制等研究已经比较深入和系统。然而 CFRP 具有宏、细观多相态,层叠、各向异性等特征且对温度敏感,本质上与金属等均质材料不同。因此,CFRP 的切削机理更为复杂,温度影响严重,切削工具适应性差且磨损明显,这给切削力热作用下 CFRP 去除机理的研究以及实现 CFRP、CFRP 与金属叠层结构的低损伤、高效率加工带来了挑战,主要表现在以下几个方面。

1. CFRP 去除机理复杂

CFRP 是在细观上呈碳纤维、树脂及界面组成的多相混合态非均质材料(图 1-15(b))。组成相中,碳纤维的强度和刚度高,树脂及界面的强度和刚度低,切削去除纤维与切削树脂及界面所需的能量差异大,难以在有效切断高强纤维的同时避免低强度树脂及界面的开裂。切削过程中树脂及界面往往率先失效,造成碳纤维脱离树脂及界面的约束,从而导致纤维更加难以切断,可见,纤维与树脂及界面的切削去除过程是相互影响的,作用机制非常复杂。

在宏观上,CFRP 具有方向性,沿着不同的方向切削时,纤维的断裂形式和被去除材料的成屑特点均有明显区别,为方便分析,在后续章节中,将切削速度方向沿顺时针旋转至与纤维方向重合所经过的角度定义为纤维切削角,如图 1-21 所示。呈不同的纤维切削角切削,所产生的切削力、切削热有明显区别,以至于纤维断裂和树脂及界面开裂形式不同,加工损伤形式多样。

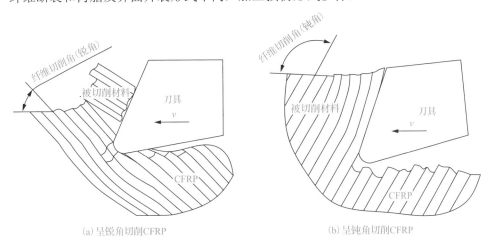

(a) 呈锐角切削CFRP　　　　　　　(b) 呈钝角切削CFRP

图 1-21　纤维切削角的定义及呈不同纤维切削角切削 CFRP 的示意图

因此,为了从宏、细观角度阐明 CFRP 的切削去除机理和加工损伤形成机制,迫切需要借助理论计算和有限元数值模拟手段对纤维和树脂的受力方式、热量传递、断裂形式等方面展开基础研究,从而建立适用于 CFRP 的完善切削理论体系。

2. CFRP 对切削温度敏感

CFRP 的钻削和连续铣削过程中，将产生大量的切削热并且会随加工过程的持续而逐渐积累，导致切削区温度升高。由于 CFRP 中树脂可承受温度较低，一般树脂相的玻璃转化温度小于 200℃，切削加工 CFRP 时，切削区温度很容易超过树脂的玻璃转化温度，如图 1-22(a)所示，这将导致树脂发生明显的理化属性变化，从而改变树脂对纤维的约束状态，造成 CFRP 切削特性的变化，加剧纤维缺失、纤维脱黏和纤维毛刺等 CFRP 切削损伤的产生(图 1-22(b))，严重时还会产生热损伤。因此，研究 CFRP 的切削基础理论、制定相关的加工工艺过程必须特别重视切削温度的影响。

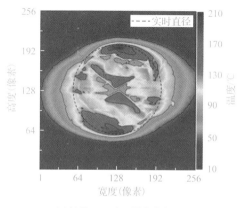
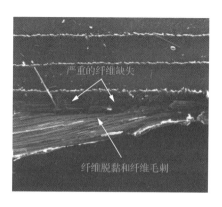

(a)钻削CFRP出口温度分布　　　　　　　　　(b)钻削CFRP高温引起的出口损伤

图 1-22　钻削 CFRP 出口温度分布及温度引起的损伤

3. CFRP 切削加工缺乏合适的工具和工艺

CFRP 具有方向性，如对于由单向预浸料层叠铺放并固化而成的 CFRP 层合板，其每一铺层内的纤维方向相同，而各铺层间的纤维则以一定相同或不同的方向层叠。因此在钻削和铣削 CFRP 过程中(图 1-23)，刀具的切削刃往往同时呈不同纤维切削角切削各铺层的材料，在各层内切削刃与纤维的瞬时纤维切削角是不断变化的。呈不同纤维切削角切削时，纤维断裂、树脂及界面开裂形式差异较大，因而适用于切削的刀具和工艺参数也不尽相同。然而用于切削的刀具几何结构和角度是相对固定的，工艺也较难实时调节，因此难以使用一把刀具对呈不同纤维切削角的材料同时实现低损伤切削，可见切削工具和工艺对 CFRP 切削加工的适应性较差。

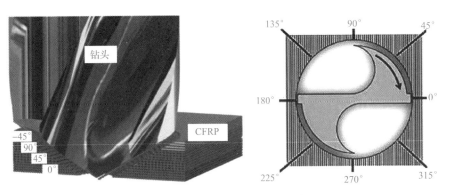

(a)钻削CFRP各铺层和一层材料的纤维切削角示意图

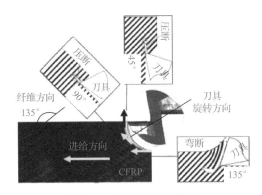

(b)铣削CFRP的纤维切削角示意图

图 1-23　钻削和铣削 CFRP 过程中纤维切削角的示意图

此外，被切削 CFRP 所受的约束状态也是影响 CFRP 切削损伤的关键因素。例如，钻、铣削 CFRP 时，往往会产生三个方向的切削力，但由于 CFRP 表层区域(钻削中的出、入口表层区域和铣削中的上、下表层区域)只受到内侧材料较弱的黏结约束作用，因此 CFRP 表层区域的纤维极易在指向表层区域外侧的切削力的作用下向外侧方向发生弹性变形而难以切断，树脂及界面更易开裂，导致表层区域的加工损伤频发且严重(图 1-24)。因此，如何抑制 CFRP 表层区域的切削加工损伤，已成为 CFRP 加工工具设计和工艺开发面临的挑战性难题。

4．CFRP 切削加工工具磨损严重

CFRP 中的碳纤维高强、高硬，且具有强磨蚀性，切削 CFRP 过程中，在切削动载荷作用下，碳纤维等硬质点颗粒将剧烈磨蚀刀具表面，造成严重的刀具磨损，如图 1-25 所示。磨损后的切削加工工具将更难以实现对纤维和树脂的有效去除，致使 CFRP 切削损伤进一步加剧。因此，阐明 CFRP 对切削加工工具的磨损作用机制、切削过程中刀具磨损的变化规律及其对切削质量的影响，发展适用于

CFRP 的刀具磨损抑制工艺技术是 CFRP 切削加工中的另一挑战。

(a)钻削，出口表层损伤　　　　　　　　　(b)铣削，上、下表层损伤

图 1-24　钻削和铣削 CFRP 产生的损伤

(a)钻削 CFRP 的刀具磨损特征　　　　　　(b)铣削 CFRP 的刀具磨损特征

图 1-25　钻削和铣削 CFRP 的刀具磨损

5. CFRP 与金属叠层结构的加工质量难控

如前所述，为了实现 CFRP 零件与金属零件的连接，有时还需要对 CFRP 与金属叠层结构进行加工。在叠层结构的加工过程中，金属与 CFRP 会发生明显的相互作用，这可能导致金属在叠层界面处向 CFRP 侧侵蚀、金属切屑对 CFRP 划伤、金属切削热烧蚀 CFRP 等新形式的损伤，如图 1-26 所示。这些损伤主要是由 CFRP 与金属界面部位的材料性能突变导致的，切削时，刀具承受两种材料独立、共同、交替等不同形式的力、热作用，刀具适用性差。此外，当金属位于 CFRP 下层时，金属切削过程中产生的多尺度、多形貌的混杂切屑，在排出过程中可能会划伤 CFRP 的已加工表面。因此，迫切需要对 CFRP 与金属叠层结构的力、热变化规律及损伤机制展开研究，设计具有针对性的加工工具和工艺技术，降低加工损伤。

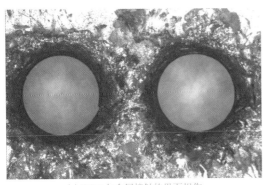
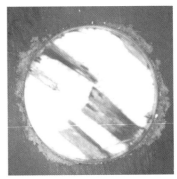

(a) CFRP 与金属接触的界面损伤　　　　　　　(b) 金属切削热烧蚀 CFRP

图 1-26　钻削 CFRP 和金属叠层结构时 CFRP 的损伤

1.6　本章小结

　　碳纤维增强树脂基复合材料(CFRP)是由碳纤维和树脂复合而成的高性能先进复合材料,广泛应用于工程多领域重要零部件的制造。对 CFRP 的切削加工(钻削、铣削等)是其零件制造过程中的重要环节。然而 CFRP 的组成原料——碳纤维与树脂具有显著不同的物理属性,加之其独特的成型过程,使 CFRP 具有明显的各向异性、非均质性、层叠特性以及对温度敏感等特征,目前缺乏完善的 CFRP 切削理论以及合适的工具和工艺技术,导致 CFRP 切削加工中常产生分层、撕裂、毛刺等损伤。低损伤、高效率切削加工是 CFRP 应用中的一个瓶颈难题。针对这一难题,基于大连理工大学多年的科研成果,本书在后续章节将从 CFRP 宏、细观去除过程的理论计算和数值模拟、切削加工损伤抑制原理和切削加工工具、工具的磨损机理和抑制、切削的工艺方法等方面,对 CFRP 及 CFRP 和金属叠层结构的切削加工理论与技术的研究进展进行介绍,全面阐明 CFRP 低损伤、高效率切削加工理论与技术。

参 考 文 献

[1] CALLISTER W D. Materials science and engineering: an introduction[M].8th ed. New York: John Wiley & Sons, 2009.

[2] CAMPBELL F C. Structural composite materials[M]. Cleveland: ASM International, 2010.

[3] 唐见茂. 高性能纤维及复合材料[M]. 北京: 化学工业出版社, 2013.

[4] 杜善义. 先进复合材料与航空航天[J]. 复合材料学报, 2007, 24(1): 1-12.

[5]　倪礼忠, 陈麒. 聚合物基复合材料[M]. 上海: 华东理工大学出版社, 2007.

[6]　RAWAL S P. Metal-matrix composites for space applications[J]. JOM, 2001, 53（4）: 14-17.

[7]　ROODE M V, PRICE J, KIMMEl J, et al. Ceramic matrix composite combustor liners: a summary of field evaluations[J]. Journal of engineering for gas turbines and power, 2007, 129（1）: 21-30.

[8]　陈绍杰. 复合材料与 A380 客机[J]. 航空制造技术, 2002, 45（9）: 27-29.

[9]　CABRERA-RÍOS M, CASTRO J M. An economical way of using carbon fibers in sheet molding compound compression molding for automotive applications[J]. Polymer composites, 2006, 27（6）: 718-722.

[10]　JOO S J, YU M H, KIM W S, et al. Design and manufacture of automotive composite front bumper assemble component considering interfacial bond characteristics between over-molded chopped glass fiber polypropylene and continuous glass fiber polypropylene composite[J]. Composite structures, 2020, 236（111849）: 1-10.

[11]　张东兴, 黄龙男. 聚合物基复合材料科学与工程[M]. 哈尔滨: 哈尔滨工业大学出版社, 2017.

[12]　ASHBY M F. Materials selection in mechanical design[M]. 4th ed. Oxford: Elsevier, 2011.

[13]　MARSH G. Composites in commercial jets[J]. Reinforced plastics, 2015, 59（4）: 190-193.

[14]　ROSATO V D, ROSATO V D. Reinforced plastics handbook[M]. 3rd ed. Amsterdam: Elsevier, 2005.

[15]　FORD C E, MITCHELL C V. Fibrous graphite: US.3107152 [P]. 1963-10-15.

[16]　工業技術院大阪工業技術試験所. 大阪工業技術試験所五十年史[M].池田: 大阪工業技術研究所. 1967.

[17]　近藤昭男, 藤井禄郎, 高桥辉. 黒鉛繊維の研究（第 1 報）―熱処理に伴う結晶子の成長[C]. 化学関係学協会連合秋季研究発表会, 名古屋, 1959.

[18]　WATT W, PHILIPS L N, JOHNSON W. High-strength high-modulus carbon fibers[J]. The engineers, 1966, （221）: 815-816.

[19]　BACON R, OHIO P. Filamentary graphite and method to produce the same: US, 2957756 [P].1960-10-25.

[20]　OTANI S. Method for producing carbon structures from molten baked substances: US, 3392216[P].1968-7-9.

[21]　徐樑华, 王宇. 国产高性能聚丙烯腈基碳纤维技术特点及发展趋势[J]. 科技导报, 2018, 36（19）: 43-51.

[22]　SOUTIS C. Fibre reinforced composites in aircraft construction[J]. Progress in aerospace sciences, 2005, 41（2）: 143-151.

[23]　SCHALAMON W A, BACON R. Process for producing carbon fibers having a high young's modulus of elasticity: US, 003716331[P]. 1973-02-13.

[24]　周宏. 日本碳纤维技术发展史研究[J]. 合成纤维, 2017, 46（10）:19-25.

[25]　PARK S J. History and structure of carbon fibers[M]. Singapore: Springer, 2018.

[26]　MATSUI J. Carbon fibers, part 6: industrialization of carbon fibers[J]. Reinforced plastics, 1998, 44（1）: 31.

[27]　秦志全. 聚丙烯腈基碳纤维氧化碳化工艺研究[D]. 北京: 北京化工大学, 2006.

[28]　范玉青, 张丽华. 超大型复合材料机体部件应用技术的新进展——飞机制造技术的新跨越[J]. 航空学报, 2009, 30（3）: 534-543.

[29]　CY337. 2019 年全球与中国碳纤维行业发展格局及应用领域分析[EB/OL]. [2020-02-28]. http: //www. chyxx. com/industry/ 202002/838374.html[2022-01-27].

[30]　TISCHLER M B. Advances in aircraft flight control[M]. London: Taylor & Francis, 1996.

[31] NITSCHKE D R H, MÜLLER R. The System approach to crash worthiness for the NH90[C]. American Helicopter Society 51st Ann-11, Fort Worth, 1995.

[32] HANLON M. Global Hawk UAV gets bigger and more capable [EB/OL]. [2005-11-11]. https://newatlas.com/global-hawk-uav-gets-bigger-and-more-capable/4831.html[2021-01-27].

[33] 汪萍. 复合材料在大型民用飞机中的应用[J]. 民用飞机设计与研究, 2008(3):11-18.

[34] 马立敏, 张嘉振, 岳广全, 等. 复合材料在新一代大型民用飞机中的应用[J]. 复合材料学报, 2015, 32(2): 317-322.

[35] RÖSNER H, JOCKEL-MIRANDA K. Airbus airframe new technologies and management aspects[J]. Materialwissenschaft und werkstofftechnik, 2006, 37(9): 768-772.

[36] 马志阳, 高丽敏, 徐吉峰. 复合材料在大飞机主承力结构上的应用与发展趋势[J]. 航空制造技术, 2021,64(11):24-30.

[37] YODER P R. Opto-mechanical systems design[M]. 3rd. Boca Raton: Taylor & Francis, 2005.

[38] DU Z C, ZHU M R, WANG Z G, et al. Design and application of composite platform with extreme low thermal deformation for satellite[J]. Composite structures, 2016, 152: 693-703.

[39] 程卫平. 聚丙烯腈基碳纤维在航天领域应用及发展[J]. 宇航材料工艺, 2015, 45(6): 11-16.

[40] VALLBO S. Material selection considerations for polymer composite structures in naval ship applications[J]. Journal of sandwich structures & materials, 2005, 7(5): 413-429.

[41] BlOOD H, MAYNARD E. Torpedo technology in the 1980's[C]. OCEANS 81, IEEE, Boston, 1981: 78-82.

[42] NAKASHIMA. Main propulsion systems CFRP Propeller [EB/OL]. [2011-09-05]. https://www. nakashima.co.jp/eng/product/cfrp. html[2022-01-27].

[43] ELMCRONA E, PERSSON J. Key factors for creating an innovative context – a study of the development of the BMW i3[J]. Milan journal of mathematics, 2014, 67(1): 211-224.

[44] KWANG-BOK S, DONG-HOE K, KEE-JIN P. A study on structural analysis of Korean Tilting Train eXpress(TTX) made of composite carbody structures[C]. Proceedings of the KSR Conference, Seoul, 2003:98-102.

[45] WALMART. Walmart debuts futuristic truck[EB/OL]. [2014-03-26]. https://corporate.walmart.com/ newsroom/2014/03/26/ walmart-debuts-futuristic-truck[2022-01-27].

[46] FRITH J. Low cost anchoring system for floating tidal generators[J]. Maritime journal, 2016, (336): 21.

[47] WU W, YANG K, ZHANG L, et al. Structure analysis of 6 MW wind turbine blade with large thickness and blunt trailing edge[J]. Journal of engineering thermophysics, 2013, 34(6): 1074-1078.

[48] INAGAKI M. Carbon fibers-new carbons-control of structure and functions[M]. Amsterdam: Elsevier, 2000 : 82-123.

[49] Dow M B, DEXTER H B. Development of stitched, braided and woven composite structures in the ACT program and at Langley Research Center[M]. Hampton: National Aeronautics and Space Administration Langley Research Center, 1997.

[50] UOZUMI T, KITO A, YAMAMOTO T. CFRP using braided preforms/RTM process for aircraft applications[J]. Advanced composite materials, 2005, 14(4): 365-383.

[51] BETZ S, KÖSTER F, RAMOPOULOS V. Energy and time efficient microwave curing for CFRP parts manufactured by filament winding[J]. Materials science forum, 2015, 825/826: 741-748.

[52] CHEN X K, XIE H Q, CHEN H, et al. Optimization for CFRP pultrusion process based on genetic algorithm-neural network[J]. International journal of material forming, 2010, 3(2): 1391-1399.

[53] 黄家康. 复合材料成型技术及应用[M]. 北京: 化学工业出版社, 2011.

[54] 付饶. CFRP 低损伤钻削制孔关键技术研究[D]. 大连: 大连理工大学, 2017.

[55] WOODLEY A. A400M wing assembly: challenge of integrating composites[J]. High performance composites, 2013, 21(1): 26.

[56] GOEKE A, EMMELMANN C. Influence of laser cutting parameters on CFRP part quality[J]. Physics procedia, 2010, 5: 253-258.

[57] HABIB S, OKADA A. Influence of electrical discharge machining parameters on cutting parameters of carbon fiber rein forced plastic[J]. Machining science and technology, 2016, 20(1): 99-114.

[58] ALBERDI A, SUÁREZ, A, ARTAZA T, et al. Composite cutting with abrasive water jet[J]. Procedia engineering, 2013, 63: 421-429.

[59] BLEICHER F, WIESINGER G, KUMPF C, et al. Vibration assisted drilling of CFRP/metal stacks at low frequencies and high amplitudes[J]. Production engineering, 2018, 12(2): 289-296.

第2章

CFRP 的切削基础理论

切削加工过程的实质一般是被加工材料受到切削加工刀具的作用产生变形直至破坏的过程。此过程中，被切削材料在刀具作用下，哪个部位、在何时、发生什么形式的变形，最终如何发生破坏，形成何种形式的切屑和加工表面，统称为材料的切削机理。只有充分阐明材料的切削机理，才能开发合适的加工工具和工艺技术，并有效控制切削加工过程，进而保证加工质量，降低生产成本，提高生产效率。目前，传统金属等均质材料的切削机理已研究得较为深入，但 CFRP 与传统金属等均质材料具有本质区别，根据第 1 章所述，CFRP 在细观尺度上呈纤维、树脂及界面的多相混合态，在宏观尺度上具有层叠特征，整体呈现明显的力、热各向异性，且 CFRP 对温度敏感。因此，传统金属等均质材料的切削理论难以适用，不能对 CFRP 的加工工具和工艺提供有效指导，必须对 CFRP 切削基础理论进行新的探索。

CFRP 宏、细观多相混合态的特征决定了切削 CFRP 的实质过程包括：细观尺度上对纤维、树脂及界面的同时切削，以及大量被切削的纤维、树脂及界面在宏观尺度上形成切屑的过程，因而 CFRP 的切削基础理论研究需要在细观尺度和宏观尺度上共同开展。本章首先从细观尺度 CFRP 的切削基础理论研究入手，建立虑及纤维所受约束作用的单纤维切削模型，揭示在切削力作用下，细观尺度上纤维和树脂及界面从变形直至断裂或开裂的过程；进而从细观向宏观演化，基于高速摄影法观测阐明宏观尺度 CFRP 的成屑行为，结合其成屑特点，在细观切削基础理论的基础上发展出 CFRP 宏观切削基础理论，实现对宏观切削力的预测。

此外，切削过程中刀具和材料的强烈相互作用势必会造成切削区温度升高，而 CFRP 又对温度较为敏感，具有高温软化、低温脆化的特点。因此，确定 CFRP 切削区的温度特征，揭示温度对其切削性能的影响是 CFRP 切削基础理论的另一个重要组成部分。本章也介绍 CFRP 切削温度预测的相关研究，包括建立虑及切削温度的 CFRP 切削模型，揭示力、热共同作用下材料的去除行为，最终形成较为完整的 CFRP 切削基础理论。

2.1　细观尺度 CFRP 的切削模型

细观尺度上 CFRP 呈纤维、树脂及界面的多相混合态，因而，CFRP 的切削过程包含刀具对纤维、树脂及界面的同时切削作用，以及在刀具切削作用下 CFRP 各组成相间的相互作用。CFRP 的组成相中，纤维作为增强相主要承受 CFRP 所受的载荷，因而纤维的切削变形和断裂很大程度上决定了 CFRP 的切削去除过程。本节将以被切削纤维作为分析单元，建立考虑周围材料(纤维、树脂及界面)对其约束作用的单纤维切削模型，进而揭示切削部位纤维的变形及断裂过程，这种方法是行之有效的。

2.1.1　虑及多向约束的单纤维切削模型

1. 细观尺度上 CFRP 的切削过程

细观尺度上，单纤维是 CFRP 切削过程中最具代表性的主体被切削单元，因此，可以认为单纤维的切削过程能较为真实地反映 CFRP 的细观切削过程。CFRP 中的纤维通过树脂及界面相互连接，切削时被切削纤维受到刀具挤压作用，同时也受到周围纤维、树脂及界面沿不同方向的多种类型的约束作用。因此，细观尺度上 CFRP 的切削过程可用多向约束状态下的单纤维切削过程来表征。这种表征基于以下假设：

(1)被切削纤维发生二维弯曲变形；

(2)被切削纤维在破坏之前发生弹性变形，剪应力相比于正应力可以忽略；

(3)当被切削纤维的最大拉应力达到抗拉强度时，纤维断裂。

图 2-1 是单纤维切削过程及纤维所受约束的示意图，这里将与切削刃接触的被切削纤维、与被切削纤维相接触的树脂及界面定义为被切削材料，以被切削材料为界，沿切削速度 v_c 方向一侧的材料为未加工材料，与切削速度相反方向一侧的材料为已加工材料。未加工材料包含未加工的纤维和树脂及界面，已加工材料包含已加工的纤维和树脂及界面，根据复合材料的等效方法[1]，可将未加工材料和已加工材料等效为均质材料。一部分树脂及界面存在于被切削纤维和等效均质材料间，起到黏结和载荷传递的作用。在切削 CFRP 过程中，被切削纤维在切削刃的切削作用以及来自周围材料的约束作用下，发生弯曲变形并可能断裂，同时包裹于纤维周围的树脂及界面也可能会发生开裂，其中周围材料对纤维的约束作用包括：①未加工材料沿垂直于纤维方向的法向约束作用；②树脂及界面的黏结作用；③未加工材料和已加工材料沿纤维方向的切向约束作用。

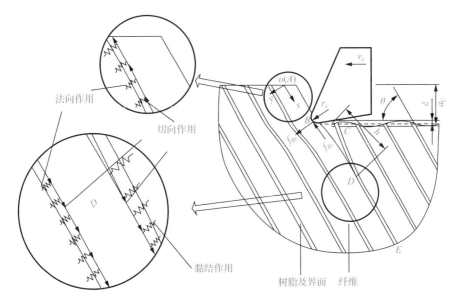

图 2-1　单纤维切削过程及纤维所受约束的示意图

近年来，对单纤维切削过程的大部分研究[2-5]仅考虑了未加工材料沿垂直于纤维方向的法向约束作用，以及与被切削纤维相接触的树脂及界面的黏结作用，而未考虑沿纤维方向的切向约束作用。为了更贴近实际、更准确地描述这一切削过程，大连理工大学的贾振元等[6,7]以双参数弹性地基梁理论为基础，提出了同时考虑未加工材料沿垂直于纤维方向的法向约束作用、未加工材料和已加工材料沿纤维方向的切向约束作用(图 2-1)对纤维切削影响的单纤维切削模型。下面将对此模型进行描述，以揭示单纤维的切削过程。

2. 单纤维在切削过程中的变形控制方程

根据图 2-1 所示，为方便对切削模型进行叙述，定义局部坐标系 xoy，其原点 o 与被切削纤维的上端点 A 重合，x 轴沿纤维方向，y 轴沿垂直于纤维方向，局部坐标系随纤维切削角变化而变化。此坐标系下，根据被切削纤维不同区域的受力状态，对被切削纤维的挠曲变形进行分段分析和求解。

CFRP 沿厚度方向是由一层层纤维结合树脂按照一定的方向铺放固化而成的，因而在切削 CFRP 时，切削刃会对不同方向的纤维进行切削，即呈不同纤维切削角 θ 切削。此时，刀具对单纤维产生的切削力可分解为垂直于纤维方向的主切削力 f_{By} 及沿纤维方向的摩擦力 f_{Bx}。由于 f_{Bx} 始终沿纤维方向作用，对纤维的挠曲变形影响较小，因此被切削纤维主要在主切削力 f_{By} 和周围材料约束的共同作用下，向未加工侧发生挠曲变形，产生挠度 $w(x)$，同时被切削纤维的挠曲变形可能会引起已加工侧的树脂及界面发生开裂。定义切削刃与被切削纤维的接触点为 B

点，切削深度 a_c 对应位置记为 C 点，被切削纤维的无限远处定义为 E 点。当树脂及界面产生的黏结抗力达到其黏结强度极限，即树脂及界面的抗拉强度时，纤维与树脂及界面发生开裂。开裂的末端记为 D 点，该点沿纤维方向距离已加工表面的长度为 h。当树脂及界面发生开裂时，分别以切削刃与被切削纤维的接触 B 点和树脂及界面开裂的末端 D 点为界，对被切削纤维进行分段描述，AB 段和 BD 段纤维未受到树脂及界面的黏结作用和已加工材料的切向约束作用，而 DE 段纤维会受到此作用，此时将被切削纤维分为 AB、BD 和 DE 三段进行分析；当树脂及界面未发生开裂时，B 点与 D 点重合，以切削刃与被切削纤维的接触点 B 为界，AB 段纤维未受到树脂及界面的黏结作用和已加工材料的切向约束作用，而 $BE(DE)$ 段纤维会受到此作用，此时将被切削纤维分为 AB 和 $BE(DE)$ 两段进行分析。

根据上述描述，不同分段的被切削纤维受力情况如图 2-2 所示。在刀具的推挤作用下，被切削纤维发生挠曲变形，同时被切削纤维会受到未加工材料的法向和切向约束作用，这些约束作用会产生支撑抗力以抵抗被切削纤维的变形。此支撑抗力线分布于未加工侧，被切削纤维微元长度上受到的支撑抗力为 p_m，支撑抗力 p_m 与 $w(x)$ 相关[8]：

$$p_m = k_m w(x) - k_{m1} \frac{d^2 w(x)}{dx^2} \tag{2-1}$$

式中，k_m 为未加工材料作用的第一参数，表征未加工材料对纤维的法向约束作用，可通过毕奥(Biot)方程求解[9]，如式(2-2)所示；k_{m1} 为未加工材料作用的第二参数，表征未加工材料对纤维的切向约束作用，可通过弗拉索夫(Vlasov)方程求解[10]，如式(2-3)所示：

$$k_m = 1.23 \left[\frac{E_m^* d_f^{\,4}}{C(1-v^2)E_f I_f} \right]^{0.11} \frac{E_m^*}{C(1-v^2)} \tag{2-2}$$

$$k_{m1} = \frac{E_m^* d_f}{4(1+v)} \left[\frac{2E_f I_f (1-v^2)}{E_m^* d_f} \right]^{1/3} \tag{2-3}$$

式中，I_f 为纤维的截面惯性矩；d_f 为纤维直径；C 为作用方式系数[6,8]；E_m^* 和 v 分别为等效均质材料的弹性模量和泊松比，其中 E_m^* 由纤维弹性模量 E_f、树脂及界面弹性模量 E_m 及纤维体积分数 V_f 共同决定[1]，即

$$\frac{1}{E_m^*} = \frac{V_f}{E_f} + \frac{1-V_f}{E_m} \tag{2-4}$$

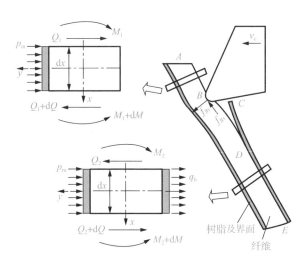

图 2-2 被切削单纤维的代表微元受力分析图

另外，发生挠曲变形的被切削纤维还会受到树脂及界面的黏结作用和已加工材料的切向约束作用，这些约束作用会产生黏结抗力来抵抗变形。此黏结抗力线分布于已加工侧，被切削纤维微元长度上受到的黏结抗力为 q_b，黏结抗力 q_b 与 $w(x)$ 相关：

$$q_b = k_b w(x) - k_{b1} \frac{d^2 w(x)}{dx^2} \tag{2-5}$$

式中，k_b 为树脂及界面的拉伸刚度，表征树脂及界面对纤维的黏结作用；k_{b1} 为已加工材料的剪切刚度，表征已加工材料对纤维的切向作用，可由式(2-6)求解：

$$k_{b1} = \frac{E_m d_f}{4(1+\nu_m)} \left[\frac{2 E_f I_f (1-\nu_m^2)}{E_m d_f} \right]^{1/3} \tag{2-6}$$

式中，ν_m 为树脂及界面的泊松比。

发生挠曲变形的被切削纤维在受到树脂及界面的黏结作用时，若纤维变形较大，树脂及界面会发生开裂，则用抗拉强度判断树脂及界面是否开裂；当黏结抗力 q_b 大于树脂及界面的抗拉强度 σ_b 时，树脂及界面发生开裂。在树脂及界面开裂末端，黏结抗力 q_b 等于树脂及界面的抗拉强度 σ_b。同时，由于被切削纤维发生挠曲变形，对于未发生开裂的位置，纤维也将受到黏结抗力，可根据式(2-5)计算产生的黏结抗力。

综合式(2-1)～式(2-6)并结合图 2-2，当被切削纤维同时受到未加工材料的法向约束作用、树脂及界面的黏结作用以及未加工材料和已加工材料的切向约束作用时的变形控制方程为

$$E_f I_f \frac{d^4 w(x)}{dx^4} - (k_{m1} + k_{b1}) \frac{d^2 w(x)}{dx^2} + (k_m + k_b) w(x) = 0 \tag{2-7}$$

3. 不同约束状态下的纤维变形挠度

基于变形控制方程(2-7)，依据被切削纤维不同段内所受约束的状态，可求解各段纤维弯曲变形的挠度通解。接下来以树脂及界面产生开裂的情况对被切削纤维的变形进行分析。

1) *AB* 段纤维和 *BD* 段纤维

由图 2-1 中的几何关系得 *B*、*D* 点在 *x* 轴的坐标为

$$x_B = \frac{a_c - r_e(1 - \cos\theta)}{\sin\theta} \tag{2-8}$$

$$x_D = \frac{a_c - \delta}{\sin\theta} + h \tag{2-9}$$

式中，r_e 为切削刃钝圆半径；δ 为已切断纤维的回弹高度。

AB 段纤维和 *BD* 段纤维不受树脂及界面的黏结作用和已加工材料的切向约束作用，其变形控制方程可由式(2-7)得到，通过该式可求解纤维弯曲变形的挠度通解为

$$w(x) = e^{\alpha x}\left(B_1\cos\beta x + B_2\sin\beta x\right) + e^{-\alpha x}\left(B_3\cos\beta x + B_4\sin\beta x\right) \tag{2-10}$$

式中，$B_1 \sim B_4$ 为积分常数，且有

$$\alpha = \sqrt{\lambda^2 + \xi} \tag{2-11}$$

$$\beta = \sqrt{\lambda^2 - \xi} \tag{2-12}$$

式(2-11)和式(2-12)中，有

$$\lambda = \sqrt[4]{\frac{k_m}{4E_f I_f}} \tag{2-13}$$

$$\xi = \frac{k_{m1}}{4E_f I_f} \tag{2-14}$$

2) *DE* 段纤维

DE 段纤维挠曲变形控制方程如式(2-7)所示。由于点 *E* 为无穷远处，在该处纤维的挠度为 0，即有

$$w_E = w\big|_{x=+\infty} = 0 \tag{2-15}$$

此时，该段纤维的挠度通解为

$$w(x) = e^{-\alpha x}\left(B_5\cos\beta x + B_6\sin\beta x\right) \tag{2-16}$$

式中，B_5、B_6 为积分常数；α、β 的计算方法同式(2-11)和式(2-12)。

基于上述纤维挠度的表达式，可计算模型中梁单元位移矢量 $\boldsymbol{d}_{ij}=\{w_i,\ \theta_i,\ w_j,\ \theta_j\}^T$（其中 $\theta_i=dw_i/dx$），以及载荷矢量 $\boldsymbol{r}_{ij}=\{Q_i, M_i, Q_j, M_j\}^T$，其中 Q_i 和 M_i 分别为梁单元内部的剪力和扭矩，根据基本梁理论，其可分别表示为

$$Q_i = -E_f I_f \frac{d^3 w(x)}{dx^3} + (k_{m1} + k_{b1}) \frac{dw(x)}{dx} \tag{2-17}$$

$$M_i = -E_f I_f \frac{d^2 w(x)}{dx^2} \tag{2-18}$$

通过联立位移方程和载荷方程即可得到相应梁单元的刚度,即 $\boldsymbol{k}_{ij} = \boldsymbol{r}_{ij}\boldsymbol{d}_{ij}^{-1}$,进而可对受到不同载荷下的被切削纤维的变形进行求解。根据各段纤维弯曲变形的挠度通解,可分别得到各段纤维的位移矢量 $\boldsymbol{d}_{AB}$、$\boldsymbol{d}_{BD}$、$\boldsymbol{d}_{DE}$ 和载荷矢量 $\boldsymbol{r}_{AB}$、$\boldsymbol{r}_{BD}$、$\boldsymbol{r}_{DE}$,则梁单元刚度矩阵 $\boldsymbol{k}_{AB}$、$\boldsymbol{k}_{BD}$、$\boldsymbol{k}_{DE}$ 为

$$\boldsymbol{k}_{AB} = \boldsymbol{r}_{AB}\boldsymbol{d}_{AB}^{-1} \tag{2-19}$$

$$\boldsymbol{k}_{BD} = \boldsymbol{r}_{BD}\boldsymbol{d}_{BD}^{-1} \tag{2-20}$$

$$\boldsymbol{k}_{DE} = \boldsymbol{r}_{DE}\boldsymbol{d}_{DE}^{-1} \tag{2-21}$$

结合式(2-19)～式(2-21)并通过刚度矩阵叠加,可得被切削纤维整体的载荷、刚度、位移之间的关系式:

$$\boldsymbol{K} = \boldsymbol{R}\boldsymbol{d}^1 \tag{2-22}$$

式中,整体载荷矢量 $\boldsymbol{R}$ 为

$$\boldsymbol{R} = \{Q_A, M_A, Q_B, M_B, Q_D, M_D\}^{\mathrm{T}} \tag{2-23}$$

整体位移矢量 $\boldsymbol{d}$ 为

$$\boldsymbol{d} = \left\{ w_A, \frac{dw_A}{dx}, w_B, \frac{dw_B}{dx}, w_D, \frac{dw_D}{dx} \right\}^{\mathrm{T}} \tag{2-24}$$

在纤维整体刚度矩阵确定后,通过逐步施加载荷进行迭代的方式,即可对单纤维切削力 f_{By} 作用下的各点位移进行解析求解,其中所用的位移矢量为

$$\boldsymbol{d} = \boldsymbol{K}^{-1}\boldsymbol{R} \tag{2-25}$$

当进行迭代计算时,以纤维断裂作为迭代计算的终止条件,最终得到纤维断裂时各点的位移,从而解析出纤维的挠度。可见,为了解析切削纤维的变形,如何判定纤维的切削断裂至关重要。

2.1.2 纤维切削断裂的判定

目前,纤维断裂的判据多采用最大拉应力准则,即当纤维的最大拉应力达到纤维抗拉强度时,纤维发生断裂:

$$\sigma_{\max} \geqslant \sigma_t \tag{2-26}$$

式中,σ_t 为纤维的抗拉强度;$\sigma_{\max}$ 为纤维内部的最大拉应力。

对于纤维最大拉应力的计算,一种比较常用的方式是将被切削纤维在刀具切削作用下发生挠曲变形而产生的最大弯曲应力作为最大拉应力,也就是纤维断裂

主要是由弯曲应力达到纤维强度极限导致的[6]。本章就采用这种方式来计算纤维的最大拉应力，设纤维半径为 r_f，纤维在刀具作用下发生弯曲时的最大拉应力 σ_{max} 可由式(2-27)求得：

$$\sigma_{max} = \max\left(E_f r_f \frac{d^2 w(x)}{dx^2} \right) \tag{2-27}$$

此外，纤维最大拉应力也常根据切削刃对纤维的接触作用进行计算。这种方法一般将纤维与切削刃间的局部接触等效为交错 90° 的两个圆柱体间的接触，如图 2-3 所示，根据 Hertz 接触理论，两者间形成一个接触区域，此区域内的最大压力为

$$p_0 = \frac{1}{\pi}\left(\frac{6 f_{By} E^{*2}}{R^2} \right)^{\frac{1}{3}} \tag{2-28}$$

式中，E^* 为刀-工界面的等效弹性模量[11]；R 为等效接触半径，可由式(2-29)计算：

$$\frac{1}{R} = \frac{1}{r_e} + \frac{1}{r_f} \tag{2-29}$$

则接触区域的最大拉应力为

$$\sigma_{cmax} = \frac{p_0}{3}(1 - 2v_f) \tag{2-30}$$

式中，v_f 为纤维的泊松比。

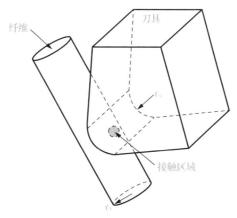

图 2-3　纤维与切削刃间局部接触

在 CFRP 切削过程中，从刀具与被切削纤维接触开始，随着刀具的进给，作用于被切削纤维上的切削载荷逐渐增加，使得纤维挠曲变形程度逐渐增大，导致被切削纤维的应力和树脂及界面的黏结抗力逐渐增加。而在切削载荷逐渐增加的过程中，纤维和树脂及界面均有可能发生破坏，此时将产生三种情况：①若纤维率先断裂，则材料被有效去除，树脂及界面不发生开裂；②若纤维和树脂及界面

同时破坏，纤维断裂，材料被有效去除，树脂及界面处于临界开裂状态；③若树脂及界面率先开裂，纤维未断裂，切削载荷将继续增加，直至纤维发生断裂。因此，依据切削过程中刀具对被切削纤维施加的载荷是"从零逐渐增加"的特点，采用逐步增加载荷 f_{By} 的方式，通过迭代算法以及 2.1.1 节中获得的刚度矩阵计算每次加载后纤维的挠曲变形、最大拉应力和树脂及界面的黏结抗力，以纤维断裂为迭代终止条件，即可求解出纤维断裂时的切削力 f_{By}、纤维挠曲变形和树脂及界面的开裂深度。

2.1.3　细观尺度上切削 CFRP 的纤维变形

基于 2.1.1 节和 2.1.2 节中分段梁单元刚度可知，切削深度的变化将引起周围材料对纤维约束程度的改变，并最终影响纤维的变形。因此，可通过计算纤维断裂时的纤维变形量，揭示细观尺度上切削参数对纤维变形的影响。切削深度对纤维变形的影响如图 2-4 所示，小切削深度时刀具作用位置距被切削纤维自由端较近，当有外界载荷作用时，自由端纤维易发生较大变形，如图 2-4(a) 所示；随切削深度增大，纤维的变形范围将趋于局部化，不再是从自由端开始的整体变形，如图 2-4(b) 所示。另外，从图 2-4 中可以看出，纤维弯曲起始位置随切削深度增加而加深，而纤维弯曲起始位置将决定树脂及界面的开裂概率，所以纤维弯曲变形对加工损伤程度具有十分重要的影响，需要对其进行定量表征。本节将纤维弯曲起始位置到刀具与纤维初始接触点 B 的距离作为纤维弯曲定量表征的参数，称为纤维变形深度。基于此参数，可获得切削参数对纤维变形深度的影响，也就是对损伤程度的影响。

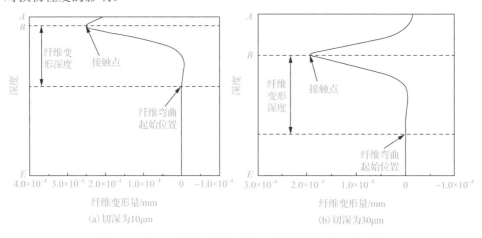

图 2-4　呈 90° 纤维切削角时被切削纤维的挠曲变形曲线

纤维变形深度随切削深度和纤维切削角的变化如图 2-5 所示。基于图 2-5(a)

可知，被切削纤维断裂时的变形深度随着切削深度的增大而增大，加工损伤也越来越容易发生。基于图 2-5(b)可知，当切削深度相同时，随着纤维切削角的增加，被切削纤维断裂时的变形深度增大。可见，切削时采用小切削深度和小纤维切削角的纤维变形深度小，可降低树脂及界面开裂的概率，从而抑制 CFRP 切削过程中加工损伤的产生。

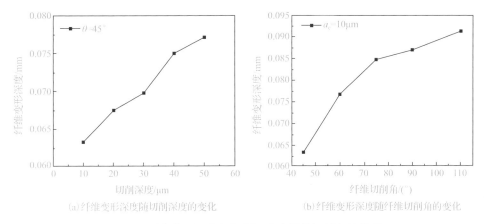

(a)纤维变形深度随切削深度的变化　　　　　(b)纤维变形深度随纤维切削角的变化

图 2-5　纤维变形深度与切削深度和纤维切削角的关系

2.2　宏观尺度 CFRP 的成屑行为和切削力模型

　　CFRP 在宏观尺度上是大量纤维、树脂及界面的层叠，因而宏观尺度上对 CFRP 的切削过程是纤维和树脂及界面破坏不断累积，进而形成切屑的演化过程；在此成屑过程中，切削刃的刃尖、前刀面和后刀面都对 CFRP 产生作用，最终形成 CFRP 加工表面。本节将从 CFRP 的宏观切削过程入手，分析成屑过程中刀具各部位与 CFRP 的相互作用；同时结合 2.1 节细观尺度 CFRP 切削理论模型，建立宏观尺度 CFRP 直角切削的切削力计算模型，并进行实验验证，最终揭示出切削力随切削参数的变化规律，为 CFRP 切削力的控制提供依据。

2.2.1　宏观尺度 CFRP 的成屑行为

1. 切削 CFRP 的成屑观测方法

　　研究材料在切削过程中如何去除并成屑，最直接的手段就是对直角切削或近直角切削这种最简的切削过程进行观测。目前，对切削过程进行观测的方法一般包括：①快速落刀法，②变形方格观测法，③高速摄影法等[12]。快速落刀法是对瞬时状态进行观测，变形方格观测法适用于对均质、可塑性变形材料的切削过程进行观测。高速摄影法是利用带有显微镜头的高速摄像机，拍摄相关的切削区，进而获得一个完整的从切削起始到结束的真实切削动态过程，相比之下这种方法适合于对 CFRP 切削过程中的成屑过程进行观测，进而获得不同纤维切削角的成屑特征。本节即采用高速摄影法研究 CFRP 的成屑行为。实验平台是高速摄影法的基础，大连理工大学的贾振元等[13-15]自主研制的集"高速切削"和"高速显微观测"功能于一体的 CFRP 切削观测实验装置(图 2-6)就是一个典型的实施高速摄影法的实验平台。此平台的刀具固定不移动，工件做直线运动且与刀具配合实现切削，并采用超景深显微镜头与高速摄像机搭配，实现百微米级视场中切削变形动态过程的显微观测。这种方法不仅保证了切削区域相对固定，还解决了高速摄像机在移动过程中无法快速对焦的问题。此外，采用直线电机驱动工件做直线运动的方式，满足宽范围切削参数下的基础实验需求。刀具固定于测力装置上，对切削过程中的切削力实时同步测量，以分析各切削状态下的切削力特点。本节后续的显微观测结果都是基于此平台获得的。

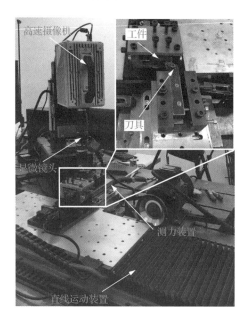

图 2-6　集"高速切削"和"高速显微观测"功能于一体的 CFRP 切削观测实验装置

2. 切削 CFRP 的成屑行为

采用图 2-6 所示的实验装置可直接在线显微观测切削 CFRP 的成屑过程。由于 CFRP 具有较强的方向性，因此有必要对呈不同纤维切削角的 CFRP 切削成屑过程进行研究。下面选取四种典型纤维切削角，通过进行 CFRP 单向层合板切削实验，观测分析成屑过程。

呈 0°纤维切削角切削 CFRP 时，当切削刃切入工件材料后，树脂及界面开裂，使得纤维(层)在前刀面的推挤作用下发生弯曲，树脂及界面的开裂沿切削平面扩展。当弯曲至一定程度时，纤维发生断裂，可见被切削材料在前刀面持续推挤作用下间歇性地弯断，最终形成片状切屑，如图 2-7 所示。此处将这种切屑形成方式定义为开裂-弯断型。

图 2-7　呈 0°纤维切削角切削 CFRP 的成屑过程观测(50μm 切深)

呈 45°纤维切削角切削 CFRP 时，切屑流出的现象与金属沿剪切面的滑移变形类似，如图 2-8 所示。这是由于纤维在与切削刃局部接触处被切断，同时，树脂及界面在刀具推挤作用下产生类似于金属的剪切滑移，切削平面以下仅有很小区域的树脂及界面开裂，被切断的材料沿前刀面流出，形成带状切屑。形成此切屑流出现象的主要原因是：树脂及界面在剪切载荷作用下仅产生有限的塑性变形，未发生树脂及界面开裂，切屑呈连续带状。此处将这种切屑形成方式定义为切断-剪切滑移型。

图 2-8　呈 45°纤维切削角切削 CFRP 的成屑过程观测(50μm 切深)

呈 90°纤维切削角切削 CFRP 时，与刀具直接接触的纤维后方材料变形较大，并产生"退让"现象，致使被切削纤维所受约束减弱，产生明显的弯曲变形，如图 2-9 所示。当切削刃切入被切削材料内部后，被切削材料受到前刀面的抬挤作用，致使树脂及界面在张开型及剪切型载荷的共同作用下开裂；而且树脂及界面的开裂随着被切削材料的退让及弯折，沿纤维方向向切削平面以下扩展。随着弹性退让的持续，受切削刃挤压的纤维一旦断裂，上述弹性退让变形便会迅速减弱，与此同时，迫使切削刃对纤维形成强冲击作用，最终使纤维弯折断裂，形成块状切屑。此处将这种切屑形成方式定义为弯折-剪切型。

图 2-9　呈 90°纤维切削角切削 CFRP 的成屑过程观测 (50μm 切深)

呈 135°纤维切削角切削 CFRP 时，切屑形成过程中被切削材料的变形不再是切削刃的挤压所致，而是前刀面的推挤作用所致，如图 2-10 所示。前刀面推挤作用下的材料易向切削方向侧弯曲，这种较大的弯曲变形致使树脂及界面承受强烈的载荷，并沿纤维方向向切削平面以下扩展。其中，纤维的大弯曲变形使切削区域内的大部分树脂及界面破碎，同时树脂及界面破碎致使纤维处于蓬松状态后失去了支撑，随着切削刃的进给，纤维在接触点以下某一位置处发生了弯断并形成块状切屑。此处将这种切屑形成方式定义为弯断主导型。

图 2-10　呈 135°纤维切削角切削 CFRP 的成屑过程观测 (50μm 切深)

由切削 CFRP 的在线显微观测可知，在刀具的切削作用下 CFRP 总会发生开裂。这些开裂往往发生在树脂及界面处，树脂及界面的开裂形式一般包括张开型载荷作用下的Ⅰ型开裂、纵向剪切载荷作用下的Ⅱ型开裂、横向载荷作用下的Ⅲ型开裂以及复杂载荷作用下的复合型开裂[16]，如图 2-11 所示。现有理论一般认为，在切削力作用下，CFRP 主要发生张开型载荷作用下的 I 型开裂，进而扩展。下面基于观测的 CFRP 成屑过程和张开型载荷作用下的 I 型开裂对 CFRP 成屑方式进行总结。

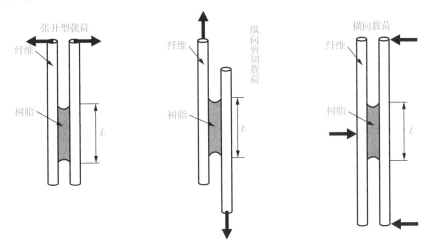

图 2-11　树脂及界面的开裂类型

如图 2-12 所示，呈 0° 切削时，即开裂-弯断型切屑形成方式中，张开型载荷作用下的树脂及界面产生张开型开裂，但仅沿切削平面扩展；呈 45° 切削时，即切断-剪切滑移型切屑形成方式中，纤维在与切削刃接触的局部被切断，同时树脂及界面的开裂仅发生于此局部区域，未向区域外扩展；呈 90° 切削时，即弯折-剪切型切屑形成方式中，沿垂直于纤维方向的切削力致使树脂及界面发生张开型开裂，并沿纤维方向向切削平面以下扩展；呈 135° 切削时，即弯断主导型切屑形成方式中，纤维弯断过程中，树脂及界面产生张开型开裂，并快速向切削平面以下扩展。呈 90° 或 135° 切削时，此两种切屑形成方式中的张开型载荷易导致树脂及界面的张开型开裂，并沿纤维方向向切削平面以下扩展形成损伤。

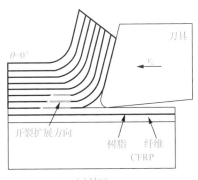

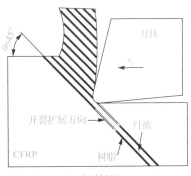

(a) 呈0°

(b) 呈45°

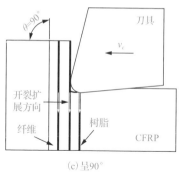 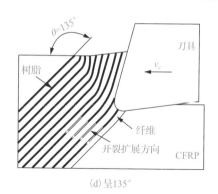

(c) 呈90°   (d) 呈135°

图 2-12 切削 CFRP 的切屑形成方式与开裂扩展

2.2.2 CFRP 直角切削的切削力模型

上述切削成屑的过程中，工件和刀具在不同接触状态下，伴随着产生的切削力也不同。初期学者认为切削 CFRP 存在与切削金属类似的三个变形区域：剪切滑移区、压缩区和回弹区[17]。随着对切削 CFRP 去除过程观测技术的提高，可通过高速显微观测技术对 CFRP 切削过程进行在线显微观测，揭示刀具与材料的相互作用关系。通过上述集"高速切削"和"高速显微观测"功能于一体的 CFRP 切削观测实验装置，大连理工大学的贾振元等[6,11]对切削 CFRP 的过程进行了显微观测和分析，将纤维在刀具切削刃直接接触作用下发生弯曲断裂的区域定义为纤维切断区，已切断纤维在前刀面抬挤作用下发生剪切变形的区域定义为剪切变形区，已切断纤维受到刀具切削刃和后刀面挤压作用的区域定义为纤维受压区，如图 2-13 所示。切削 CFRP 的总切削力是上述三个切削区刀具切削作用的合力，下面将分别根据各个切削区的特点以及刀具与 CFRP 的作用关系对总切削力的计算过程进行介绍。

图 2-13 CFRP 切削区划分示意图

1. 纤维切断区中的切削力

纤维切断区是刀具切削刃与纤维发生直接接触的区域，一部分纤维在切削刃作用下发生弯曲断裂。因此，纤维切断区的切削力 F^{edge} 是切断切屑中所有纤维所需的总切削力，纤维切断区的受力分析如图 2-14 所示。切削力 F^{edge} 按式(2-31)计算：

$$F^{\text{edge}} = f_{By} n_{\text{f}} \tag{2-31}$$

式中，f_{By} 为 2.1 节根据细观尺度切削理论计算的单纤维切削力；n_{f} 为切屑中包含的纤维根数，可通过式(2-32)进行计算：

$$n_{\text{f}} = \frac{\sigma_{\text{b}} a_{\text{c}} b K}{\sin\theta f_{By} \cos\gamma_{\text{t}} \cos(\theta - \gamma_{\text{t}})} \tag{2-32}$$

式中，θ 为纤维切削角；b 为被切削 CFRP 层合板的厚度；γ_{t} 为刀具前角；K 为修正系数。

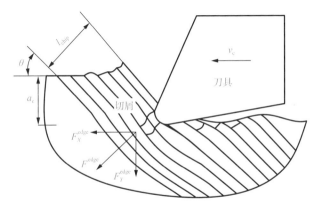

图 2-14　纤维切断区受力示意图

同时，由 2.1.1 节可知，单纤维切削过程中沿纤维方向的摩擦力 f_{Bx} 可通过单纤维切削力 f_{By} 进行计算，因此在纤维切断区产生的总摩擦力可以相应地求解出来（$\mu_1 F^{\text{edge}}$）。为了将切削力理论值与实验值进行对比，需要统一它们的方向。在实验中，测得的切削力方向是沿速度方向和垂直于速度方向，据此定义实验坐标系 XOY，如图 2-13 所示。将切削力理论值按照实验坐标系的方向，即沿速度方向和垂直于速度方向进行分解，得到理论切削力分量 F_X^{edge} 和 F_Y^{edge} 的表达式：

$$\begin{cases} F_X^{\text{edge}} = F^{\text{edge}} \sin\theta + \mu_1 F^{\text{edge}} \cos\theta \\ F_Y^{\text{edge}} = F^{\text{edge}} \cos\theta - \mu_1 F^{\text{edge}} \sin\theta \end{cases} \tag{2-33}$$

式中，μ_1 为切削刃与 CFRP 之间的摩擦系数。

2. 剪切变形区中的切削力

切屑形成过程中，被切削材料受刀具前刀面的抬挤作用，是被切削材料分离成屑的主要作用力来源[11,18]。因此，假设被切削材料分离前受到刀具推挤作用而产生剪切变形。此时，被切削材料产生剪切变形所储存的能量等于刀具抬挤作用所做的功，得出此抬挤作用力 F^{rake} 的表达式如式(2-34)所示：

$$F^{\text{rake}} = \frac{G_s a_c \gamma^2}{\tan\varphi}$$

(2-34)

式中，γ 为剪应变；G_s 为 CFRP 的剪切模量；φ 为切屑剪切变形所引起的倾角。将抬挤作用力沿实验坐标系方向进行分解，得到抬挤作用力分量 F_X^{rake} 和 F_Y^{rake} 的表达式：

$$\begin{cases} F_X^{\text{rake}} = F^{\text{rake}} \cos(\varphi-\theta) \\ F_Y^{\text{rake}} = F^{\text{rake}} \sin(\varphi-\theta) \end{cases}$$

(2-35)

3. 纤维受压区中的切削力

纤维受压区为刀具与已加工表面的接触区域，引入压曲失效理论[11,19]，并考虑后刀面与纤维间的摩擦作用，此区域内材料受到的刀具的挤压作用力为

$$\begin{cases} F_X^{\text{clearance}} = (-f_x^t \cos\theta + \mu_2 f_x^t \sin\theta)n_u \\ F_Y^{\text{clearance}} = (f_x^t \sin\theta + \mu_2 f_x^t \cos\theta)n_u \end{cases}$$

(2-36)

式中，f_x^t 为沿纤维方向的单纤维挤压力；μ_2 为刀具后刀面与 CFRP 之间的摩擦系数；n_u 为纤维受压区内受刀具挤压作用的纤维的总数量。

最终，综合上述三个切削区中切削力的计算，得到实验坐标系下 CFRP 宏观切削力 F_X^c 和 F_Y^t 如式(2-37)所示：

$$\begin{cases} F_X^c = F_X^{\text{edge}} + F_X^{\text{clearance}} + F_X^{\text{rake}} \\ F_Y^t = F_Y^{\text{edge}} + F_Y^{\text{clearance}} + F_Y^{\text{rake}} \end{cases}$$

(2-37)

式中，沿 X 方向的切削力为宏观主切削力；沿 Y 方向的切削力为宏观推力。

基于上述宏观切削力模型，可计算出不同切削条件下的宏观切削力理论值，进而将其与 CFRP 切削实验的结果进行对比。如图 2-15 所示，切削力理论值与实验结果总体来看吻合较好。因此，上述基于虑及多向约束建立的三切削区宏观切削力模型具有较高的预测精度。另外，虽然无法通过实验直接验证细观尺度上虑及多向约束的单纤维切削模型的准确性，然而宏观切削力模型是基于这一单纤维切削模型推导而得的，所以宏观切削力模型较高的预测精度间接验证了虑及多向约束的单纤维切削模型的准确性。

上述理论计算和实验结果也揭示了切削力随切削参数的变化规律。主切削力随着纤维切削角 θ 的增大而增大，推力随着纤维切削角 θ 的增大而减小。随着切削深度的增大，主切削力逐渐增大，$\theta=75°$ 和 $90°$ 时的推力逐渐减小，而呈 $45°$ 纤维切削角的推力表现为增大趋势。切削深度对主切削力幅值影响较大。在小切削深度时，主切削力和推力幅值均较小，因此，在实际加工过程中采用小切削深度可降低切削力，进而抑制加工损伤。

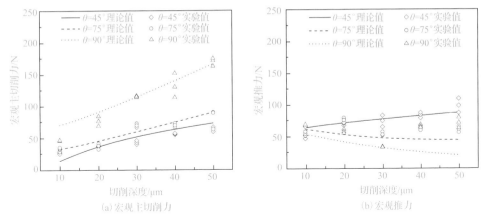

图 2-15　虑及多向约束的 CFRP 宏观切削力理论值与实验值对比

2.3　虑及切削温度的 CFRP 切削模型的建立

CFRP 的树脂及界面热导率较低，切削产生的热量易累积，导致温度升高，造成树脂及界面软化，致使其性能发生变化。根据 2.1 节的研究可知，树脂及界面的性能变化将会影响被切削纤维的约束状态，甚至改变 CFRP 的成屑特征和切削机理[20-22]。本节将首先介绍 CFRP 切削温度场分布的研究，进而在考虑被切削纤维多向约束的基础上引入切削温度，建立同时虑及多向约束和切削温度的 CFRP 切削模型，最终形成较为完整的 CFRP 切削基础理论。

2.3.1　CFRP 切削温度场分布模型

为了建立 CFRP 切削温度场分布模型，首先对 CFRP 切削过程中的总产热量进行求解，进而求解切削区域的热量分配[23]，获得传入工件的热量，最后得到传入 CFRP 工件的热量及温度场分布。

1.　切削加工中的总产热量

在计算切削总产热量时，由于切削 CFRP 的塑性变形小，产热低，忽略塑性变形产热，同时由于切屑与前刀面作用较弱，忽略刀-屑界面摩擦产热，因此只考虑刀具后刀面和已加工表面之间的接触界面(刀-工界面)这一个热源，刀-工界面摩擦是切削 CFRP 主要的热量来源。为了简化计算，将加工过程中刀-工界面的摩擦热源简化为一个矩形均布移动热源，向刀具和工件传热，如图 2-16 所示。

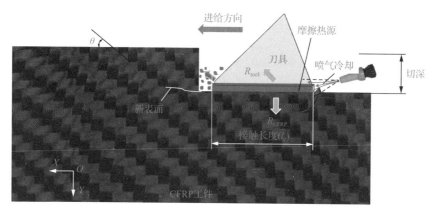

图 2-16 CFRP 切削区热源和热量分配示意图

确定 CFRP 加工过程中的总产热量和切削区的热量分配比例将基于如下假设：

(1)材料的热导率与温度无关；

(2)摩擦消耗的能量全部转化为热量；

(3)热量瞬间传到工件、刀具和切屑中；

(4)辐射散热和对流散热忽略不计；

(5)热流密度是常数且呈均匀分布。

根据能量守恒定律可知，CFRP 加工过程中做的总机械功等于新表面生成所需的能量 Q_{surf}、切屑动能 $Q_{kinetic}$ 以及刀-工界面摩擦所产生的热量 Q_{total} 三者之和：

$$W = Q_{surf} + Q_{kinetic} + Q_{total} \tag{2-38}$$

式中，切屑动能 $Q_{kinetic}$ 较小，忽略不计。加工过程中新表面生成所需的能量可以通过式(2-39)计算获得[24]：

$$Q_{surf} = G_c \times b \times v_c \tag{2-39}$$

式中，G_c 为描述材料断裂韧性的参数。由前面的假设可知，加工过程中刀-工界面摩擦产生的热量瞬间传到了工件、刀具和切屑中，于是有

$$Q_{total} = Q_{CFRP} + Q_{tool} + Q_{chip} \tag{2-40}$$

式中，Q_{CFRP}、Q_{tool}、Q_{chip} 分别表示传入工件、刀具和切屑中的热量。

加工过程中做的总机械功 W 可以通过求解切削力分量 F_X 所做的功近似得到。因为当切削刃与进给方向呈 $90°$ 夹角时，不会引起除 F_X 和 F_Y 以外的切削力分量。另外，沿切削力分量方向 F_Y 的位移非常小，这部分功可以忽略不计。总机械功的计算表达式为

$$W = \bar{F}_X \times v_c \tag{2-41}$$

式中，$\bar{F}_X$ 表示切削力平均值。

2. 切削区热量的分配比例

切削区热量分配比例可以通过传入刀具、工件和切屑的热流(热量)与切削区平均热流(总热量)之间的比值来表示,这里以国际上普遍选用的热流来计算:

$$R_{\text{tool}} = \frac{q_{\text{tool}}}{q_{\text{total}}}, \quad R_{\text{CFRP}} = \frac{q_{\text{CFRP}}}{q_{\text{total}}}, \quad R_{\text{chip}} = \frac{q_{\text{chip}}}{q_{\text{total}}} \tag{2-42}$$

式中,R_{tool}、R_{CFRP} 和 R_{chip} 分别表示传入刀具、工件和切屑的热量分配比例;q_{tool}、q_{CFRP} 和 q_{chip} 分别表示传入刀具、工件和切屑的热流;q_{total} 表示切削区产生的平均热流。切削区的热量配比和为 1。其中,传入切屑的热流 q_{chip} 可以通过形成单位尺寸断裂面所需能量与单位时间内形成断裂面尺寸的乘积计算得到:

$$q_{\text{chip}} = G_{\text{ch}} \frac{v_{\text{c}}}{t_{\text{c}}} \tag{2-43}$$

式中,G_{ch} 为描述切屑断裂韧性的参数,即形成单位尺寸断裂面所需能量,可以通过能量平衡方程计算得到[24];t_{c} 表示切屑宽度。切削区产生的平均热流可以通过刀-工界面的摩擦热量与刀-工接触区面积之间的比值计算得到:

$$q_{\text{total}} = \frac{Q_{\text{total}}}{b \times l_{\text{c}}} \tag{2-44}$$

式中,l_{c} 为刀-工界面的接触长度。将式(2-43)和式(2-44)代入式(2-42)则可得到切屑的热量分配比例 R_{chip}。

在切屑的热量分配比例确定之后,如果能计算刀具的热量分配比例,将间接得到 CFRP 工件的热量分配比例。为了简化刀具热量分配比例的计算过程,将加工过程中的刀具简化为宽度有限、其他两个方向无限伸展的大平板,则切削区热量传入刀具的过程是一维非稳态热传导,如图 2-17 所示。

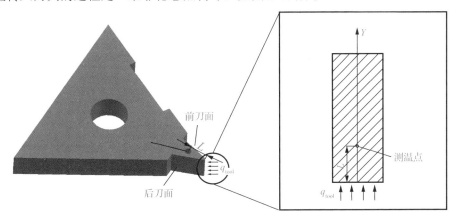

图 2-17　刀具的一维热传导简化模型

根据热力学第二定律和傅里叶定律,单位时间、单位面积传入刀具的热流为[25]

$$q_{\text{tool}} = -k\frac{\partial T}{\partial Y} \tag{2-45}$$

式中，k 表示刀具的热导率；T 为 Y 坐标点处的温度值；$\partial T / \partial Y$ 为 Y 坐标点处的温度梯度；负号表示传热方向与温度梯度方向相反。当接触面积为 $A = l_c \cdot b$ 时，单位时间内传入刀具的热量为

$$Q_{\text{tool}} = q_{\text{tool}} \times A \tag{2-46}$$

在热传导过程中的某一时刻，刀具的温度场分布可以被视为一个稳态热传导过程。因此，Y 坐标点处的温度梯度可以表示为

$$\frac{\partial T}{\partial Y} = \frac{\Delta T}{L} \tag{2-47}$$

式中，ΔT 表示刀具上指定两点之间的温度差；L 表示刀具上任意两点之间的距离。将式(2-45)~式(2-47)代入式(2-42)，则可得到刀具的热量分配比例 R_{tool}。

对于刀具热量分配比例的求解，除 l_c 未知以外，其余参数均为已知。k、b、L 和 Q_{total} 为已知的材料参数或者通过测量和简单的计算即可获得，ΔT 可通过在刀具内埋 K 型热电偶的方式测量得到。因此，在确定刀具的热量分配比例之前，需要首先确定刀-工界面的接触长度 l_c。由于刀具的切削刃钝圆半径实际上不可能为零，因而随着刀具不断向前进给，被挤压过的已加工表面由于压力的突然消失会产生回弹现象，使工件的已加工表面与刀具后刀面发生接触。对于各向异性的 CFRP 而言，其材料刚度沿不同方向存在很大的差异，导致加工不同纤维切削角的 CFRP 工件时，已加工表面的回弹高度明显不同，最终导致不同纤维方向的接触长度发生变化。

如图 2-18 所示，刀-工界面的接触长度由两部分组成，包括切削刃钝圆与工件的接触长度，以及回弹后的已加工表面与刀具后刀面的接触长度。因此，接触长度可以表示为

$$l_c = \frac{[180° - (90° - \alpha_t - \gamma_t)] \times (\pi \times r_e)}{180°} + (\sin \alpha_t)^{-1} \times \left(\frac{3F_Y}{4E^* \times \sqrt{r_e}}\right)^{\frac{2}{3}} \tag{2-48}$$

式中，α_t 为刀具的后角。

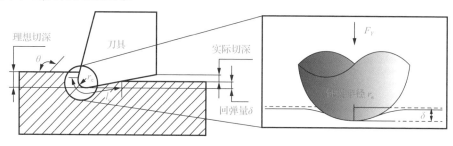

图 2-18 刀-工界面接触行为示意图

当切屑和刀具的热量分配比例计算得到后，则可获得工件的热量分配比例。因此，基于切削区总产热量和传入工件的热量比例，接下来对工件的切削温度进行计算。

3. CFRP 工件的切削温度计算

Jaeger 的热源法常被用来研究零件加工过程的温度场分布，其求解原理是首先将切削区的热传导问题分解成若干个简单的点热源问题，然后对单个点热源所引起的温度场进行求解，最后通过把每个点热源所引起的温度场进行叠加，即可得到 CFRP 工件的温度场。因此，在求解 CFRP 工件加工过程的温度分布前，需要先研究单个点热源作用下的各向异性热传导问题。该问题的数学表述为

$$k_1\frac{\partial^2 T}{\partial x^2}+k_2\frac{\partial^2 T}{\partial y^2}+k_3\frac{\partial^2 T}{\partial z^2}+g(x,y,z,t)=\rho c\frac{\partial T}{\partial t}\quad(t>0)\tag{2-49}$$

初始温度条件为

$$T=T_0\quad(t=0,-\infty<x<+\infty,-\infty<y<+\infty,-\infty<z<+\infty)\tag{2-50}$$

热流边界条件为

$$-k_1\frac{\partial T}{\partial x}-k_2\frac{\partial T}{\partial y}-k_3\frac{\partial T}{\partial z}+\rho cv_c T=q_{\text{instant}}\quad(t>0,y>0)\tag{2-51}$$

式中，k_1、k_2 和 k_3 分别表示 CFRP 工件沿 x 轴、y 轴和 z 轴(图 2-19)的热导率；t 表示时间；$g(x,y,z,t)$ 为热源项；ρ 和 c 分别表示 CFRP 的密度和比热容；T_0 为初始温度值；q_{instant} 表示点热源的热流。

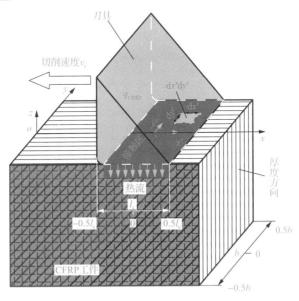

图 2-19　CFRP 切削区矩形移动热源和热量分配示意图

假设当 $t=0$ 时，点热源在 (x', y', z') 处出现并瞬间消失，则该问题的解可由 Jaeger 的瞬态点热源各向异性温度场的解析解直接给出。令 $(x', y', z')=(0, 0, 0)$，并假设一连续点热源恰好位于坐标原点且热流为 q_{point}，上述问题可以转化为一个无限大物体中移动点热源的热传导问题。即当 $t>0$ 时，一个各向异性无限大物体沿着 x 轴以速度 v_c 匀速经过坐标原点。设在 t 时刻，物体上某点的坐标为 (x, y, z)，则在 t' 时刻，该点的坐标变成 $(x-v_c(t-t'), y, z)$，在单位时间 $\mathrm{d}t$ 内，点热源共释放出的热量为 $q_{\text{point}}\mathrm{d}t$。因此，在 t 时刻，物体上任意坐标点 (x, y, z) 的温度场为

$$T_{\text{point}}(x,y,z,t) = \int_0^t \frac{q_{\text{point}}(\rho c)^{\frac{3}{2}}}{8\pi^{\frac{3}{2}}\sqrt{k_1 k_2 k_3}(t-t')^{\frac{3}{2}}} \mathrm{e}^{-\left[\frac{\rho c\left(\frac{(x-v_c(t-t'))^2}{k_1}+\frac{y^2}{k_2}+\frac{z^2}{k_3}\right)}{4(t-t')}\right]} \mathrm{d}t \qquad (2\text{-}52)$$

则式 (2-52) 变为具有各向同性材料形式的热传导问题，因此可以直接写出该问题的解，为了简化计算，令 $t \to \infty$，则物体上任意坐标点 (x, y, z) 在移动点热源作用下的稳态温度场分布可以表示为

$$T_{\text{point}}(x,y,z) = \frac{q_{\text{point}}\sqrt{\rho c}}{4\pi\sqrt{k_1 k_2 k_3}\sqrt{\frac{x^2}{k_1}+\frac{y^2}{k_2}+\frac{z^2}{k_3}}} \mathrm{e}^{-\left[\frac{v_c\rho c\left(\sqrt{\frac{x^2}{k_1}+\frac{y^2}{k_2}+\frac{z^2}{k_3}}-\frac{x}{\sqrt{k_1}}\right)}{2\sqrt{k_1}}\right]} \qquad (2\text{-}53)$$

刀-工接触区的热源可以被看作一个矩形移动热源，如图 2-19 所示，位于 $-0.5l_c<x'<0.5l_c$，$-0.5b<y'<0.5b$，$z=0$。因此，CFRP 加工过程的温度分布可转化为一个无限大物体中矩形移动热源的热传导问题。根据 Jaeger 的热源法求解思想，矩形移动热源的温度场可以被离散成若干个点热源温度场叠加的结果。同理，CFRP 工件上任意坐标点 (x, y, z, t) 的温度场可以通过将式 (2-53) 积分求得：

$$T_{\text{CFRP}}(x,y,z) = \int_{-0.5l_c}^{0.5l_c}\int_{-0.5b}^{0.5b} \frac{q_{\text{CFRP}}\,\mathrm{d}x'\mathrm{d}y'\sqrt{\rho c}}{4\pi\sqrt{k_1 k_2 k_3}\sqrt{\frac{(x-x')^2}{k_1}+\frac{(y-y')^2}{k_2}+\frac{z^2}{k_3}}} \mathrm{e}^{-\left[\frac{v_c\rho c\left(\sqrt{\frac{(x-x')^2}{k_1}+\frac{(y-y')^2}{k_2}+\frac{z^2}{k_3}}-\frac{x-x'}{\sqrt{k_1}}\right)}{2\sqrt{k_1}}\right]}$$

$$(2\text{-}54)$$

2.3.2　虑及切削温度的切削模型

基于 2.3.1 节可以获知切削 CFRP 的局部温升，这一温度变化将导致树脂及界面的弹性模量和黏结强度等参数发生改变[26-28]，自然也将影响 CFRP 的切削特性。下面将在考虑被切削纤维多向约束的基础上（2.1 节），引入上述切削温度的研究，建立同时虑及多向约束和切削温度的 CFRP 切削模型。

仅考虑被切削纤维多向约束的纤维变形控制方程如式（2-7）所示。由于实际情况，温度对纤维特性影响较小而对树脂及界面影响较大，因而在式（2-7）中，纤维的力学特性参数（模量和惯性矩）不是基于温度的函数；对纤维产生多向约束作用的周围材料包含了大量树脂及界面，因此其力学特性参数都与温度有关。因此，引入切削温度对树脂及界面的影响，进一步将式（2-7）进行完善，得到同时虑及多向约束和切削温度的纤维变形控制方程：

$$E_f I_f \frac{\mathrm{d}^4 w(x)}{\mathrm{d}x^4} - \left(k_{m1T} + k_{b1T}\right) \frac{\mathrm{d}^2 w(x)}{\mathrm{d}x^2} + \left(k_{mT} + k_{bT}\right) w(x) = 0 \qquad (2\text{-}55)$$

式中，k_{mT} 为不同温度下未加工材料作用的第一参数；k_{m1T} 为不同温度下未加工材料作用的第二参数；k_{bT} 为不同温度下树脂及界面的拉伸刚度；k_{b1T} 为不同温度下已加工材料的剪切刚度。它们均与树脂及界面的性能相关，即当切削温度发生变化后，会导致树脂及界面的性能发生变化，从而使 k_{mT}、k_{m1T}、k_{bT}、k_{b1T} 发生改变。

接下来，只要获得 k_{mT}、k_{m1T}、k_{bT}、k_{b1T} 随温度的变化，即可采用与 2.1 节中相同的方式对式（2-55）进行求解，获得同时虑及多向约束和切削温度的单纤维变形以及单纤维切削力。同理，基于 2.2 节的宏观切削力建模流程，对同时虑及多向约束和切削温度的宏观切削力进行预测，具体求解过程这里不再赘述。

本节以切削温度达到 160℃时的切削过程为例，基于上述理论，对宏观切削力进行预测，并与仅考虑被切削纤维多向约束的宏观切削力理论值和实验值进行对比，如图 2-20 所示。可见，大多数条件下，考虑切削温度后的宏观切削力理论值与实验值更为接近。因此，这种同时虑及多向约束和切削温度的 CFRP 切削理论较为真实、完整地揭示了 CFRP 切削机理。

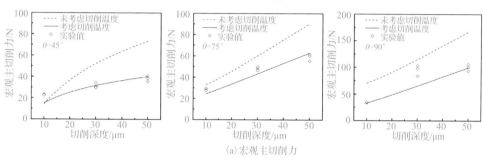

(a) 宏观主切削力

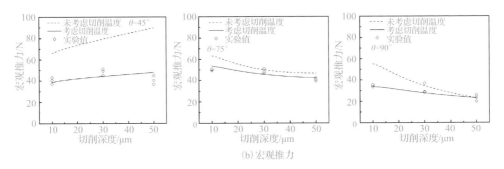

(b)宏观推力

图 2-20 虑及多向约束和切削温度的宏观切削力预测结果

2.4 本章小结

  本章介绍了一种表征细观尺度上纤维切削状态的虑及被切削纤维所受法向和切向约束作用的单纤维切削新模型；并基于对 CFRP 切削过程的高速显微观测，描述了宏观尺度上 CFRP 的成屑行为，揭示出不同纤维切削角下 CFRP 的切削机理；进而结合此多向约束的单纤维切削模型和 CFRP 宏观成屑特征，提出 CFRP 宏观切削力预测模型。另外，还介绍了虑及纤维方向、刀具和切削参数的 CFRP 切削区热量分配计算方法，提出 CFRP 切削温度的预测模型。最终，将切削温度引入 CFRP 切削理论中，建立了同时虑及纤维所受多向约束和切削温度的 CFRP 切削模型，更为真实且完整地揭示了 CFRP 的切削机理。

参 考 文 献

[1] 沈观林, 胡更开, 刘彬. 复合材料力学[M]. 2 版. 北京: 清华大学出版社, 2013.

[2] XU W X, ZHANG L C. On the mechanics and material removal mechanisms of vibration-assisted cutting of unidirectional fibre-reinforced polymer composites[J]. International journal of machine tools and manufacture, 2014, 80/81: 1-10.

[3] XU W X, ZHANG L C. Mechanics of fibre deformation and fracture in vibration-assisted cutting of unidirectional fibre-reinforced polymer composites[J]. International journal of machine tools and manufacture, 2016, 103: 40-52.

[4] QI Z C, ZHANG K F, CHENG H, et al. Microscopic mechanism based force prediction in orthogonal cutting of unidirectional CFRP[J]. The international journal of advanced manufacturing technology, 2015, 79(5/6/7/8): 1209-1219.

[5] CHEN L X, ZHANG K F, CHENG H, et al. A cutting force predicting model in orthogonal machining of unidirectional CFRP for entire range of fiber orientation[J]. The international journal of advanced manufacturing technology, 2017, 89(1/2/3/4): 833-846.

[6] 贾振元, 毕广健, 王福吉, 等. 碳纤维增强树脂基复合材料切削机理研究[J]. 机械工程学报, 2018, 54(23): 199-208.

[7]　大连理工大学. 一种碳纤维复合材料切削模型的建立方法: 中国, 201610446046.5[P]. 2019-05-10.

[8]　ZHAO Z H, COOK R D. Beam elements on two-parameter elastic foundations[J]. Journal of engineering mechanics, 1983, 109(6): 1390-1402.

[9]　BIOT M A. Bending of an infinite beam on an elastic foundation[J]. Journal of applied mechanics, 1937, 4(1): A1-A7.

[10]　VLASOV V Z, LEONTIEV U N. Beams, plates, and shells on elastic foundation[M]. Jerusalem: Israel Program for Scientific Translations, 1966.

[11]　宿友亮. 切削 CFRP 中材料的力学行为研究[D]. 大连: 大连理工大学, 2017.

[12]　贾振元, 王福吉, 董海. 机械制造技术基础[M]. 2 版. 北京: 科学出版社, 2019.

[13]　大连理工大学. 一种碳纤维复合材料切削的实验装置: 中国, 201410071620.4 [P]. 2015-12-30.

[14]　大连理工大学. 一种单束纤维切削实验方法: 中国, 201510044362.5 [P]. 2017-02-22.

[15]　大连理工大学. 提高碳纤维复合材料直角切削实验精度的方法: 中国, 201510532683.X [P]. 2018-01-26.

[16]　GREENHALGH E S. Failure analysis and fractography of polymer composites[M]. New York: Woodhead Publishing Limited, 2009.

[17]　ZHANG L C, ZHANG H J, WANG X M. A force prediction model for cutting unidirectional fibre-reinforced plastics[J]. Machining science and technology, 2001, 5(3): 293-305.

[18]　REIFSNIDER K L, CASE S W. Damage tolerance and durability of material systems[M]. New York: John Wiley & Sons, 2002.

[19]　JAHROMI A S, BAHR B . An analytical method for predicting cutting forces in orthogonal machining of unidirectional composites[J]. Composites science and technology, 2010, 70(16): 2290-2297.

[20]　付饶. CFRP 低损伤钻削制孔关键技术研究[D]. 大连: 大连理工大学, 2017.

[21]　JIA Z Y, FU R, WANG F J, et al. Temperature effects in end milling carbon fiber reinforced polymer composites[J]. Polymer composites, 2018, 39(2): 437-447.

[22]　大连理工大学. 一种复合材料的适温切削实时控制方法: 中国, 201610382979.2[P]. 2019-02-01.

[23]　大连理工大学. 一种复合材料切削热分配系数的计算方法: 中国, 201510042392.2[P]. 2017-06-23.

[24]　LI H, QIN X D, HE G Y, et al. Investigation of chip formation and fracture toughness in orthogonal cutting of UD-CFRP[J]. The international journal of advanced manufacturing technology, 2016, 82(5/6/7/8): 1079-1088.

[25]　胡汉平. 热传导理论[M]. 合肥: 中国科学技术大学出版社, 2010.

[26]　KAWAI M, SAGAWA T. Temperature dependence of off-axis tensile creep rupture behavior of a unidirectional carbon/epoxy laminate[J]. Composites part A: applied science and manufacturing, 2008, 39(3): 523-539.

[27]　KOYANAGI J, YONEYAMA S, NEMOTO A, et al. Time and temperature dependence of carbon/epoxy interface strength[J]. Composites science and technology, 2010, 70(9): 1395-1400.

[28]　PAN Z X, GU B H, SUN B Z. Numerical analyses of thermo-mechanical behaviors of 3-D rectangular braided composite under different temperatures[J]. The journal of the textile institute, 2015, 106(2): 173-186.

第3章

切削加工 CFRP 的有限元数值模拟

理论解析材料切削加工过程是揭示刀具对材料切削瞬时作用机制的有效手段，然而切削过程是复杂的连续动态过程，仅基于理论解析计算往往难以准确描述。有限元数值模拟也是进行科学研究的重要手段，与理论解析相比，它具有适用范围广、计算效率高、可视性强、易于实现复杂模型求解等优点。因此，有限元数值模拟已被广泛应用到切削加工领域，可视化地研究、分析并预测复杂连续动态切削过程。目前，金属等均质材料的切削加工有限元数值模拟技术已日渐成熟，然而如前所述，CFRP 与传统金属材料具有本质区别，对 CFRP 切削加工的有限元数值模拟需要综合考虑其细观多相混合态、各向异性和宏观层叠的特征来定义工件的材料力学性能，同时部分材料力学性能参数往往难以确定，而且仿真建模过程中的工件和刀具的单元类型、接触属性和边界条件等参数的设置也相当繁复，这对采用有限元数值模拟研究 CFRP 切削加工过程提出了极大挑战。

采用有限元数值模拟研究切削加工时，准确定义被切削材料的本构模型是重中之重。考虑到 CFRP 的切削加工过程为复杂的渐进失效过程，其中包含了材料的损伤起始及损伤演化，即材料在刀具的切削、挤压作用下内部应力逐渐增加，当工件内部的应力超过材料自身强度极限时才产生损伤。随着加工的进行，损伤演化直至失效，这时切削位置的材料被去除。因此，本章将首先阐述 CFRP 及其组成相的本构模型，具体包括材料产生损伤前的应力-应变关系(弹性本构关系或弹塑性本构关系)，材料产生损伤时各应力或应变分量之间满足的关系(失效准则)，材料产生损伤后不同方向材料刚度的折减规则(损伤演化准则)，这是实现 CFRP 切削加工有限元数值模拟的基础。其次，针对 CFRP 在细观尺度和宏观尺度的材料特征，从刀具对工件最简单的作用形式直角切削入手，详细介绍细观尺度和宏观尺度上直角切削 CFRP 的有限元数值模拟方法的研究。最后，基于细观尺度上的模拟(以下简称为细观模拟)结果分析 CFRP 切削加工过程中不同组成相的局部破坏及材料去除，基于宏观尺度上的模拟(以下简称为宏观模拟)结果探讨

CFRP 连续切削时的成屑过程及损伤形成情况，从而系统地揭示 CFRP 从细观局部破坏到宏观切屑形成的材料切削演化过程。在上述研究的基础上，本章还将进一步介绍实际工业中应用更为广泛的 CFRP 钻削和铣削的有限元数值模拟，并基于此，阐述加工过程中刀具几何和工艺参数对典型加工损伤的影响规律，为工艺参数的优化及加工质量的提高提供支持。

3.1　细观尺度直角切削 CFRP 的有限元数值模拟

根据第 2 章研究可知，细观尺度上切削 CFRP 包含刀具对纤维、树脂及界面的作用，以及各相之间的相互作用。由于这些组成相的材料的力学行为差异较大，因此，细观尺度 CFRP 切削的有限元数值模拟需要对各组成相分别建模，即定义各组成相包含弹性本构关系或弹塑性本构关系、失效准则及损伤演化准则在内的本构模型；同时，还需设置刀具与各组成相，以及各组成相之间的接触作用关系；另外，为保证计算结果精度和提高模拟效率，还应对模型不同区域的网格进行细分或粗化。最终，实现细观尺度直角切削 CFRP 的有限元数值模拟，进而分析 CFRP 的连续切削去除过程。

3.1.1　CFRP 组成相的本构模型

1. 碳纤维的本构模型

碳纤维是一种脆性材料，且其沿轴向和径向的强度、刚度等力学性能差异巨大[1-3]，因此，在有限元数值模拟中通常将碳纤维定义为：横截面内各向力学性质相同而轴向力学性质与其他方向不同的横观各向同性的脆性材料[4-6]。在载荷作用下，碳纤维沿纤维轴向和径向的应力-应变关系类似，都可简化为图 3-1 所示的对应关系。

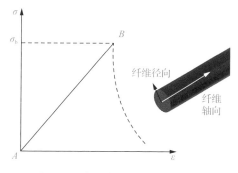

图 3-1　碳纤维的应力-应变关系

采用弹性模型[4,6]描述其产生损伤前的应力-应变关系，如式(3-1)所示：

$$
\begin{bmatrix} \varepsilon_1 \\ \varepsilon_2 \\ \gamma_{12} \end{bmatrix} = \begin{bmatrix} \dfrac{1}{E_1} & \dfrac{-\nu_{12}}{E_1} & 0 \\[2mm] \dfrac{-\nu_{12}}{E_1} & \dfrac{1}{E_2} & 0 \\[2mm] 0 & 0 & \dfrac{1}{G_{12}} \end{bmatrix} \begin{bmatrix} \sigma_1 \\ \sigma_2 \\ \tau_{12} \end{bmatrix}
\tag{3-1}
$$

式中，ε_1、ε_2、γ_{12} 分别为沿纤维轴向的应变、沿纤维径向的应变和 1-2 平面内的剪应变；E_1 为沿纤维轴向的弹性模量；E_2 为沿纤维径向的弹性模量；G_{12} 为剪切模量；ν_{12} 为泊松比；σ_1、σ_2、τ_{12} 分别为沿纤维轴向的应力、沿纤维径向的应力和 1-2 平面内的剪应力。

此外，由于碳纤维是一种脆性材料，因而定义的碳纤维本构模型不包含塑性阶段，同时，其内部产生损伤后即发生断裂[1,2]，因此也不包含损伤起始后的刚度折减过程(损伤演化过程)。传统研究中采用最大应力准则[4]来判断碳纤维内部损伤的起始。然而，作为横观各向同性脆性材料，碳纤维不仅在轴向和径向的材料性能差异较大，单独在某一方向的拉伸和压缩性能也明显不同，另外，切削时材料内部同时受到正应力和剪应力的复杂作用[7]。因此，这里采用表 3-1 所示的包含材料不同方向失效的 Hashin 准则[8,9]作为纤维损伤起始的判断依据，以更加有效地表征在受到不同方向载荷时碳纤维的损伤起始，以及不同应力分量对损伤起始的综合作用。

表 3-1　Hashin 准则

失效模式	准则公式
沿纤维轴向拉伸失效	$F_{1t}^2 = \left(\dfrac{\sigma_1}{\sigma_{1t}^f}\right)^2 + \left(\dfrac{\tau_{12}}{\tau_{12}^f}\right)^2$
沿纤维轴向压缩失效	$F_{1c}^2 = \left(\dfrac{\sigma_1}{\sigma_{1c}^f}\right)^2$
沿纤维径向拉伸失效	$F_{2t}^2 = \left(\dfrac{\sigma_2}{\sigma_{2t}^f}\right)^2 + \left(\dfrac{\tau_{12}}{\tau_{12}^f}\right)^2$
沿纤维径向压缩失效	$F_{2c}^2 = \left(\dfrac{\sigma_2}{2\tau_{21}^f}\right)^2 + \left[\left(\dfrac{\sigma_{2c}^f}{2\tau_{21}^f}\right)^2 - 1\right]\dfrac{\sigma_2}{\sigma_{2c}^f} + \left(\dfrac{\tau_{12}}{\tau_{12}^f}\right)^2$

注：F 为失效因子，当其达到 1 时满足相应失效模式。上标 f 表示材料损伤起始时的应力值；下标 t 表示拉伸，c 表示压缩；σ 和 τ 分别表示正应力和剪应力，数字下标 "1" 和 "2" 分别表示沿纤维轴向和沿纤维径向。

2. 树脂的本构模型

与碳纤维不同，CFRP 中的树脂是各向同性的弹塑性材料，其在载荷作用下的应力-应变关系可由图 3-2 中的曲线示意，包含材料在损伤起始前的响应(AC 段)、损伤起始(点 C)以及损伤演化过程(CD 段)。

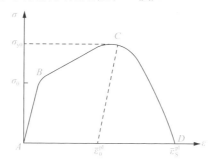

图 3-2 树脂的应力-应变关系

树脂损伤起始前(AC 段)的力学行为分两个阶段，即以材料内部的应力是否达到弹性强度 σ_0 为标准，分为弹性阶段 AB 和塑性阶段 BC。损伤起始(C 点)采用式(3-2)所示的剪切失效准则作为判据[5,10,11]：

$$\omega_S = \int \frac{\mathrm{d}\overline{\varepsilon}^{\mathrm{pl}}}{\overline{\varepsilon}_S^{\mathrm{pl}}(\theta_S, \dot{\overline{\varepsilon}}^{\mathrm{pl}})} = 1 \qquad (3\text{-}2)$$

式中，$\overline{\varepsilon}^{\mathrm{pl}}$ 为等效塑性应变；$\dot{\overline{\varepsilon}}^{\mathrm{pl}}$ 为等效塑性应变率；$\theta_S = (q + k_s p)/\tau_{\max}$ 为剪切应力比，q 为 Mises 等效应力，p 为压缩应力，k_s 为相关材料参数，$\tau_{\max}$ 为剪应力的最大值；$\overline{\varepsilon}_S^{\mathrm{pl}}$ 是剪切应力比和应变率的函数。当树脂内部产生损伤后，进入损伤演化阶段(CD 段)。其材料刚度在变量 d 的控制下折减，d 由式(3-3)进行计算。当变量 d 的值变为 1 时，代表树脂完全断裂。

$$d = \frac{L^{\mathrm{c}} \dot{\overline{\varepsilon}}^{\mathrm{pl}}}{\overline{u}_{\mathrm{f}}^{\mathrm{pl}}} = \frac{\dot{\overline{u}}^{\mathrm{pl}}}{\overline{u}_{\mathrm{f}}^{\mathrm{pl}}} \qquad (3\text{-}3)$$

式中，L^{c} 为切削模型中工件所划分网格的单元特征长度；材料失效时的等效塑性位移 $\overline{u}_{\mathrm{f}}^{\mathrm{pl}}$ 由式(3-4)计算：

$$\overline{u}_{\mathrm{f}}^{\mathrm{pl}} = \frac{2G_{\mathrm{f}}}{\sigma_{\mathrm{y0}}} \qquad (3\text{-}4)$$

式中，σ_{y0} 是材料的屈服极限，对应材料的抗拉强度或抗压强度；G_{f} 是材料单位体积的断裂能。

3. 界面的本构模型

在 CFRP 切削的有限元数值模拟中，模拟界面的方法主要有三种：基于内聚力单元的模拟方法[4,5,10]、基于连续体单元的模拟方法[4,5,10]以及利用内聚力接触模拟的方法[12,13]。

1) 基于内聚力单元的模拟方法

基于内聚力单元的模拟方法是将界面相单独看作一种材料，通过定义内聚力单元，模拟界面的开裂起始和扩展。这种单元的特征如图 3-3 所示。当图 3-3(a) 所示的单元上下表面沿着厚度方向有相对运动时，可以用来模拟界面的开裂或闭合，其应力分量分布十法向、第一切向和第二切向三个方向上，如图 3-3(b) 所示。

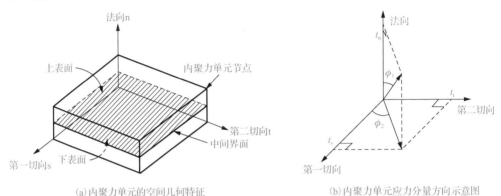

(a)内聚力单元的空间几何特征　　　　(b)内聚力单元应力分量方向示意图

图 3-3　内聚力单元特征示意图

内聚力单元的产生损伤前应力-应变关系如式(3-5)所示：

$$\begin{bmatrix} t_n \\ t_s \\ t_t \end{bmatrix} = \begin{bmatrix} K_{nn} & & \\ & K_{ss} & \\ & & K_{tt} \end{bmatrix} \begin{bmatrix} \varepsilon_n \\ \varepsilon_s \\ \varepsilon_t \end{bmatrix} \tag{3-5}$$

式中，n 代表法向分量；s 和 t 分别代表第一切向(沿纤维方向)和第二切向(垂直于纤维方向)；t_i 为各个方向的应力；ε_i 为各个方向的应变；K_{ii} 是各个方向的弹性模量(i=n, s, t)。在切削载荷作用下，内聚力单元中的应力逐渐增大。当三个方向的应力分量满足式(3-6)所示的二次名义应力准则[14]时，内聚力单元中产生损伤，连接的纤维和树脂两相会逐渐分开。

$$\left\{ \frac{\langle t_n \rangle}{t_n^0} \right\}^2 + \left\{ \frac{t_s}{t_s^0} \right\}^2 + \left\{ \frac{t_t}{t_t^0} \right\}^2 = 1 \tag{3-6}$$

式中，t_i^0 为损伤起始时的应力。随着载荷的进一步作用，内聚力单元的位移逐渐增大，刚度在损伤因子 d 的控制下线性折减，如式(3-7)所示，单元各方向的应力依据式(3-8)进行计算：

$$d = \frac{u_m^f(u_m^{max} - u_m^0)}{u_m^{max}(u_m^f - u_m^0)} \tag{3-7}$$

$$t_n = \begin{cases} (1-d)\overline{t_n} & (t_n \geqslant 0) \\ \overline{t_n} & (t_n < 0) \end{cases}$$
$$t_s = (1-d)\overline{t_s} \tag{3-8}$$
$$t_t = (1-d)\overline{t_t}$$

式中，$u_m = \sqrt{\langle u_n \rangle^2 + u_s^2 + u_t^2}$ 为总位移量，u_i 为各个方向位移分量；u_m^0、u_m^f、u_m^{max} 分别代表损伤起始时的位移、完全失效时的位移以及分析计算过程中的最大位移；$\overline{t_i}$ 为不考虑损伤影响下的应力。当内聚力单元的位移增大到满足表 3-2 所示的 Power Law 准则或 B-K 准则时，内聚力单元完全失效，界面开裂。

表 3-2　CFRP 切削数值模拟中界面常用的准则

常用准则	准则公式
Power Law 准则[15]	$\left(\dfrac{G_n}{G_{nC}}\right)^\alpha + \left(\dfrac{G_s}{G_{sC}}\right)^\beta + \left(\dfrac{G_t}{G_{tC}}\right)^\gamma = 1$
B-K 准则[16,17]	$G_{nC} + (G_{SC} - G_{nC})\left(\dfrac{G_S}{G_T}\right)^\eta = G_{TC}$

注：参数 α、β 和 γ 都是与材料性能相关的参数。G_n、G_s 和 G_t 分别为界面开裂时法向和第一、第二切向耗散的能量，G_{nC}、G_{sC} 和 G_{tC} 分别为法向和第一、第二切向的临界断裂能。另外，$G_{SC}=G_{sC}+G_{tC}$，$G_S=G_s+G_t$，$G_{TC}=G_{nC}+G_{sC}+G_{tC}$，$G_T=G_n+G_s+G_t$。

2）基于连续体单元的模拟方法

基于连续体单元的模拟方法是将界面的材料力学行为看作与树脂相同，但采用较小的拉伸和剪切强度性能参数[18,19]，这样在建立切削模型时省去了定义内聚力单元力学模型的过程，可以提高模型的建立和计算效率。然而，这种模拟方法与实际材料属性有一定差距。

3）利用内聚力接触的模拟方法

利用内聚力接触的模拟方法是一种通过定义纤维与树脂的接触来模拟界面的方法，这种内聚力接触的力学行为与内聚力单元的本构模型相同，不再赘述。由于不用再单独设置内聚力单元，这种模拟方法可以大大提高模型的计算效率，但在模拟的结果中难以观测界面的损伤及开裂行为。

综合考虑这三种模拟界面的方法，基于内聚力单元的模拟方法能够更加有效地模拟纤维和树脂的黏结作用，避免了使用基于连续体单元的模拟方法时出现的模拟结果与实际界面开裂具有差异的问题；同时，这种方法可以在切削过程中实时观测界面的应力-应变情况及其开裂和扩展，弥补了利用内聚力接触模拟的方法的不足。因此，本章的切削数值模型都采用基于内聚力单元的模拟方法模拟 CFRP 的界面。

3.1.2 细观尺度直角切削 CFRP 的有限元数值模拟过程

细观尺度直角切削 CFRP 的有限元数值模拟,能够可视化地从细观尺度展示和分析 CFRP 切削过程中纤维的变形和断裂过程、树脂及界面的开裂过程,这是目前实验方法所无法解决的。近年来,随着学者对 CFRP 组成材料力学行为认识的提升以及在材料本构模型定义方面取得的进展,CFRP 切削的细观模拟得到了快速发展,目前,细观尺度 CFRP 切削模拟主要以二维模拟为主[6,11,20,21]。这种细观尺度有限元数值模拟的过程主要分为四个步骤:①根据所要模拟的 CFRP 组成相的种类确定其材料本构模型;②建立几何模型,对各组成相划分网格;③设置刀具和工件接触参数、加工参数等边界条件;④对模型求解。

1. 组成相材料本构模型

由第 1 章的概述可知,碳纤维和树脂的种类众多,所构成的 CFRP 性能各异。本章中的有限元数值模拟基于 T800 级碳纤维和 3900-2B 环氧树脂建立[22,23]。根据 3.1.1 节中的定义,碳纤维采用横观各向同性脆性材料的本构模型进行表征,利用 Hashin 准则判别纤维断裂;树脂采用各向同性弹塑性材料的本构模型进行表征;此外,CFRP 切削加工的数值模拟往往对纤维与树脂间过渡的界面单独进行表征[4,6,24],采用内聚力单元进行模拟,并采用 B-K 准则判断界面的开裂。

2. 几何模型及网格划分

在建立几何模型时,需要确定所模拟的工件的整体尺寸和工件内纤维、树脂和界面的分布。为了后续将有限元数值模拟的结果与实验结果进行对比验证,模型中的工件整体尺寸依据实际实验中工件的尺寸和计算机所能完成的计算量确定。碳纤维、树脂和界面的分布情况根据纤维方向、纤维的直径尺寸、纤维的体积分数和界面的厚度进行计算。由第 2 章 CFRP 的直角切削过程观测可知,CFRP 切削过程中的纤维变形、树脂及界面开裂等受纤维切削角的影响较大,这里模拟呈 0°、45°、90° 和 135° 四种典型纤维切削角下 CFRP 的切削过程,几何模型如图 3-4 所示。在此几何模型中,纤维宽度根据模拟的实际纤维直径设定,树脂宽度根据纤维直径和纤维体积分数进行计算并设定[8],界面的厚度根据现有研究通用的数值[4,5]来进行设置。此外,刀具的几何尺寸参数如表 3-3 所示。

由于模型所需划分的网格数量较多,计算量较大。为了提高计算效率,只将切削区的纤维、树脂和界面的网格进行细分,切削区以外的材料网格进行粗化处理。在模型中,设置纤维、树脂以及等效均质材料的单元类型为 4 节点四边形线性减缩积分单元(CPS4R),采用结构性四边形生成方式。另外,使用内聚力单元来模拟界面相,单元类型为 4 节点二维黏结单元(COH2D4),生成方式为扫掠生成。切削模拟中不考虑刀具变形,刀具设置为解析刚体。

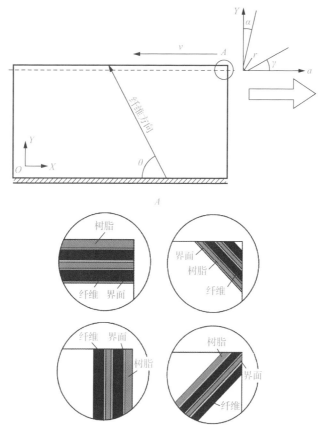

图 3-4 细观尺度直角切削 CFRP 的数值模拟几何模型

表 3-3 模拟的刀具几何参数和加工参数

参数	值
前角 γ/(°)	20
后角 α/(°)	10
切深 a_c/μm	50
切削速度 v/(mm/min)	500

3. 边界条件

上述模型中，将刀具表面与工件设置为具有相互接触作用的表面(接触对)，以表征切削加工中刀具与工件材料间的相互作用，接触类型定义为面-面接触。接触属性定义为法向的硬接触作用和切向的摩擦作用，以模拟刀具对工件的切削及摩擦。模型中工件的各组成相之间设定通用接触，以避免模拟计算过程中工件内部出现相互侵入。将模型中 CFRP 工件的底部完全约束固定，与切削实验的工件装夹方式一致。另外，根据表 3-3 设置刀具的切削参数。

4. 模型求解及模拟结果

切削过程是复杂且快速的动态接触问题，因此，基于 ABAQUS 软件的动态显式分析模块，采用处理非线性数值问题能力突出的显式积分算法进行求解。使用该算法时，无须等待模型计算完成即可查看模拟结果。模拟获得的四种典型纤维切削角下 CFRP 的切削结果如图 3-5 所示。通过将模拟结果与第 2 章中直角切削实验获得的材料破坏过程进行对比，进一步验证了所建立模型的正确性[8]。各组成相的细观尺度破坏分析将在 3.1.3 节中进行详细阐述。下述细观数值模拟结果中，云图图例的名称含义为：HSNFTCRT 代表纤维的轴向拉伸失效因子，HSNFCCRT 代表纤维的轴向压缩失效因子，HSNMTCRT 代表纤维的径向拉伸失效因子，SHRCRT 代表树脂的剪切失效因子；云图图例的数值区间"1"(图中表示为 1.000e+00)代表材料发生破坏，"0"(图中表示为 0.000e+00)代表材料处于初始状态。

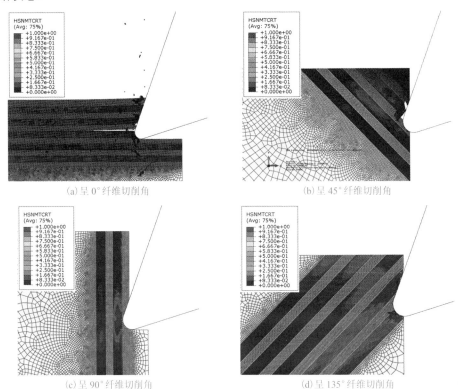

(a) 呈 0°纤维切削角　　　　　　　　　(b) 呈 45°纤维切削角

(c) 呈 90°纤维切削角　　　　　　　　　(d) 呈 135°纤维切削角

图 3-5　四种典型纤维切削角下切削 CFRP 的细观数值模拟结果

Avg 为默认平均阈值，是用来控制云图光滑程度的变量，取值为 0~1，值越大云图越光滑

3.1.3　细观尺度直角切削 CFRP 的材料去除分析

第 2 章细观尺度的 CFRP 切削理论揭示了单纤维切削变形、断裂机理和树脂

及界面的开裂机制，本节将基于细观尺度直角切削 CFRP 的有限元数值模拟，更为直观地分析切削加工过程中纤维和树脂及界面的变形及应力分布情况，研究它们的局部失效破坏以及界面的开裂和扩展，进一步揭示细观尺度 CFRP 的去除过程。CFRP 的切削去除过程与纤维切削角密切相关，下面将以四种典型纤维切削角为例进行分析。

图 3-6 是呈 0° 纤维切削角切削 CFRP 的有限元数值模拟与实验观测的对比，模拟与实验基本吻合。从模拟和实验结果中都可以看出，切削时刀刃前方的材料在刀具挤压作用下产生开裂，并被前刀面掀起，随后在刀具的进一步作用下发生断裂，材料呈长片状被去除。由于数值模型中定义的 Hashin 准则和剪切失效准则可以直接表征纤维和树脂不同模式的失效，因此，可以基于仿真结果进行进一步分析：切削时，刀具推挤材料首先引发界面开裂，随着刀具不断向前推进，前刀面将裂纹上方的纤维和树脂抬起。随着界面开裂的不断扩展，被抬起的纤维在靠近刀尖侧受到拉伸作用，在远离刀尖侧受到挤压作用，并在拉压共同作用下产生断裂，如图 3-7(a) 和 (b) 所示。当树脂达到剪切失效强度后，在剪切作用下，界面处裂纹向树脂扩展，如图 3-7(c) 所示。随着刀具的继续进给和裂纹的不断扩展，被抬起的材料在刀尖前方一段距离处发生断裂。在去除过程中，界面开裂始终沿平行于纤维的方向发生扩展，而不会扩展至已加工表面下方。

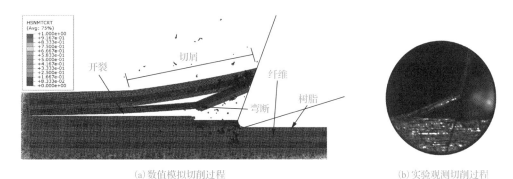

(a) 数值模拟切削过程　　　　　　　　　　　　　　(b) 实验观测切削过程

图 3-6　呈 0° 纤维切削角切削 CFRP 时的数值模拟与实验观测对比

图 3-8 是呈 45° 纤维切削角切削 CFRP 的有限元数值模拟与实验观测的对比。可以看出，切削时与刀具接触的材料发生断裂，随后在刀具的推挤作用下向上滑移，直至去除，模拟与实验基本吻合。基于仿真结果进行进一步分析：在刀具进给过程中，纤维与树脂受到刀刃的挤压作用。在远离刀尖的一侧，纤维受到拉伸而发生破坏 (图 3-9(a))，而在刀尖与纤维接触区域，纤维在压缩作用下局部破坏 (图 3-9(b))。随着刀具的持续作用，材料被压溃，纤维与树脂被切断。在剪切作用下，树脂与界面达到失效强度后，出现大型裂纹。随着裂纹沿纤维方向向上扩展，树脂发生断裂，如图 3-9(c) 所示。之后，在刀具的挤压作用下，自

由的纤维与树脂沿界面向上滑移，脱离其余材料的约束后被去除。

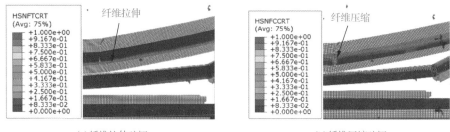

(a)纤维拉伸破坏 　　　　　　　　　　　(b)纤维压缩破坏

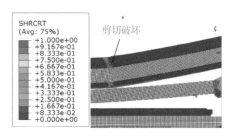

(c)树脂剪切破坏

图 3-7　呈 0° 纤维切削角切削 CFRP 时的纤维拉伸、压缩破坏及树脂剪切破坏

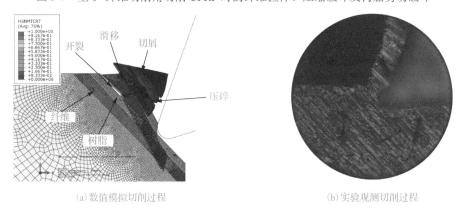

(a)数值模拟切削过程 　　　　　　　　(b)实验观测切削过程

图 3-8　呈 45° 纤维切削角切削 CFRP 时的数值模拟与实验观测对比

　　图 3-10 是呈 90° 纤维切削角切削 CFRP 的有限元数值模拟与实验观测的对比，可以看出，切削时切削刃下方材料产生裂纹，前方被切削材料在刀具的强烈推挤作用下弯曲，并在刀具的持续作用下发生断裂被去除，模拟与实验基本吻合。基于仿真结果进行进一步分析：当刀具与工件接触后，纤维与树脂受到刀具的强烈挤压作用。在刀具推挤作用下，界面达到其失效强度发生开裂，纤维与树脂分离。此时，纤维发生弯曲，两侧分别产生拉伸和压缩破坏，树脂发生剪切破坏，如图 3-11 所示。随着刀具的持续作用，纤维与树脂发生断裂，材料被去除。

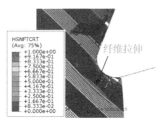
(a)纤维拉伸破坏

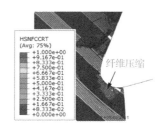
(b)纤维压缩破坏

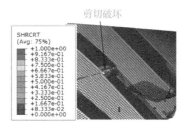
(c)树脂剪切破坏

图 3-9　呈 45° 纤维切削角切削 CFRP 时的纤维拉伸、压缩破坏及树脂剪切破坏

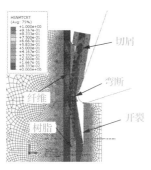
(a)数值模拟切削过程

(b)实验观测切削过程

图 3-10　呈 90° 纤维切削角切削 CFRP 时的数值模拟与实验观测对比

图 3-12 是呈 135° 纤维切削角切削 CFRP 的有限元数值模拟与实验观测的对比。可以看出，切削时切削刃下方严重开裂，被切削材料在刀具前刀面的作用下发生明显弯曲，直至断裂后被去除；同时，加工表面以下产生大量凹坑，表面粗糙度较差，模拟与实验基本吻合。基于仿真结果进行进一步分析：纤维在刀具的挤压作用下向刀具运动方向弯曲，同时两侧界面发生开裂。纤维内部应力超过其失效强度后，在切削表面以下发生断裂，材料被去除，如图 3-12 所示。呈 135° 切削 CFRP 时，纤维破坏情况与呈 45° 时相反，在靠近刀尖侧，纤维发生拉伸破坏，而在远离刀尖侧，纤维易被压缩破坏，如图 3-13(a) 和 (b) 所示。另外，在纤

维弯曲变形严重时，树脂在剪切作用下发生破坏，如图 3-13(c)所示。此过程中纤维弯曲及界面开裂明显，材料去除多发生在刀刃与工件接触位置以下。

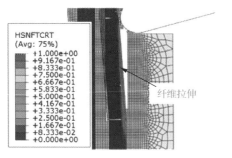

(a)纤维拉伸破坏

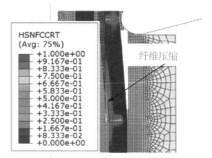

(b)纤维压缩破坏

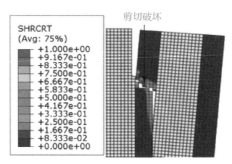

(c)树脂剪切破坏

图 3-11　呈 90°纤维切削角切削 CFRP 时的纤维拉伸、压缩破坏及树脂剪切破坏

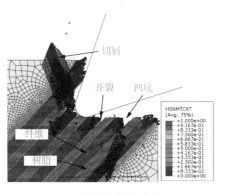

(a)数值模拟切削过程

(b)实验观测切削过程

图 3-12　呈 135°纤维切削角切削 CFRP 时的数值模拟与实验观测对比

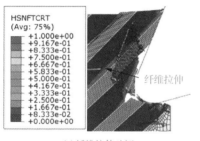
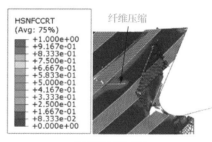

(a)纤维拉伸破坏　　　　　　　　　　　　(b)纤维压缩破坏

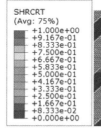
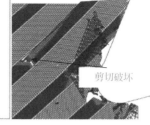

(c)树脂剪切破坏

图 3-13　呈 135° 纤维切削角切削 CFRP 时的纤维拉伸、压缩破坏及树脂剪切破坏

3.2　宏观尺度直角切削 CFRP 的有限元数值模拟

　　根据第 2 章研究可知，CFRP 在宏观尺度上是大量纤维、树脂及界面的层叠，因而宏观尺度上对 CFRP 的切削过程是纤维和树脂及界面破坏的累积，进而形成切屑的演化过程。对于宏观尺度的材料而言，可以将细观尺度上排布的纤维和树脂看作均匀分布的，因此，宏观尺度 CFRP 切削的有限元数值模拟一般将 CFRP 等效为各向异性的均质材料。在建模过程中，需要定义包含弹性本构关系、失效准则和损伤演化准则在内的等效均质材料的本构模型，并设置刀具与等效均质材料的接触作用关系。本节主要介绍宏观尺度模型的建立方法，分析 CFRP 的加工成屑过程以及加工参数与损伤的响应机制。

3.2.1　宏观尺度 CFRP 的本构模型

　　与传统金属材料不同，CFRP 一般由纤维、树脂构成，是一种非均质材料。然而在复合材料的宏观力学部分，为了简化 CFRP 在不同方向上的刚度、强度和变形等的计算，通常将其等效为均质材料(等效均质材料)。同时，为便于描述 CFRP 在工件三个方向上的材料特性，分别定义其沿纤维方向为 1 方向，在同一铺层内垂直于纤维方向为 2 方向，垂直于铺层方向为 3 方向。这里切削 CFRP 的宏观数值模拟就采用上述等效方法及材料方向的定义。另外，将等效为均质材料的 CFRP 定义为各个方向材料力学性质不同的弹性材料，其三个方向中每个方向的应力-应变关系曲线类似，如图 3-14 所示，包含材料内部产生损伤前的弹性阶段（AB 段）、损伤起始点（点 B）和损伤演化阶段（BC 段）。

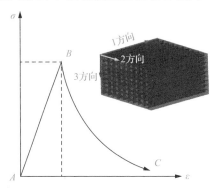

图 3-14 等效为均质材料的 CFRP 的应力-应变关系

1. 材料弹性本构关系

根据 CFRP 的各向异性以及损伤产生前的材料力学行为，其产生损伤前的弹性本构关系见式(3-9)：

$$
\begin{Bmatrix} \varepsilon_1 \\ \varepsilon_2 \\ \varepsilon_3 \\ \gamma_{12} \\ \gamma_{13} \\ \gamma_{23} \end{Bmatrix} = \begin{bmatrix} \dfrac{1}{E_1} & \dfrac{-\nu_{21}}{E_2} & \dfrac{-\nu_{31}}{E_3} & 0 & 0 & 0 \\[2mm] \dfrac{-\nu_{12}}{E_1} & \dfrac{1}{E_2} & \dfrac{-\nu_{32}}{E_3} & 0 & 0 & 0 \\[2mm] \dfrac{-\nu_{13}}{E_1} & \dfrac{-\nu_{23}}{E_2} & \dfrac{1}{E_3} & 0 & 0 & 0 \\[2mm] 0 & 0 & 0 & \dfrac{1}{G_{12}} & 0 & 0 \\[2mm] 0 & 0 & 0 & 0 & \dfrac{1}{G_{13}} & 0 \\[2mm] 0 & 0 & 0 & 0 & 0 & \dfrac{1}{G_{23}} \end{bmatrix} \begin{Bmatrix} \sigma_1 \\ \sigma_2 \\ \sigma_3 \\ \tau_{12} \\ \tau_{13} \\ \tau_{23} \end{Bmatrix} \tag{3-9}
$$

式中，E_j 为 j 方向的弹性模量；ν_{jk} 为 j-k 平面内的泊松比；G_{jk} 为 j-k 平面内的剪切模量；ε_j 和 γ_{jk} 分别为 j 方向的正应变和 j-k 平面内的剪应变；σ_j 和 τ_{jk} 分别为 j 方向的正应力和 j-k 平面内的剪应力（j,k=1, 2, 3）。

2. 失效准则

针对 CFRP 等效均质材料的损伤起始，现阶段主要有以下几种判定准则。

1）最大应力准则[25]

采用最大应力准则（式（3-10））对 CFRP 的损伤起始进行判断时，材料各方向应力必须小于各自方向的强度，否则即产生损伤，同时，各方向应力大小独立影响其对应方向的损伤起始。

$$I_F = \max\left(\frac{\sigma_1}{X}, \frac{\sigma_2}{Y}, \left|\frac{\tau_{12}}{S}\right|\right) \tag{3-10}$$

式中，I_F 为失效因子，当 I_F 大于等于 1 时，认为损伤已经产生；X 为材料 1 方向的强度；Y 为材料 2 方向的强度；S 为剪切强度。

2）Tsai-Hill 准则[26]

与最大应力准则不同，Tsai-Hill 准则利用一个强度理论公式表征各方向损伤之间的关系，其具体表达如式（3-11）所示。该准则未考虑复合材料拉-压性能的不同。

$$I_F = \frac{\sigma_1^2}{X^2} - \frac{\sigma_1\sigma_2}{X^2} + \frac{\sigma_2^2}{Y^2} + \frac{\tau_{12}^2}{S^2} \tag{3-11}$$

3）Hoffman 准则[27]

针对 Tsai-Hill 准则的不足，Hoffman 对失效准则进行了改进，创新地考虑了复合材料拉-压性能的不同，提出了 Hoffman 准则，具体表达式如式（3-12）所示：

$$I_F = \frac{\sigma_1^2}{X_t X_c} - \frac{\sigma_1\sigma_2}{X_t X_c} + \frac{\sigma_2^2}{Y_t Y_c} + \frac{X_c - X_t}{X_t X_c}\sigma_1 + \frac{Y_c - Y_t}{Y_t Y_c}\sigma_2 + \frac{\tau_{12}^2}{S^2} \tag{3-12}$$

式中，X_l 是材料 1 方向的强度，Y_l 是材料 2 方向的强度（l=t, c），下标 t 和 c 分别代表拉伸和压缩。

4）Tsai-Wu 准则[27]

基于 Hoffman 准则，Tsai-Wu 准则增加了理论方程中的项数，改善了强度理论与实验结果之间的一致性，提高了预测精度[28]，Tsai-Wu 准则如式（3-13）所示：

$$I_F = F_1\sigma_1 + F_2\sigma_2 + F_{11}\sigma_1^2 + F_{22}\sigma_2^2 + F_{66}\tau_{12}^2 + 2F_{12}\sigma_1\sigma_2 \tag{3-13}$$

式　中，$F_1 = \frac{1}{X_t} - \frac{1}{X_c}$；$F_2 = \frac{1}{Y_t} - \frac{1}{Y_c}$；$F_{11} = \frac{1}{X_t X_c}$；$F_{22} = \frac{1}{Y_t Y_c}$；$F_{66} = \frac{1}{S^2}$；$F_{12} = -\frac{1}{2}\sqrt{F_{11}F_{22}}$。

5）Hashin 准则[29,30]

Hashin 准则[29]包含材料 1 方向和材料 2 方向的拉伸与压缩失效四种失效模式，同时，考虑了材料内部正应力和剪应力对不同失效模式的综合影响，适用于判定各向异性 CFRP 等效均质材料的损伤起始，被广泛应用于宏观尺度 CFRP 切削的数值模拟中。

6) 类 Hashin 准则[9]

Hashin 准则虽然包含四种失效模式，但其未考虑材料 3 方向的拉伸和压缩失效；同时，该准则基于材料内部的应力进行损伤起始的判断；因此，在切削模拟过程中，若 CFRP 的材料性能发生折减而引发应力的急剧变化，则易导致数值计算严重不稳定。

因此，这里提出采用表 3-4 所示的类 Hashin 准则作为宏观尺度 CFRP 的切削模拟中等效均质材料的失效准则。此准则在 Hashin 准则的基础上考虑了六种失效模式，能够更加准确地表征 CFRP 切削过程中的失效；与此同时，在这一准则中，失效因子基于材料内部的应变计算，减少了数值计算不稳定问题的发生概率。

表 3-4 类 Hashin 准则[9]

失效模式	准则公式
材料 1 方向的拉伸失效	$$F_{ft}^2 = \left(\frac{\varepsilon_1}{\varepsilon_{1t}^f}\right)^2 + \left(\frac{\gamma_{12}}{\gamma_{12}^f}\right)^2 + \left(\frac{\gamma_{13}}{\gamma_{13}^f}\right)^2$$
材料 1 方向的压缩失效	$$F_{fc}^2 = \left(\frac{\varepsilon_1}{\varepsilon_{1c}^f}\right)^2$$
材料 2 方向的拉伸失效	$$F_{mt}^2 = \left(\frac{\varepsilon_2+\varepsilon_3}{\varepsilon_{2t}^f}\right)^2 - \frac{\varepsilon_2\varepsilon_3}{\left(\gamma_{23}^f\right)^2} + \left(\frac{\gamma_{12}}{\gamma_{12}^f}\right)^2 + \left(\frac{\gamma_{13}}{\gamma_{13}^f}\right)^2 + \left(\frac{\gamma_{23}}{\gamma_{23}^f}\right)^2$$
材料 2 方向的压缩失效	$$F_{mc}^2 = \frac{\varepsilon_2+\varepsilon_3}{\varepsilon_{2c}^f}\left[\left(\frac{\varepsilon_{2c}^f}{2\gamma_{23}^f}\right)^2 - 1\right] + \left(\frac{1}{2\gamma_{23}^f}\right)(\varepsilon_2+\varepsilon_3)^2 + \frac{1}{\gamma_{23}^f}\left(\gamma_{23}^2 - \varepsilon_{22}\varepsilon_{33}\right) + \left(\frac{\gamma_{13}}{\gamma_{13}^f}\right)^2 + \left(\frac{\gamma_{23}}{\gamma_{23}^f}\right)^2$$
材料 3 方向的拉伸失效	$$F_{dt}^2 = \left(\frac{\varepsilon_3}{\varepsilon_{3t}^f}\right)^2 + \left(\frac{\gamma_{13}}{\gamma_{13}^f}\right)^2 + \left(\frac{\gamma_{23}}{\gamma_{23}^f}\right)^2$$
材料 3 方向的压缩失效	$$F_{dc}^2 = \left(\frac{\gamma_{13}}{\gamma_{13}^f}\right)^2 + \left(\frac{\gamma_{23}}{\gamma_{23}^f}\right)^2$$

注：F_{ft}^2 和 F_{fc}^2 为材料 1 方向的拉伸和压缩失效因子，F_{mt}^2 和 F_{mc}^2 为材料 2 方向的拉伸和压缩失效因子，F_{dt}^2 和 F_{dc}^2 为材料 3 方向的拉伸和压缩失效因子。当失效因子达到 1 时，即认为对应的失效模式起始。

3. 损伤演化准则

当 CFRP 内部产生损伤后，材料刚度发生折减。常用的刚度折减方式有两种：①材料刚度直接折减为某一固定参数[31]；②材料刚度按照某一规律进行折减[9,32]。

CFRP 切削加工中材料的去除过程是渐进失效的过程，材料在刀具的切削、挤压作用下内部应力逐渐增加，当工件内部的应力超过材料自身的强度极限时产生损伤，随着加工的进行，损伤积累，直至失效，其中逐渐积累的损伤会对材料的进一步失效产生影响。因此，第二种刚度折减方式(材料刚度按照某一规律进行折减，刚度在损伤因子 d 的控制下逐渐减小)更符合实际切削过程。当 d 由 0 逐渐增加到 1 时，刚度折减为 0，材料完全失效。通常，d 采用表 3-5 中的直线型计算模式进行计算。但在这一模式下 d 的计算基于材料的等效位移，不能直接反映损伤和断裂能之间的关系；同时，常用的直线型计算模式未考虑 CFRP 等效均质材料在 3 方向的刚度折减。因此，此处采用表 3-5 中的指数型计算模式计算 d，此公式考虑了材料的断裂能以及材料沿三个方向的刚度折减。

表 3-5　CFRP 等效均质材料渐进损伤方式下损伤因子的计算模式[9,33]

计算模式	公式
直线型	$d = \dfrac{\delta_{eq}^{f}\left(\delta_{eq} - \delta_{eq}^{0}\right)}{\delta_{eq}\left(\delta_{eq}^{f} - \delta_{eq}^{0}\right)}$
指数型	$d_{1l} = 1 - e^{-X_{l}\varepsilon_{1l}^{f}(F_{1l}-1)L^{c}/G_{1l}} / F_{1l}$ $d_{2l} = 1 - e^{-Y_{l}\varepsilon_{2l}^{f}(F_{2l}-1)L^{c}/G_{2l}} / F_{2l}$ $d_{3l} = 1 - e^{-Z_{l}\varepsilon_{3l}^{f}(F_{3l}-1)L^{c}/G_{3l}} / F_{3l}$

注：δ_{eq} 为材料的实时等效位移，δ_{eq}^{0} 和 δ_{eq}^{f} 分别为材料损伤起始和完全失效时的等效位移；等效位移根据损伤模式的不同可分别计算：$\delta_{eq}^{1t} = L^{c}\sqrt{\langle\varepsilon_{1}\rangle^{2} + \gamma_{12}^{2}}$，$\delta_{eq}^{1c} = L^{c}\langle-\varepsilon_{1}\rangle$，$\delta_{eq}^{2t} = L^{c}\sqrt{\langle\varepsilon_{2}\rangle^{2} + \gamma_{12}^{2}}$ 和 $\delta_{eq}^{2c} = L^{c}\sqrt{\langle-\varepsilon_{2}\rangle^{2} + \gamma_{12}^{2}}$；t 和 c 分别代表拉伸和压缩；$F$ 为损伤因子，G_{1l}、G_{2l} 和 G_{3l} 为材料 1 方向、2 方向和 3 方向的断裂能；l 根据材料受拉和受压分别赋值为 t 或 c；符号 $\langle\ \rangle$ 表示对于任意实数 x，$\langle x\rangle = (x+|x|)/2$；$L^{c}$ 为单元的特征长度。在损伤演化中引入单元特征长度，可减小网格密度对结果精度的影响。

3.2.2　宏观尺度直角切削 CFRP 的有限元数值模拟过程

宏观尺度直角切削 CFRP 的有限元数值模拟可以直观地观测材料的成屑过程，分析加工过程中在切削平面以下引发的树脂及界面开裂等损伤(简称为面下损伤)。目前，宏观尺度切削的模拟主要分为：二维切削模拟和三维切削模拟。其中，二维切削模拟虽然忽略了材料 3 方向上应力变化的影响，但由于其在模拟直角切削时能够在一定程度上保证结果的精确性，且模型中网格数量少、计算量小，因此，学者已在宏观尺度 CFRP 二维切削模拟方面开展了大量研究[34-39]。宏观尺度二维切削模拟能够分析呈不同纤维切削角时，在不同刀具几何及加工参数下切削 CFRP 时其 1-2 平面内的应力分布、切屑形成过程以及面下损伤情况。为了从三维视角更完整地获得直角切削 CFRP 的切屑形貌和面下损伤，部分学者[40,41]研究了宏观尺度的三维切削模拟。在此基础上，为了提升宏观尺度 CFRP 三维切削模拟的准确性，大连理工大学的学者提出了在切削模拟中引入最大刚度退化系数、采用指数折减方式和增强沙漏控制等技术的 CFRP 宏观尺度三维切削数值模拟方法[9]，使模拟结果更贴近 CFRP 的实际切削过程。下面将分四个部分详细介绍此方法：①等效均质材料三维本构模型的输入；②几何模型的建立及网格的划分；③刀具和工件接触参数、加工参数等边界条件的设置；④对模型求解。

1. 等效均质材料三维本构模型的输入

现阶段大多数软件中都不直接提供宏观尺度 CFRP 等效均质材料完整的三维本构模型，因此，在建立模型时，需要首先根据等效均质材料的本构模型编写相应的子程序，并输入有限元数值模拟计算软件。以 ABAQUS 为例，其提供了用于连接材料本构模型子程序的接口，并在用户手册中给出了材料本构模型子程序 VUMAT 的详细定义方法。本节根据 3.2.1 节中描述的等效均质材料的本构模型进行了二次开发，编写了 VUMAT 子程序，并输入 ABAQUS 中进行模拟计算。

另外，在本书中描述的 CFRP 的实际切削过程中，材料并不是完全失效才会被去除，而是仍存在一定的残留刚度。因此，在研究过程中，子程序内关于指数型损伤演化的计算中引入了最大刚度退化系数 $D(D<1)$。令损伤因子 d 达到 D 时，材料单元即被删除，保证了在模拟切削过程中被去除的材料仍有部分刚度残留，从而实现了成屑过程的模拟。

2. 几何模型及网格划分

宏观尺度直角切削 CFRP 的数值模拟几何模型如图 3-15 所示。工件设置为三维变形实体，其尺寸根据实际实验中工件的尺寸和计算机的计算能力确定。由于模拟过程中不考虑刀具变形及磨损对切削过程的影响，因此，刀具先建立为三维变形实体，在后续边界条件的设置过程中约束为解析刚体。刀具的几何尺寸如表 3-3 所示。

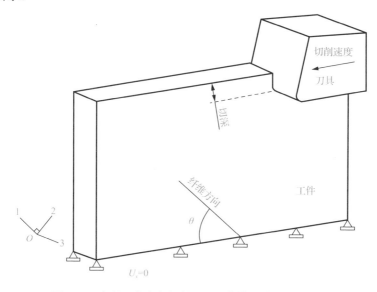

图 3-15 宏观尺度直角切削 CFRP 的数值模拟几何模型

综合考虑模拟精度和计算效率，这里将工件切削区的网格进行细分，同时，远离切削区的部分网格粗化，对刀具的网格也进行类似设置。工件单元类型设置为 C3D8R(8 节点线性减缩积分实体单元)，采用结构性六面体生成方式。此处，虽然本模型为了提高计算效率将工件的单元类型设置为 C3D8R，但这种减缩积分单元在计算的过程中容易引发沙漏模式[42-44]，并导致网格发生畸变甚至中断计算。因此，这里采用了增强沙漏控制技术[9]，通过对出现沙漏模式的单元施加阻尼力以抑制工件单元的沙漏问题，保证宏观模拟计算的顺利完成。刀具的单元类型设置为 C3D4(4 节点线性四面体单元)。

另外，为了分析 CFRP 切削过程中各铺层之间界面(层间界面)上的应力分布及损伤情况，还进一步在图 3-15 所示的模型内部 1-2 平面上，沿工件 3 方向按照一定间隔插入了 3.1.1 节中所述的内聚力单元以模拟层间界面，从而开发了考虑层间界面的模拟 CFRP 宏观尺度切削的模型，实现了 CFRP 切削过程中层间界面区域应力分布和切削损伤的模拟。

3. 边界条件

在此模型中，完全约束工件底部的所有节点以固定工件，如图 3-15 所示。与细观尺度切削模拟采用相同的刀具运动参数(表 3-3)。刀具和工件之间接触作用的定义与 3.1.2 节中的设置一致。呈不同纤维切削角切削 CFRP 时，刀具与工件之间的摩擦系数是不同的。因此，在模拟四种典型纤维切削角下 CFRP 的切削时，采用变化的摩擦系数 $\mu(\theta)$，

$$\tau_{n} = \mu(\theta)\sigma_{n} \tag{3-14}$$

式中，τ_{n} 为摩擦应力；σ_{n} 为法向应力。0°、45°、90° 和 135° 纤维切削角下对应的摩擦系数分别为 0.3、0.6、0.8 和 0.6[6]。

4. 模型求解及模拟结果

宏观尺度 CFRP 切削的数值模拟同样采用显式积分算法求解，通过将模型的模拟结果与第 2 章中直角切削实验获得的材料去除过程进行对比验证了所建立模型的正确性。模型获得的四种典型纤维切削角下 CFRP 的成屑过程如下所述。下述宏观数值模拟结果中，云图图例的名称含义为：SDV9 代表材料在垂直于纤维方向的拉伸失效因子；云图图例的数值区间"1"代表材料发生破坏，"0"代表材料未产生损伤。

当呈 0° 纤维切削角切削 CFRP 时，仿真结果(图 3-16(a))显示：在刀具的挤压作用下，工件沿 1 方向开裂，并被掀起，随着刀具进一步推进，被掀起的部分弯断，形成片状切屑，与实验观测结果(图 3-16(b))基本一致。此过程中，材料的断裂形式主要是弯断。

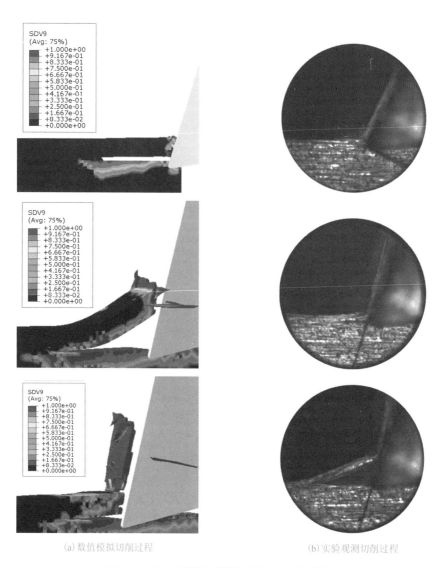

(a) 数值模拟切削过程   (b) 实验观测切削过程

图 3-16　呈 0° 纤维切削角切削 CFRP 的成屑过程

　　当呈 45° 纤维切削角切削 CFRP 时，仿真结果（图 3-17(a)）显示：工件被切削部分首先在刀具挤压作用下被压碎，随着刀具推进，工件沿着 1 方向开裂，裂纹逐渐扩展至表面，被切削部分材料沿断裂面向上滑移去除，与实验观测结果（图 3-17(b)）基本一致。

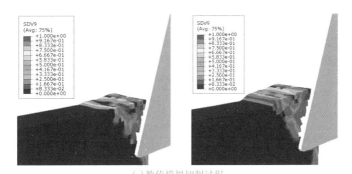

(a) 数值模拟切削过程

(b) 实验观测切削过程

图 3-17 呈 45°纤维切削角切削 CFRP 的成屑过程

当呈 90°纤维切削角切削 CFRP 时，仿真结果(图 3-18(a))显示：随着刀具进给，工件被切削部分不断压碎，切屑呈崩碎状。此过程中，材料的断裂形式以压溃为主，与实验观测结果(图 3-18(b))基本一致。

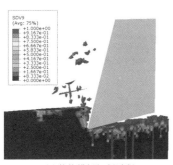

(a) 数值模拟切削过程

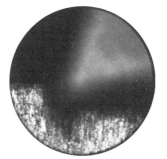

(b) 实验观测切削过程

图 3-18 呈 90°纤维切削角切削 CFRP 的成屑过程

当呈 135°纤维切削角切削 CFRP 时，仿真结果(图 3-19(a))显示：随着刀具进给，工件会首先沿 1 方向向下开裂，产生面下损伤；随后，被切削材料在刀具的持续抬挤作用下发生弯曲断裂，形成碎块状切屑。这也与实验观测结果（图 3-19(b)）基本一致。

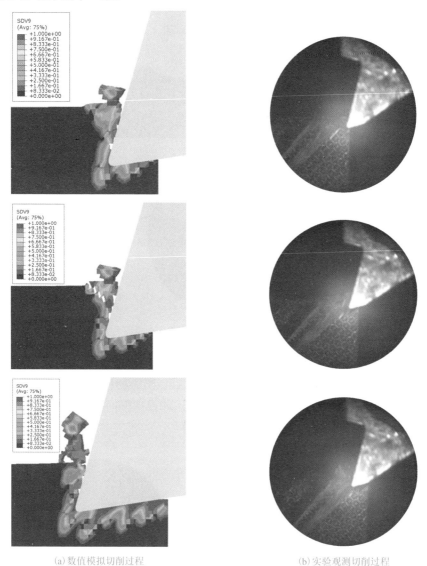

(a) 数值模拟切削过程　　　　　　　　　　　(b) 实验观测切削过程

图 3-19　呈 135° 纤维切削角切削 CFRP 的成屑过程

3.2.3　宏观尺度直角切削 CFRP 的面下损伤分析

CFRP 切削时易在切削平面以下产生损伤，这点也与金属材料切削明显不同，这些切削损伤主要受到 CFRP 各向异性的材料属性以及刀具结构形式和工艺参数的影响。本节将基于宏观尺度直角切削 CFRP 的有限元数值模拟模型，以材料在垂直于纤维方向的拉伸失效来表征模型中的面下损伤，进而分析切削过程中典型的纤维方向、刀具几何和工艺参数对面下损伤的影响规律，为指导 CFRP 切削加工过程中刀具几何和工艺参数的选择和优化提供一定的依据。

1. 纤维方向对面下损伤的影响

图 3-20 是呈 0°、45°、90° 和 135° 典型纤维切削角下切削 CFRP 时面下损伤的有限元数值模拟和实验结果对比。当呈 0° 和 45° 纤维切削角时，开裂往往发生在已加工表面以上，损伤不易向加工面以下扩展，面下损伤相对较小，加工表面质量较好，如图 3-20(a) 和 (b) 所示。当呈 90° 和 135° 纤维切削角时，容易出现材料受挤压弯曲的现象，开裂易沿着 1 方向扩展至已加工表面下方，面下损伤相对严重，表面质量差，如图 3-20(c) 和 (d) 所示。通过测量加工后工件的面下损伤深度发现，面下损伤深度与纤维方向密切相关，随着纤维方向的增大，面下损伤深度也增大。因此，在工艺规划过程中应该避免在呈 90° 和 135° 纤维切削角下切削 CFRP。

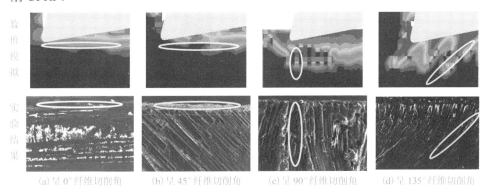

（a）呈 0° 纤维切削角　（b）呈 45° 纤维切削角　（c）呈 90° 纤维切削角　（d）呈 135° 纤维切削角

图 3-20　呈不同纤维切削角切削 CFRP 的面下损伤（图中标记的位置是 CFRP 的开裂）

由于在上述四个典型纤维切削角中，呈 135° 纤维切削角下切削 CFRP 时面下损伤程度最为严重，因此，以呈 135° 纤维切削角的 CFRP 切削为研究对象，进一步分析刀具几何和工艺参数对面下损伤的影响规律。2. 刀具几何和工艺参数对面下损伤的影响

1）刀具前角对面下损伤的影响

以 -5°、0°、5° 和 20° 几个典型刀具前角为例，预测不同刀具前角时直角切削 CFRP 的面下损伤情况，结果如图 3-21 所示。比较可知，刀具前角为 0° 时的面下损伤深度最大，-5° 的刀具前角得到的面下损伤深度最小，而刀具前角为 5° 和 20° 时的面下损伤深度适中且两者之间区别不大。这是由于当刀具前角为负时，切削过程中刀具对被加工材料的切削力有向下的分量，向下的挤压作用使得被切削材料不易发生弯曲，进而界面不易开裂，面下损伤较小；当刀具前角非负时，

前刀面对被加工材料产生抬挤作用,刀具前角为 0° 时的抬挤作用最为明显,产生严重的面下损伤,刀具前角为 5° 和 20° 时的抬挤作用较轻,产生的面下损伤深度在 50μm 左右。

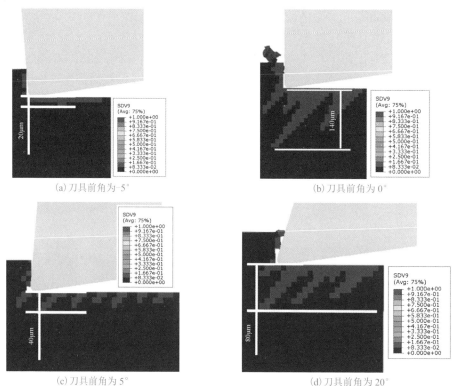

(a) 刀具前角为 -5°   (b) 刀具前角为 0°

(c) 刀具前角为 5°   (d) 刀具前角为 20°

图 3-21　刀具前角对 CFRP 切削面下损伤影响的数值模拟结果

2) 切削深度对面下损伤的影响

以 50μm、100μm 和 150μm 几个典型切削深度为例,预测不同切削深度时的面下损伤情况,结果如图 3-22 所示。比较可知,随着切削深度的增大,面下损伤深度也更加严重。这主要是因为,随着切削深度的增大,切削力增大,导致界面处的开裂较为严重,面下损伤深度较深。

3) 切削宽度对面下损伤的影响

以 0.2mm、0.9mm 和 1.9mm 几个典型切削宽度为例,预测不同切削宽度时的面下损伤情况,结果如图 3-23 所示。比较可知,面下损伤深度随切削宽度的增大而增大,采用小切削宽度可有效降低面下损伤。这是由于大的切削宽度产生了更大的切削力,进而导致面下损伤较为严重。

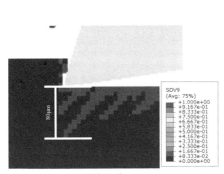

(a) 切深为 50μm

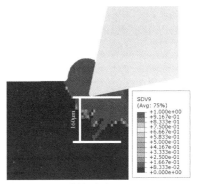

(a) 切宽为 0.2mm

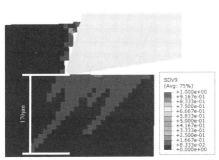

(b) 切深为 100μm

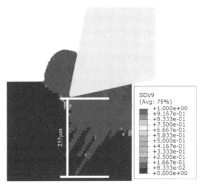

(b) 切宽为 0.9mm

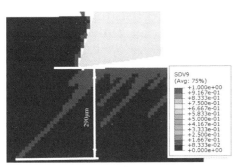

(c) 切深为 150μm

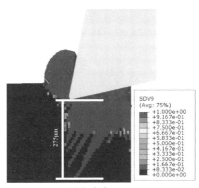

(c) 切宽为 1.9mm

图 3-22　切削深度对 CFRP 切削面下损伤影响的
　　　　数值模拟结果

图 3-23　切削宽度对 CFRP 切削面下损伤影响的
　　　　数值模拟结果

3.3 钻削和铣削 CFRP 的有限元数值模拟

钻削和铣削是实际生产中 CFRP 切削加工的主要方式，对 CFRP 钻、铣削进行有限元数值模拟，能够低成本、可视化地分析加工损伤的成因及刀具几何和工艺参数对加工过程的影响，是优化刀具几何和工艺参数、预测 CFRP 工件加工质量非常重要的途径。在 3.1 节和 3.2 节阐述的细观和宏观尺度直角切削 CFRP 数值模拟的基础上，本节将进一步介绍 CFRP 钻削和铣削加工过程的数值建模及分析。在 CFRP 钻、铣削数值建模中，工件各组成相的材料本构模型与宏观尺度直角切削模拟中的基本一致，模型中刀具的几何结构和加工方式，以及刀具和工件的接触作用关系，则需根据钻削或铣削的实际特征分别定义。由于钻、铣削加工时刀具和工件在三维空间中存在复杂的作用关系，因此，钻、铣削数值模型多为三维模型，通常其建模过程复杂、网格数量庞大、计算时间较长。本节着重介绍钻削数值模型的建立过程，以及不同参数下的毛刺和分层损伤情况的预测方法；铣削数值模拟的建立方法和损伤分析与钻削数值模拟类似，本节仅简要介绍相关研究。

3.3.1 钻削 CFRP 的有限元数值模拟过程及分析

1. 钻削 CFRP 的有限元数值模拟

CFRP 钻削过程数值模型的建立过程同样包含几何模型及本构模型的确定，网格划分及单元类型设置，边界条件的定义，以及对模型求解四个步骤[9,45]。

1）几何模型及本构模型的确定

CFRP 钻削的数值模拟主要是为了研究钻削分层、毛刺等损伤的成因及随加工参数的变化规律，分析不同类型损伤所采用的几何模型和本构模型的设置不同。

图 3-24 是数值模拟 CFRP 钻削加工分层损伤的几何模型，其中 CFRP 工件由特定纤维方向的铺层和层间界面构成，单层铺层的厚度与构成 CFRP 预浸料的厚度相同。铺层的本构模型采用 3.2.1 节中等效均质材料的定义，层间界面的本构模型与 3.1.1 节中的定义相同。

数值模拟 CFRP 钻削加工毛刺损伤的几何模型如图 3-25 所示。此模型中定义了纤维和树脂，由于它们的尺寸较小，所划分的网格尺寸较小，若将整个工件设置为只由纤维和树脂构成，计算量过大，难以完成模拟。因此，模型中仅设置工件的部分区域为纤维-树脂区域，其余部分为特定纤维方向的铺层和层间界面，单层铺层的厚度与构成 CFRP 预浸料的厚度相同[46]。另外，由于刀具刚接触工件时的切削对最终的钻削结果影响较小，因此，模型中的 CFRP 工件设置了预钻孔以提高计算效率。模型中纤维、树脂、界面的材料模型与 3.1.1 节中的定义相同，铺层的本构模型采用 3.2.1 节中等效均质材料的定义。基于上述建模方法,在孔壁和孔出口处设置纤维-树脂区域,研究不同位置的纤维和树脂切削状态。

　　钻头根据实际需求在商业 CAD 软件中建模并导入 ABAQUS 进行模拟计算。此模型中使用的是顶角为 90° 的麻花钻。由于模拟过程中不考虑刀具的变形及磨损,因此,将其设置为解析刚体。

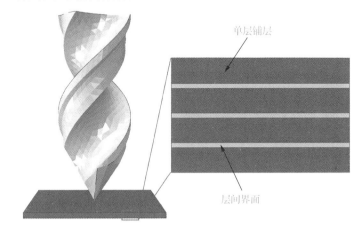

图 3-24　数值模拟钻削 CFRP 分层损伤的几何模型

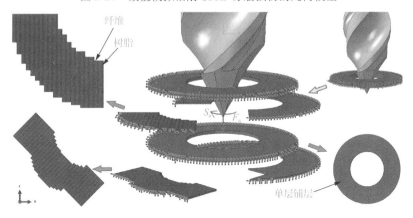

图 3-25　数值模拟钻削 CFRP 毛刺损伤的几何模型

图中 S_a 表示刀具旋转方向,F_a 表示刀具进给方向

　　2) 网格划分及单元类型设置

　　对于复杂的钻削过程的有限元数值模拟,在对模型划分网格时更需要兼顾计算结果的精度和计算效率。因此,在切削区附近设置精细且长、宽和高之比约为 1 的网格,以确保其在计算期间不会发生畸变;设置远离切削区的网格纵横比约为 2 以缩短计算时间。工件中的单层铺层、纤维和树脂采用 C3D8R 类型的单元,使用增强沙漏控制技术,界面相为 8 节点三维黏结单元(COH3D8)。刀具的网格

采用 C3D4 类型的单元，其中切削刃处的网格作精细化处理以确保刀具和工件之间的接触作用有效。

3）边界条件的定义

模型中工件的各部分之间通过 Tie 约束方法[43]组合在一起，同时约束工件外侧节点的所有自由度以固定工件。此外，工件各层材料之间通过定义通用接触来防止其在计算过程中发生相互穿透。通过设置钻头沿 Z 轴的旋转和移动来分别定义刀具的转速（即刀具的切削速度）和进给速度。与直角切削模型相同，使用"面-面接触"的运动学算法来模拟刀具和工件切削区之间的相互作用[47]。二者之间的切削和摩擦的具体设置与 3.2.2 节中宏观切削模型的设置一致。

4）模型求解及模拟结果

CFRP 钻削数值模拟同样选择显式积分算法进行求解，同时，利用钻削实验中获得的损伤情况进行模型的验证[9]。由于钻削模型中网格数量庞大，刀具和工件的接触作用复杂，因此，其计算时间远长于直角切削数值模拟。所以，在模型中引入了质量缩放以提高计算效率。然而，设置质量缩放必然会引入计算误差，因此，设置的质量缩放系数必须在一定范围之内以保证计算结果的偏差较小。传统判定质量缩放系数设置范围的方法是要求计算过程中的动能不能超过内能的 10%。然而，这一判定方法一般适用于准静态的加工过程，对于切削速度较高的钻削来讲要求过于严苛。所以，这里提出了新的判定方法[48-50]，即设置的质量缩放系数保证动能不超过内能即可。

2. 钻削 CFRP 的损伤分析

基于上述钻削 CFRP 的有限元数值模拟方法，现有研究[9,45]对 CFRP 钻削过程中的毛刺和分层损伤进行了深入分析。其中，针对钻削毛刺损伤的研究着重于分析孔壁及出口处毛刺随纤维切削角的分布特征，以及毛刺的形成机理；针对分层损伤的分析主要集中于不同刀具几何和工艺参数对损伤程度的影响。

1）CFRP 钻削加工毛刺损伤分析

图 3-26 是基于本节数值模拟和实验方法得到的不同纤维切削角下 CFRP 钻削孔壁和孔出口处的毛刺分布。数值模拟结果中，云图图例的名称含义为：SDV9 代表材料在垂直于纤维方向的拉伸失效因子；云图图例的数值区间"1"代表材料发生破坏，"0"代表材料未产生损伤。考虑到从垂直于孔壁表面的视角观测实验得到的孔壁上的毛刺分布会对已完成加工的孔造成破坏，因此，选择从孔钻削入口处观测孔壁上的毛刺损伤。可以看出，孔壁上几乎没有毛刺，而孔出口处产生了较多毛刺，模拟结果与实验测量结果基本一致。此外，对于孔出口处，毛刺损伤的出现与其所在位置所呈的纤维切削角有关。当纤维切削角在锐角范围附近时更易产生毛刺，而当纤维切削角在钝角范围附近时，不易产生毛刺。模拟结果依然与实验测量结果一致。可见，采用上述有限元数值模拟的方式，可以有效地对钻削制孔的毛刺损伤进行预测。

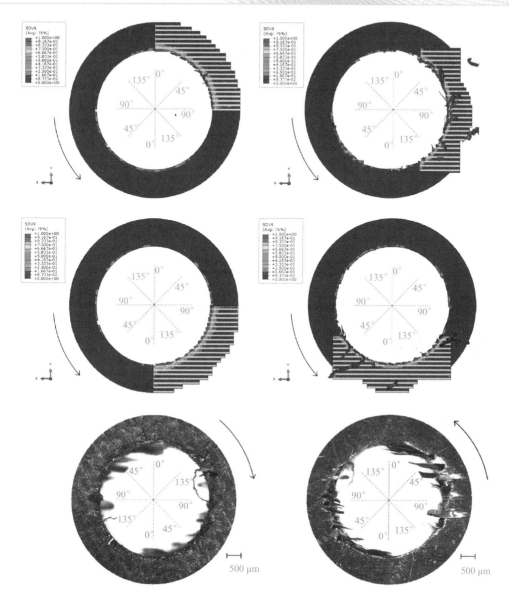

(a)孔内部区域的钻削模拟结果和入口侧观测的实验结果　(b)出口区域的钻削模拟结果和出口侧观测的实验结果

图 3-26　钻削 CFRP 孔壁和出口处不同纤维切削角下的毛刺损伤

　　通过对模拟钻削过程的逐帧分析，发现不同位置毛刺损伤的分布不同的原因为：在钻削 CFRP 时，孔出口处的材料下方缺乏支撑，因此，这部分材料在钻头的轴向切削力作用下容易发生在 1-2 平面外的变形(简称为面外变形)。一旦发生变形，材料难以被去除，引发毛刺的形成。相比之下，孔壁处的材料始终受到其下方材料的支撑作用，几乎不发生面外变形，孔壁上没有毛刺。

对于孔出口处，具体而言，当纤维切削角为锐角时，在刀具切削刃的推挤作用下，纤维容易沿刀具径向向外发生弯曲变形，此时，作用在纤维上的切削力较小，纤维不易被切断，容易形成毛刺；而当纤维切削角为钝角时，纤维容易沿刀具径向向内发生弯曲变形，导致切削区纤维上的应力容易超过其强度极限，纤维易切断，进而减少了毛刺的产生。

据此，可进一步总结 CFRP 钻削加工毛刺损伤的形成机理：在钻削过程中，钻头的主切削刃和前刀面强烈挤压孔出口处的纤维和树脂。在这种情况下，树脂由于强度较低而被去除，而纤维则在钻头的轴向切削作用下发生面外变形，此变形削弱了刀具对纤维的切削作用，导致纤维更难以去除。随着刀具的进给，未被去除的纤维变长，并随着钻头的旋转而弯曲。其中，纤维切削角呈锐角区域内的纤维在切削刃的推动下沿刀具径向向外弯曲，这部分纤维上的应力不易达到其强度极限，因此难以被有效去除，最终形成了毛刺。

2) CFRP 钻削加工分层损伤分析

采用有限元数值模拟方法，可以分析 CFRP 钻削分层损伤，现阶段的研究主要分析了不同刀具结构形式和刀刃状态对钻削分层损伤的影响。图 3-27 是阶梯钻钻削 CFRP 的分层损伤模拟结果[45]，可知分层损伤程度随阶梯钻第一阶梯和第二阶梯的直径比的增大而减小。此外，有限元数值模拟方法还可模拟钻削 CFRP 时加工工艺参数对分层损伤的影响[14,51]，研究结果表明：分层损伤程度随进给速度的增加而增加，随刀具转速的增加而减小，其中进给速度的影响较大，这与实际钻削实验的结论完全吻合。

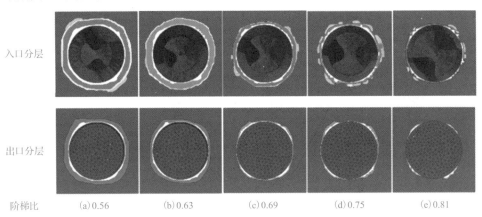

图 3-27　采用不同阶梯比的阶梯钻钻削 CFRP 的分层损伤[45]

3.3.2　铣削 CFRP 的有限元数值模拟过程及分析

本节以 CFRP 铣边为例，简要介绍其有限元数值模拟过程。在铣削模型中，工件几何模型的建立、本构模型及性能参数的确定与 3.3.1 节中研究分层损伤的钻削数值模型的工件设置一致。刀具为直径 10mm、25°右旋螺旋角的铣刀如图 3-28 所示[52]。与钻削数值模型相同,铣削数值模拟忽略刀具磨损和变形的影响,故将铣刀设置为解析刚体。

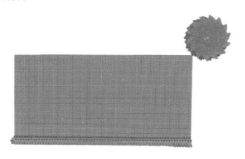

图 3-28　数值模拟铣削 CFRP 的几何模型

铣边加工时刀具只切削工件的一个侧边,将这一侧边附近区域的网格尺寸细化。工件中的等效均质材料的单元类型为 C3D8R,使用增强沙漏控制技术,界面采用 COH3D8 类型的单元,所有单元都由扫掠的方式生成。刀具的网格使用自由的方式生成,采用 C3D4 类型的单元。

根据实际加工状态,完全约束模型中工件底部所有节点的自由度以固定工件。定义工件内部的通用接触,防止发生相互穿透。另外,利用铣刀上的参考点设置刀具沿 Z 轴(刀具轴向)的旋转和沿 X 轴的移动以表征刀具的主轴旋转和切削进给。刀具和工件的接触作用与钻削数值模拟中的定义相同。

采用显式积分算法求解 CFRP 铣削数值模型,将模拟结果与实验结果进行对比以验证模型的正确性[52]。

根据上述方法,数值模拟的 CFRP 铣削加工表面形貌如图 3-29 所示[52]。结果表明:不同纤维方向的 CFRP 铣削表面粗糙度以及表面形貌存在差异,呈 135°纤维切削角的 CFRP 铣削后的表面最为粗糙,呈 90°和 45°纤维切削角的次之,呈 0°纤维切削角的已加工表面较为平整,这与实验的粗糙度测量结果(图 3-30)一致。另外,通过模拟不同工艺参数下 CFRP 的铣削加工发现,铣削时产生的分层损伤随刀具转速的增大而减小,随进给速度的增大而增大[53]。

(a)0°模拟结果　　　　　　　　　　　(b)45°模拟结果

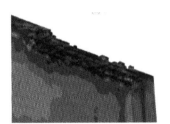 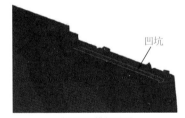

凹坑

(c) 90°模拟结果　　　　　　　　　(d) 135°模拟结果

图 3-29　数值模拟铣削 CFRP 得到的加工表面形貌

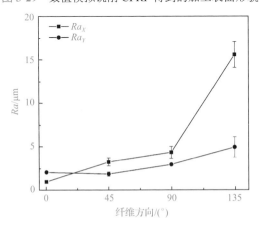

图 3-30　铣削 CFRP 加工表面粗糙度的实验测量值

Ra_X 代表沿长度方向测量的粗糙度，Ra_Y 代表沿厚度方向测量的粗糙度

3.4　本章小结

　　本章对 CFRP 切削加工的有限元数值模拟进行了全面的介绍。首先，阐述了有限元数值模拟中采用的基础材料本构模型及最新研究对本构模型的修正；然后，详细介绍了在细观和宏观尺度模拟直角切削 CFRP 的材料去除过程和损伤形成情况。最后，在直角切削模拟的基础上，探讨了实际应用更为广泛的钻削和铣削有限元数值模拟的研究进展，分析了钻削、铣削加工中毛刺和分层损伤的产生特点，以及刀具几何和工艺参数对损伤的影响规律。

参 考 文 献

[1]　UEDA M, SAITO W, IMAHORI R, et al. Longitudinal direct compression test of a single carbon fiber in a scanning electron microscope[J]. Composites part A: applied science and manufacturing, 2014, (67): 96-101.

[2]　DEBORAH D L C. Carbon fiber composites[M].Newton: Butterworth Heinemann, 1994.

[3]　Toray Composite Materials America, Inc. Torayca^{TM} T800S intermediate modulus carbon fiber[EB/OL]. [2018-04-13]. https://www. toraycma.com/wp-content/uploads/T800S-Technical-Data-Sheet-1.pdf.pdf[2021-11-01].

[4]　RAO G V G, MAHAJAN P, BHATNAGAR N. Micro-mechanical modeling of machining of FRP composites–cutting force analysis[J]. Composites science and technology, 2007, 67（3/4）: 579-593.

[5]　DANDEKAR C, SHIN Y. Multiphase finite element modeling of machining unidirectional composites: prediction of debonding and fiber damage[J]. Journal of manufacturing science and engineering, 2008, 130（5）: 051016.

[6]　CALZADA K A, KAPOOR S G, DEVOR R E, et al. Modeling and interpretation of fiber orientation-based failure mechanisms in machining of carbon fiber-reinforced polymer composites[J]. Journal of manufacturing processes, 2012, 14（2）: 141-149.

[7]　KOZEY V V, JIANG H, MEHTA V R, et al. Compressive behavior of materials: part Ⅱ. high performance fibers[J]. Journal of materials research, 1995, 10（4）: 1044-1061.

[8]　WANG F J, WANG X N, YANG R, et al. Research on the carbon fibre-reinforced plastic（CFRP）cutting mechanism using macroscopic and microscopic numerical simulations[J]. Journal of reinforced plastics and composites, 2017, 36（8）: 555-562.

[9]　WANG F J, WANG X N, ZHAO X, et al. A numerical approach to analyze the burrs generated in the drilling of carbon fiber reinforced polymers（CFRPs）[J]. The international journal of advanced manufacturing technology, 2020, 106（7/8）: 3533-3546.

[10]　Liu H T, Xie W K, Sun Y Z, et al. Investigations on micro-cutting mechanism and surface quality of carbon fiber-reinforced plastic composites[J]. The international journal of advanced manufacturing technology, 2018, 94 （9/10/11/12）: 3655-3664.

[11]　高汉卿, 贾振元, 王福吉, 等. 基于细观仿真建模的 CFRP 细观破坏[J]. 复合材料学报, 2016, 33（4）: 758-767.

[12]　ABENA A, SOO S L, ESSA K. Modelling the orthogonal cutting of UD-CFRP composites: development of a novel cohesive zone model [J]. Composite structures, 2017, 168: 65-83.

[13]　ISBILIR O, GHASSEMIEH E. Finite element analysis of drilling of carbon fibre reinforced composites[J]. Applied composite materials, 2012, 19（3/4）: 637-656.

[14]　PHADNIS V A, MAKHDUM F, ROY A, et al. Drilling in carbon/epoxy composites: experimental investigations and finite element implementation[J]. Composites part A: applied science and manufacturing, 2013, 47: 41-51.

[15]　WHITCOMB J. Analysis of instability-related growth of a through-width delamination[J]. Applied composite materials, 1984,（1）: 1-57.

[16]　BENZEGGAGH M L, KENANE M. Measurement of mixed-mode delamination fracture toughness of unidirectional glass/epoxy composites with mixed-mode bending apparatus[J]. Composites science and technology, 1996, 56（4）: 439-449.

[17]　GONG X, BENZEGGAGH M. Mixed mode interlaminar fracture toughness of unidirectional glass/epoxy composite//Composite materials: fatigue and fracture: fifth Volume[M]. West Conshohocken : ASTM International, 1995: 100-123.

[18]　XU W X, ZHANG L C, WU Y B. Elliptic vibration-assisted cutting of fibre-reinforced polymer composites: understanding the material removal mechanisms[J]. Composites science and technology, 2014, 92: 103-111.

[19]　XU W X, ZHANG L C, WU Y B. Effect of tool vibration on chip formation and cutting forces in the machining of fiber-reinforced polymer composites[J]. Machining science and technology, 2016, 20（2）: 312-329.

[20]　ABENA A, SOO S L, ESSA K. A finite element simulation for orthogonal cutting of UD-CFRP incorporating a novel fibre-matrix interface model[J]. Procedia CIRP, 2015, 31: 539-544.

[21] 大连理工大学. 碳纤维复合材料去除过程的细观仿真建模方法: 中国, 201510252402.5[P]. 2018-07-13.

[22] Toray Industries, Inc. TORAYCA™ yarn[EB/OL]. [2021-8-31]. https://www.cf-composites.toray/resources/ data_sheets/pdf/ ds_torayca_yarn.pdf [2021-11-01].

[23] Toray Composite Materials America, Inc. 3900 prepreg system[EB/OL]. [2020-7-30]. https://www.toraycma.com/ wp-content/uploads/ 3900-prepreg-datasheet-e503d95c1549b4a0.pdf [2021-11-01].

[24] WANG F J, ZHANG B Y, JIA Z Y, et al. Structural optimization method of multitooth cutter for surface damages suppression in edge trimming of carbon fiber reinforced plastics[J]. Journal of manufacturing processes , 2019, 46: 204-213.

[25] 沈观林, 胡更开, 刘彬. 复合材料力学[M]. 2 版. 北京: 清华大学出版社, 2013.

[26] TSAI S. Strength characteristics of composite materials[D].Washington: NASA, 1965.

[27] HOFFMAN O. The brittle strength of orthotropic materials[J]. Journal of composite materials, 1967, 1（2）: 200-206.

[28] 曹金凤, 石亦平. ABAQUS 有限元分析常见问题解答[M]. 北京: 机械工业出版社, 2009.

[29] HASHIN Z. Failure criteria for unidirectional fiber composites[J]. Journal of applied mechanics, 1980, 47（2）: 329-334.

[30] YANG L, YAN Y, KUANG N. Experimental and numerical investigation of aramid fibre reinforced laminates subjected to low velocity impact[J]. Polymer testing, 2013, 32（7）: 1163-1173.

[31] LASRI L, NOUARI M, EL MANSORI M. Modelling of chip separation in machining unidirectional FRP composites by stiffness degradation concept[J]. Composites science and technology, 2009, 69（5）: 684-692.

[32] SHI Y, PINNA C, SOUTIS C. Modelling impact damage in composite laminates: a simulation of intra- and inter-laminar cracking[J]. Composite structures, 2014, 114: 10-19.

[33] Dassault Systemes, Inc. ABAQUS/CAE user's guide[EB/OL]. [2015-07-05]. http://130.149.89.49:2080/ v2016/books/usi/default.htm [2021-11-01].

[34] SOLDANI X, SANTIUSTE C, MUÑOZ-SÁNCHEZ A, et al. Influence of tool geometry and numerical parameters when modeling orthogonal cutting of LFRP composites[J]. Composites part A: applied science and manufacturing, 2011, 42（9）: 1205-1216.

[35] MKADDEM A, EL MANSORI M. Finite element analysis when machining UGF-reinforced PMCs plates: chip formation, crack propagation and induced-damage[J]. Materials & design, 2009, 30（8）: 3295-3302.

[36] WANG F J, YIN J W, MA J W, et al. Heat partition in dry orthogonal cutting of unidirectional CFRP composite laminates[J]. Composite structures, 2018, 197: 28-38.

[37] 殷俊伟, 贾振元, 王福吉, 等. 基于 CFRP 切削过程仿真的面下损伤形成分析[J]. 机械工程学报, 2016, 52(17): 58-64.

[38] Jia Z Y, Su Y L, Niu B, et al. The interaction between the cutting force and induced sub-surface damage in machining of carbon fiber-reinforced plastics[J]. Journal of reinforced plastics and composites, 2015, 35（9）: 712-726.

[39] 大连理工大学. 一种切削纤维增强复合材料切屑形成的仿真方法: 中国, 201510049246.2[P]. 2018-01-26.

[40] SANTIUSTE C, OLMEDO A, SOLDANI X, et al. Delamination prediction in orthogonal machining of carbon long fiber-reinforced polymer composites[J]. Journal of reinforced plastics and composites, 2012, 31（13）: 875-885.

[41] RAO G G V, MAHAJAN P, BHATNAGAR N. Three-dimensional macro-mechanical finite element model for machining of unidirectional-fiber reinforced polymer composites[J]. Materials science and engineering: A, 2008, 498（1/2）: 142-149.

[42] Dassault Systemes, Inc. ABAQUS/explicit: advanced topics[EB/OL]. [2015-07-05]. https://imechanica.org/files/l2-elements.pdf [2021-11-01].

[43] Dassault Systemes, Inc. ABAQUS analysis user's guide[EB/OL]. [2015-07-05]. http://130.149.89.49:2080/v2016/books/usb/default. htm[2021-11-01].

[44] Dassault Systemes, Inc. Getting started with ABAQUS/CAE[EB/OL]. [2015-07-05]. http://130.149.89.49:2080/v2016/books/gsa/ default.htm[2021-11-01].

[45] ISBILIR O, GHASSEMIEH E. Numerical investigation of the effects of drill geometry on drilling induced delamination of carbon fiber reinforced composites[J]. Composite structures, 2013, 105: 126-133.

[46] 大连理工大学. 一种复合材料层合板钻削毛刺损伤的模拟方法: 中国, 201710319919.0[P]. 2020-04-28.

[47] HORTIG C, SVENDSEN B. Simulation of chip formation during high-speed cutting[J]. Journal of materials processing technology, 2007, 186（1/2/3）: 66-76.

[48] Wang F J, Zhao X, Wang X N, et al. Efficient selection method for mass scaling factor in 3D microscopic cutting simulation of CFRP[J]. Journal of modern mechanical engineering and technology, 2019,（6）: 10-20.

[49] 大连理工大学. CFRP 三维细观切削仿真质量缩放系数的快速选取方法: 中国, 201910655504.X[P]. 2021-01-19.

[50] Dalian University of Technology. Method for quickly selecting three-dimensional (3D) micro-scale cutting simulation of carbon fiber reinforced polymer: AU, 2020101415[P]. 2020-07-20.

[51] FEITO N, DIAZ-ÁLVAREZ J, LÓPEZ-PUENTE J, et al. Numerical analysis of the influence of tool wear and special cutting geometry when drilling woven CFRPs[J]. Composite structures, 2016, 138: 285-294.

[52] 温雯. 多刃微齿铣削碳纤维复合材料铣削力预测[D]. 大连: 大连理工大学, 2018.

[53] HE Y L, LIU Y L, GAO J G. Macro and micro models of milling of carbon fiber reinforced plastics using fem[C]. Proceedings of the 2015 International Conference on Artificial Intelligence and Industrial Engineering, Phuket, 2015:565-568.

第4章

CFRP 切削加工损伤抑制原理
和加工工具

切削加工 CFRP 的实质是刀具同时切削性能迥异的纤维和树脂及界面的过程，然而纤维强度极高，不易切断，树脂及界面强度很低，易在切削作用下发生开裂并扩展，形成分层、撕裂和毛刺等损伤。特别是在切削加工 CFRP 的表层区域材料时，如钻削出、入口和铣削上、下表层时，切削加工损伤更为严重。CFRP 的损伤可能会大幅降低 CFRP 零件的服役性能，因此，抑制切削加工产生的损伤是 CFRP 零件制造过程中必须解决的一个关键问题。最初关于抑制 CFRP 切削加工损伤的科学研究和工程实践大多基于金属等均质材料的传统切削理论和经验试凑方法，然而 CFRP 与金属等均质材料的本质不同，传统金属等均质材料的切削理论难以有效指导 CFRP 的低损伤切削，同时经验试凑方法面临普适性差、效率低和成本高的问题，这都给抑制 CFRP 切削加工损伤带来了挑战。为了从根本上抑制 CFRP 的切削加工损伤，需要基于 CFRP 的切削基础理论和规律，探索有效的损伤抑制原理和相关技术。

本章首先在前述 CFRP 的切削理论和切削数值模拟研究的基础上，分析切削深度、切削宽度、切削刃刃倾角和钝圆半径对切削加工损伤产生和损伤程度的影响规律，提出"微元去除"CFRP 切削加工损伤抑制原理，即以小切深、小切宽和小刃倾角实现微小化切削量，从而降低局部切削力以降低树脂及界面的开裂概率，并以小钝圆半径的切削刃增强对纤维的局部切削作用来有效切断纤维。此外，还将分析刀具对 CFRP 表层区域材料的切削行为，揭示切削加工损伤与纤维所受约束和刀具切削方向的关联关系，提出"反向剪切"CFRP 切削加工损伤抑制原理，即将表层材料加工状态由传统的弱约束单方向切削变成强约束下的"剪刀式"剪切，增强对纤维的局部切削作用，实现在刀-工接触部位附近有效切断纤维。这两种损伤抑制原理是开发新式 CFRP 低损伤切削加工技术的基础。

众所周知，切削加工工具是切削加工技术的重要组成部分，工具的几何特征（结构和参数）直接决定了被切削材料的切削状态，是影响切削加工质量的重要因素。因此，如何将"微元去除"和"反向剪切"CFRP 切削加工损伤抑制原理应用于切削加工工具几何结构的创新和几何参数的优化设计，是工程实践中抑制 CFRP 切削加工损伤的关键。本章在分析传统切削加工工具的几何特征对 CFRP 切削加工损伤影响规律的基础上，将"微元去除"和"反向剪切"CFRP 切削加工损伤抑制原理与刀具的几何特征和切削运动特征进行关联，创新出能够大幅抑制 CFRP 切削加工损伤的钻削刀具微齿结构和铣削刀具微齿结构，提出微齿结构的设计和优化方法，开发出系列化微齿切削加工工具。

4.1　CFRP 切削加工损伤抑制原理

CFRP 的切削加工损伤在钻削中主要表现为如图 4-1(a) 所示的出口的分层、入口的撕裂和(或)毛刺以及被加工孔壁上的撕裂等损伤形式；在铣削中主要表现为如图 4-1(b) 所示的上、下表层的毛刺和(或)撕裂以及被加工表面的撕裂等损伤形式。这些切削加工损伤可能会大幅降低 CFRP 零件的服役性能。因此，如何抑制 CFRP 的切削加工损伤极其重要。为了抑制这些切削加工损伤，首先需要了解它们的产生机制。

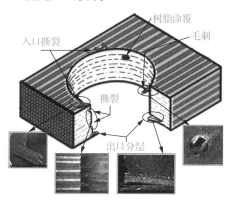

(a) 钻削损伤

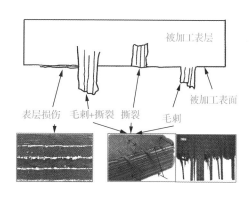

(b) 铣削损伤

图 4-1　钻削和铣削加工 CFRP 的典型损伤

根据第 2 章和第 3 章关于 CFRP 切削机理的研究可知，切削加工 CFRP 的实质是刀具同时切削 CFRP 中性能迥异的纤维和树脂及界面的过程。此过程中，纤维由于强度极高，不易被切断，树脂及界面的强度却远低于纤维的强度，因而往往在纤维被切断前，包裹于纤维周围的树脂及界面在切削力作用下将率先发生开裂并扩展，形成撕裂等损伤，如图 4-2 所示。与此同时，纤维在刀具的切削作用下还将发生弯曲变形，纤维可能在刀具切削刃和纤维接触部位(刀-工接触部位)

被切断，形成良好的加工表面；也可能在刀-工接触部位以下发生弯断，造成纤维拔出，形成撕裂损伤；还可能在刀-工接触部位以上发生断裂或不发生断裂，造成纤维残留，形成毛刺损伤，如图 4-2 所示，其中毛刺和撕裂损伤可能同时发生。

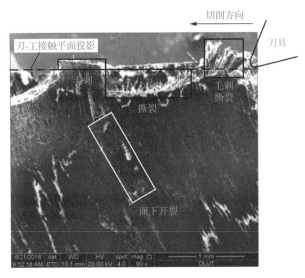

图 4-2 CFRP 的切削加工损伤

此外，被切削纤维所受的约束也是影响 CFRP 切削加工损伤起始、损伤位置和损伤程度的重要因素。如图 4-3 所示，钻削 CFRP 的孔出口区域和铣削 CFRP 的上、下表层比其他部位更易产生损伤，且损伤严重，这与被切削纤维所受的约束有关。为了方便对被切削纤维所受的约束进行描述，本书将被切削的 CFRP 沿厚度方向划分为体内区域和表层区域，并将沿厚度方向被切削 CFRP 以外的区域划分为体外区域，如图 4-3 所示。其中，表层区域是被切削 CFRP 在厚度方向上的边缘区域，即 CFRP 的上、下表层，体内区域泛指被切削 CFRP 上、下表层之间的区域，表层区域的材料主要受到体内区域材料的约束作用，体外区域没有被切削的 CFRP，因而对与其相邻的表层区域的材料没有约束作用。基于上述定义，钻削和铣削 CFRP 时，受切削刃旋向和进给运动方向等影响，刀具对表层区域的材料往往会施加指向体外区域的切削作用，此时被切削的表层区域的材料仅受到体内区域材料较弱的黏结约束。这种情况下，被切削的表层区域的纤维会向体外区域方向发生弹性变形，导致刀具的切削刃难以持续作用于纤维的同一部位，对刀-工接触部位附近的纤维产生的应力减小，纤维难以被切断；同时纤维的弹性变形还将加剧其周围树脂及界面的开裂，最终形成严重的毛刺、撕裂等损伤。

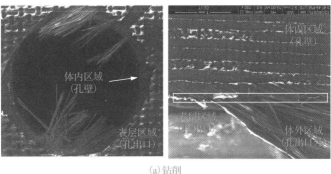

(a) 钻削

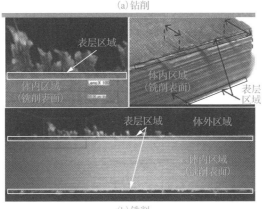

(b) 铣削

图 4-3　切削 CFRP 表层区域、体内区域和体外区域的示意

由上述的 CFRP 切削加工损伤产生机制可知，抑制 CFRP 切削加工损伤的原则是在有效切削纤维的前提下，尽量避免树脂及界面的开裂和裂缝的扩展。根据此原则，下面将深入探讨切削参数以及纤维所受约束和切削方向等对纤维断裂和树脂及界面开裂的影响规律，提出抑制 CFRP 切削加工损伤的新原理。

4.1.1　"微元去除" CFRP 切削加工损伤抑制原理

切削参数直接决定了被切削材料的切削状态，是切削 CFRP 过程中影响纤维的有效切削和树脂及界面的开裂和扩展的关键因素。这里将在自由切削和非自由切削两种基本切削方式下，分别分析在二维平面和三维空间内切削参数对 CFRP 切削状态的影响规律。

自由切削的特征是只有一条直线切削刃参与切削，切削刃上各点切屑流出方向大致相同，被切削材料的变形基本发生在二维平面内。因此，CFRP 的自由切削过程可直接采用第 2 章的细观尺度 CFRP 切削模型进行描述，此时影响 CFRP 自由切削过程的主要切削参数包括切削深度和切削刃钝圆半径。

由细观尺度的 CFRP 切削模型可知，切削深度的变化将引起周围材料对纤维约束程度的改变，进而影响纤维受到的切削力和树脂及界面的开裂概率。采用此模型分析不同切深情况下纤维被切断时，刀具对单纤维的切削力和树脂及界面的最大应变值(反映树脂及界面发生开裂的概率)，结果如图 4-4 所示，可知随着切削深度的增加，单纤维切断时的切削力呈增加趋势。当切削深度较小时，虽然切削力较小，但刀具会对纤维产生较大的局部应力，有效切断纤维。此外，树脂及界面的最大应变值在切深较小时并不随切深的增加而增大，当切削深度增加到一定程度后最大应变值才显著增大，可见当切削深度较小时，树脂及界面的开裂概率也较小。因此，采用小切深能够切断纤维并降低树脂及界面的开裂概率，有利于实现 CFRP 的低损伤切削。

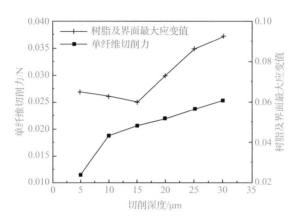

图 4-4　切削深度对单纤维切削力和树脂及界面最大应变值的影响

同样根据细观尺度的 CFRP 切削模型可以看出，切削刃的钝圆半径会影响切削刃与纤维的接触状态，进而影响纤维的变形程度和断裂位置。采用此模型分析不同钝圆半径时纤维的变形程度和断裂位置，结果如图 4-5 所示。可见，当切削刃的钝圆半径较小时，纤维受到切削刃局部集中力的作用，接触应力大，仅发生较小的变形便已经断裂。随着钝圆半径增大，切削刃对纤维的局部作用减弱，接触应力减小，纤维难以断裂。此时，纤维只能进一步弯曲变形，直到切削刃对其造成的接触应力或弯曲应力抑或二者应力的累积超过纤维的强度极限，纤维才会发生断裂；若在上述弯曲变形过程中，切削刃对纤维产生的应力仍无法达到纤维的强度极限，则纤维不发生断裂，形成毛刺残留。此外，纤维变形的增加将加剧树脂及界面的开裂，可能发展成严重的撕裂等损伤。因此，提高刀具的锋锐度，即减小切削刃的钝圆半径，有利于切断纤维和减少树脂及界面的开裂，也就是说，这时既能保证纤维的有效去除，又能减少加工损伤的产生。

非自由切削通常发生在三维空间内，此时刀具与被切削材料以及被切削材料与未切削材料是互相影响的，被切削材料的变形更为复杂。因此，采用理论模型对非自由切削 CFRP 的过程进行准确描述往往非常困难，目前多采用数值模拟方法进行描述。这里主要是通过第 3 章介绍的切削 CFRP 的宏观尺度三维数值模拟方法，来分析非自由切削 CFRP 过程中切削宽度和刀具刃倾角对加工损伤的影响。

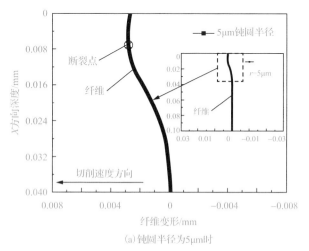

(a) 钝圆半径为5μm时

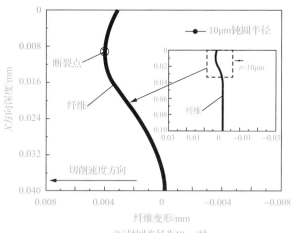

(b) 钝圆半径为10μm时

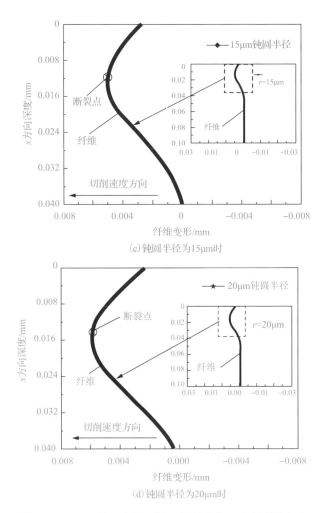

图 4-5 切削刀钝圆半径对被切削纤维变形和断裂的影响

一般而言，切削宽度是影响切削效率的一项关键参数，选用较大的切削宽度往往能够提高切削效率。然而在切削 CFRP 过程中，切削宽度的变化不仅影响切削效率，还影响切削加工的损伤程度。不同切削宽度下，切削 CFRP 的面下损伤的数值模拟结果如图 4-6(a) 所示，可知切宽增加将导致 CFRP 的面下损伤加深。一般而言，增加切宽将导致刀具切削产生的总切削力增加，然而单位尺寸上材料所受的切削力基本不随切宽发生变化，也就不会引起单位尺寸上材料切削状态的变化，因此切宽增加引起的总切削力增加不是导致被切削 CFRP 面下损伤加深的原因。虽然切宽的变化基本不影响单位尺寸上材料所受的切削力，但会大幅影响单位尺寸上材料所受的约束。由于切宽范围外材料对切宽范围内被切削材料的总约束基本不变，切宽增加将导致单位尺寸上的被切削 CFRP 受到切宽范围外材料的约束作用减弱，被切削 CFRP 更易发生较大的变形，从而加剧树脂及界面的开裂，导致面下损伤加深。对不同切削宽度和刃倾角下切削 CFRP 的面下损伤情况进行数值模拟，结果如图 4-6(b) 所示，可知增加切宽和刃倾角都将提高切削平面内垂直于切削方向的切削力分量，增大在此方向上的被切削材料的弯曲程度，进而加剧垂直于切削方向的面下损伤。因此，减小切宽和刀具刃倾角，有利于降低CFRP 的切削加工损伤。

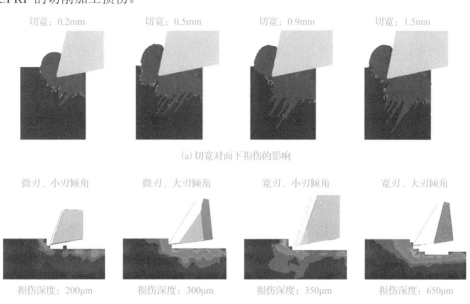

(a) 切宽对面下损伤的影响

(b) 切宽和刃倾角对面下损伤的影响

图 4-6　切削参数对面下损伤的影响

综上分析，为抑制 CFRP 的切削加工损伤，宜在切削 CFRP 时采用小切深、小切宽和小刃倾角的刀具和工艺参数，使切削量微小化，在保持一定局部集中力作用下尽量减小切削力，并提高单位尺寸上被切削材料的约束，减小被切削CFRP(或纤维)的弯曲程度，从而降低树脂及界面的开裂概率；同时，还宜采用锋锐的切削刃，即较小钝圆半径的切削刃，以增强切削刃对纤维的局部切削作用，减小纤维变形，使纤维在树脂及界面开裂前，在刀-工接触位置附近发生断裂。这种以微小化切削量来降低树脂及界面开裂概率，并以小钝圆半径的切削刃增强对纤维的局部切削作用来切断纤维，实现 CFRP 切削加工损伤抑制的切削法则，称为"微元去除" CFRP 切削加工损伤抑制原理。

4.1.2 "反向剪切" CFRP 切削加工损伤抑制原理

被切削材料受约束的程度是影响 CFRP 切削加工损伤的另一个关键因素。如 4.1 节开篇所述,在图 4-3 所示的向体外方向切削 CFRP 表层区域材料时,表层区域材料主要受到 CFRP 体内区域材料较弱的黏结约束,易产生严重的切削加工损伤。为了从本质上揭示表层区域材料所受约束对其切削加工损伤的影响规律,本节在第 2 章细观尺度 CFRP 切削模型的基础上,对表层区域材料细观尺度的切削过程进行详细分析。

在细观尺度上,向体外方向切削 CFRP 表层区域材料的过程可简化为图 4-7(a) 所示的单侧约束单纤维切削模型。在此模型中定义局部坐标系 xoy,原点 o 设定在被切削纤维原始位置的顶端,y 轴与切削速度方向一致,A 为刀具与纤维的刀-工接触位置,B 为切削深度位置,对应切深为 a_c,O 为被切削纤维的顶端,C 为被切削纤维根部方向无限远处;刀具对单纤维产生垂直于纤维轴向的切削力 F_{Ay}。此时表层区域材料仅受到 CFRP 体内区域材料较弱的黏结约束,此黏结约束以黏结抗力形式分布于被切削材料的体内侧,设微元长度上的黏结抗力为 p_b,与被切削材料的挠曲变形量 $W(x)$ 以及纤维和树脂及界面间的等效黏结模量 k_b 相关,黏结抗力 $p_b = k_b W(x)$。切削时,当树脂及界面所受的拉应力达到其黏结强度极限时(即树脂及界面的抗拉强度),树脂及界面发生开裂,纤维发生脱黏。假设树脂及界面在 E 位置发生开裂,E 位置距离已加工表面的深度为 h_d,距离未加工表面的切深为 l,在 E 处的黏结抗力 p_b 等于树脂及界面的抗拉强度 σ_b。

此外,为进一步分析纤维约束状态对表层区域材料切削特性的影响,假设刀具从体外向体内进行切削,此切削过程可简化为图 4-7(b) 所示的单侧约束单纤维切削模型。此时体内材料将对被切削材料提供较强的支撑作用,此支撑作用以支撑抗力分布于被切削材料的体内侧,其微元长度上产生支撑抗力 p_m,与被切削材料的挠曲变形量 $W(x)$ 以及未加工材料对被切削纤维支撑作用的等效模量 k_m 相关,支撑抗力 $p_m = k_m W(x)$。切削时,当树脂及界面所受的压应力达到其抗压强度时,树脂及界面发生压溃脱黏。假设树脂及界面在 E 位置发生压溃,E 位置距离已加工表面的深度为 h_c,距离未加工表面的切深为 l,在 E 处的支撑抗力 p_m 等于其抗压强度 σ_{bc}。

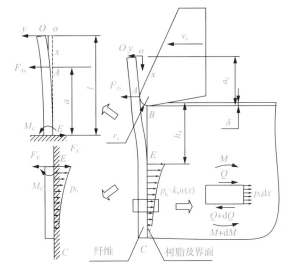

(a) 从体内向体外切削

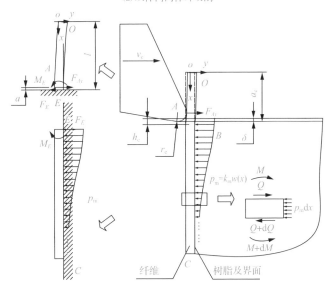

(b) 从体外向体内切削

图 4-7　单侧约束单纤维切削模型

为分析纤维所受约束状态对其切削加工损伤的影响规律,根据 2.1.1 节的单纤维在切削过程中的变形控制方程,分别对图 4-7 所描述的两种切削状态下的单侧约束单纤维切削过程进行求解。被切削纤维根据不同段的受力特点可简化为地基梁(EC 段)和悬臂梁(EO 段)。其中,EC 段地基梁的挠曲变形量通解为式(4-1):

$$w_{地基}(x) = e^{\lambda x}\left(C_1 \cos \lambda x + C_2 \sin \lambda x\right) + e^{-\lambda x}\left(C_3 \cos \lambda x + C_4 \sin \lambda x\right) \tag{4-1}$$

EO 段悬臂梁的挠曲变形量通解为式(4-2)：

$$\begin{cases} w_{悬臂}\left(x\right)=\dfrac{F_{Ay}a^2}{6EI}\Big[3\left(l-x\right)-a\Big] & \left(0\leqslant x\leqslant l-a\right) \\[3mm] w_{悬臂}\left(x\right)=\dfrac{F_{Ay}\left(l-x\right)^2}{6EI}\Big[3a-\left(l-x\right)\Big] & \left(l-a\leqslant x\leqslant l\right) \end{cases} \quad (4\text{-}2)$$

式中，切深 l 和树脂及界面开裂位置 E 与刀-工接触点的深度 a 通过式(4-3)计算：

$$\begin{cases} l=a_c+h_d-\delta \\ a=h+r_e-\delta \end{cases} \quad (4\text{-}3)$$

式中，a_c 是切削深度；r_e 是切削刃的钝圆半径；δ 是已切断纤维的回弹高度。进而根据叠加法，获得上述两种切削条件下单纤维变形的通解为

$$\begin{cases} w(x)=w_{悬臂}\left(x\right)+w_{地基}\left(l\right)+\left(l-x\right)w'_{地基}\left(l\right) & \left(0<x<l-a\right) \\ w(x)=w_{悬臂}\left(x\right)+w_{地基}\left(l\right)+\left(l-x\right)w'_{地基}\left(l\right) & \left(l-a\leqslant x\leqslant l\right) \\ w(x)=w_{地基}\left(x\right) & \left(l<x\leqslant+\infty\right) \end{cases} \quad (4\text{-}4)$$

接下来基于梁的连续性假设，分别以树脂及界面的开裂和压溃作为边界，以刀具对纤维造成的接触应力是否达到强度极限作为纤维断裂的判据[1]，即可实现纤维的挠曲变形、纤维所受接触应力、纤维断裂位置和树脂及界面开裂位置的计算。

　　基于上述方法，可获得从体内向体外切削时纤维的变形和树脂及界面的开裂规律，如图 4-8(a)所示。纤维在切削力的作用下，发生明显的挠曲变形，变形量随刀具的进给而增加，当刀具和纤维接触一定时间后，由于 CFRP 体内区域材料的黏结约束较弱，树脂及界面所受的拉应力将率先达到黏结强度极限（树脂及界面的抗拉强度），树脂及界面发生开裂，纤维发生脱黏。随着刀具进给，脱黏深度逐渐增加，即面下损伤逐渐加深。图 4-8(b)是从体内向体外切削时，纤维所受的最大拉应力、切削力和最大位移随切削时间的变化规律。可知，在纤维脱黏前，切削力随切削时间线性增加，对纤维造成的最大拉应力也随切削时间呈上升趋势；在纤维脱黏时刻，达到最大拉应力的峰值，但仍小于纤维的抗拉强度，纤维不能被切断；在纤维脱黏后，最大拉应力开始减小，再也无法达到纤维的抗拉强度，纤维更难以被切断。

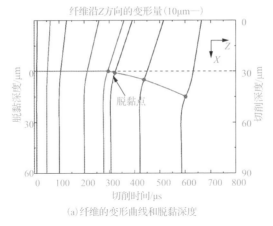

(a)纤维的变形曲线和脱黏深度

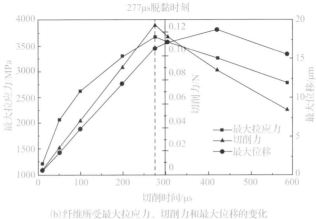

(b)纤维所受最大拉应力、切削力和最大位移的变化

图 4-8　从体内向体外切削单侧约束的单纤维的分析结果

　　同理，可获得从体外向体内切削时纤维的变形和树脂及界面的开裂规律，如图 4-9(a) 所示。相比于从体内向体外切削，从体外向体内切削时，纤维在切削力的作用下，同样发生明显的挠曲变形，变形量随刀具的不断进给而增加。然而不同的是，由于树脂及界面的抗压强度远高于其抗拉强度，树脂及界面较难压溃，对纤维产生较强的支撑约束。这种情况下，纤维所受的最大拉应力、切削力和最大位移随切削时间的变化规律如图 4-9(b) 所示。由图 4-9(b) 可知，切削刃对纤维的切削力迅速升高，造成的最大拉应力不断增加；在树脂及界面未压溃前，纤维所受的最大拉应力率先达到其抗拉强度，纤维发生断裂。纤维断裂后，刀具不再对纤维作用，因而后续也就不会发生树脂及界面的压溃脱黏。可见，从体外向体内切削时，纤维更容易被切断且树脂及界面不易破坏，这样就实现了 CFRP 的低损伤切削。

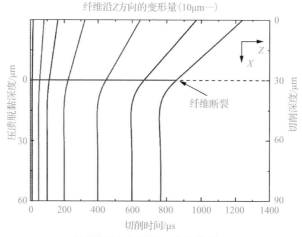

(a)纤维的变形曲线和压溃脱黏深度

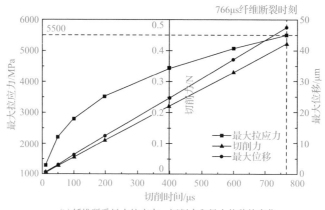

(b)纤维所受最大拉应力、切削力和最大位移的变化

图 4-9 从体外向体内切削单侧约束的单纤维的分析结果

　　由上面分析可知，为抑制 CFRP 表层区域的切削加工损伤，应尽可能避免从体内区域向无约束的体外区域切削表层区域材料；可通过改变刀具的切削方向，从体外向体内方向切削表层区域材料，利用体内区域材料的支撑作用，产生较强的抗压性来限制纤维变形，增大刀具对纤维的接触应力，使纤维更可能在刀-工接触部位发生断裂。这种切削方式如图 4-10 所示，切削刃和体内材料的已加工表面就类似于剪刀的两个刀刃，在"剪刀刀刃"的相对运动中纤维于刀-工接触部位附近被"剪断"。这种将表层材料加工状态由传统的弱约束单方向切削变成强约束下的剪刀式剪切，实现对 CFRP 切削加工损伤抑制的切削法则，称为"反向剪切" CFRP 切削加工损伤抑制原理。

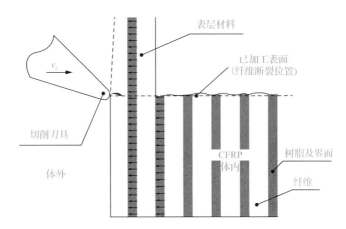

图 4-10　从体外向体内切削表层材料的示意图

至此，为抑制 CFRP 切削加工损伤，这里分别提出了采用微小化切削量和小钝圆半径切削刃的"微元去除"CFRP 切削加工损伤抑制原理，以及将表层材料加工状态由传统的弱约束单方向切削变成强约束下的剪刀式剪切的"反向剪切"CFRP 切削加工损伤抑制原理。这两种损伤抑制原理是开发新式 CFRP 低损伤切削加工技术、实现 CFRP 低损伤切削加工的基础。在切削加工技术中，切削加工工具是重要的组成部分，工具的几何结构和几何参数直接决定了被切削材料的切削状态，是影响切削加工质量的重要因素。因此，如何将 CFRP 切削加工损伤抑制原理应用于切削加工工具几何结构的创新和几何参数的优化设计，是在工程实际中抑制 CFRP 切削加工损伤的关键。下面将对这部分内容进行介绍。

4.2　CFRP 钻削制孔刀具

钻削是 CFRP 零件加工中常采用的一种加工方式，根据 4.1 节的描述，钻削 CFRP 的入口区域、孔壁和出口区域可能产生如图 4-1(a) 所示的撕裂、分层和毛刺等损伤。钻削会产生很大的轴向切削作用，在钻削 CFRP 时，CFRP 出口表层区域材料仅受到体内区域材料较弱的黏结约束，导致出口区域材料易发生较大变形并难以有效切削去除甚至产生开裂，导致钻削出口的损伤非常严重，目前 CFRP 钻削制孔工具的研制主要致力于抑制钻削出口损伤。本节首先介绍传统钻削刀具几何特征(结构和参数)对 CFRP 钻削出口损伤的影响规律，并在能够初步抑制钻削出口损伤的传统钻削刀具几何特征的基础上，结合 4.1 节所提的 CFRP 切削加工损伤抑制原理，提出能够大幅抑制 CFRP 切削加工损伤的新式钻削刀具结构及其设计方法，研制低损伤钻削 CFRP 的系列化刀具。

4.2.1 传统钻削刀具几何特征对 CFRP 制孔损伤的影响

1. 传统钻削刀具几何结构对 CFRP 制孔轴向力和出口损伤的影响

钻削刀具的几何结构形式是决定 CFRP 钻削制孔质量的重要因素之一，表 4-1 列出几种典型的钻削刀具及其主切削刃的切削轮廓。普通麻花钻是目前最为常见的钻削刀具，广泛应用于金属材料的钻削，其具有一级主切削刃，顶角一般约为 118°。阶梯钻和双顶角钻是典型的阶段式钻削刀具，常用于钻削 CFRP，表 4-1 中所列的阶梯钻为双阶梯四刃结构，其双阶梯形成的两个顶角小于普通麻花钻；表 4-1 中所列的双顶角钻也为四刃结构，其单个主切削刃分为两级并形成两个顶角，第一顶角较大，与普通麻花钻接近，第二顶角为小锐角。与单级钻削结构的普通麻花钻相比，阶段式钻削刀具具有以下特点：

(1) 阶段式钻削刀具结构的钻削过程是分阶段进行的；

(2) 同双刃结构相比，在相同的切削参数下，四刃结构的一条单刃的实际切削厚度是相对较小的；

(3) 小顶角钻削结构在钻削瞬时的局部有效切削尺寸(表 4-1 中各刀具主切削刃的切削轮廓图与等高虚线相交的区域)小于大顶角钻削结构。

可见，这些特征都能够微小化出口区域的有效切削量，即可初步实现在钻削中"微元去除"式切削。

在钻削中，轴向切削作用是目前较为认可的判断 CFRP 钻削制孔质量的重要因素之一[2]，因此研究刀具几何结构形式对 CFRP 制孔损伤的影响，一般都需要对刀具钻削轴向力进行分析。采用表 4-1 中的工具，在相同的切削加工工艺参数下分别钻削 CFRP，得到各自轴向力的变化曲线，如图 4-11 所示。由图 4-11(a)可知，普通麻花钻的钻削过程是典型的单阶段钻削过程，即随着普通麻花钻的钻入轴向力逐渐增大并达到峰值，普通麻花钻钻出后轴向力开始下降直至接近零值；相比之下，阶梯钻的第一主切削刃与阶梯刃依次钻入工件，其钻削轴向力呈阶段性变化，出现两个峰值(图 4-11(b))；双顶角钻在第一主切削刃钻出工件后，由第二主切削刃对初孔进行扩铰，其轴向力也呈阶段性变化，出现两个峰值(图 4-11(c))。可见，阶梯钻和双顶角钻有效分散了轴向切削作用。同时，钻削轴向力的峰值还与被钻削工件的厚度以及切削刃的轴向尺寸有关。例如，根据

图 4-11(b) 所示的阶梯钻钻削过程和轴向力变化曲线，由于实验采用的板厚小于阶梯钻第一主切削刃的轴向长度，所以当阶梯钻钻出时，阶梯刃尚未参与切削，导致轴向力峰值下降。因此，虽然三种钻削刀具结构差异很大，但此实验中产生的轴向力峰值较为接近，其中双顶角钻轴向力峰值最小。

表 4-1　典型钻削刀具及其主切削刃的实际切削轮廓

	普通麻花钻	阶梯钻	双顶角钻
端视图	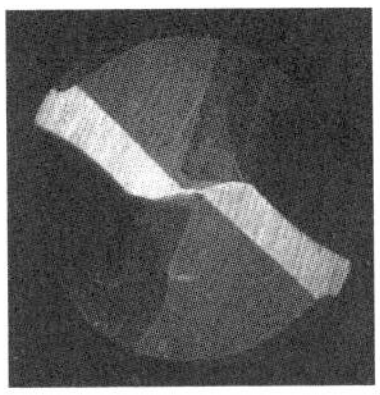	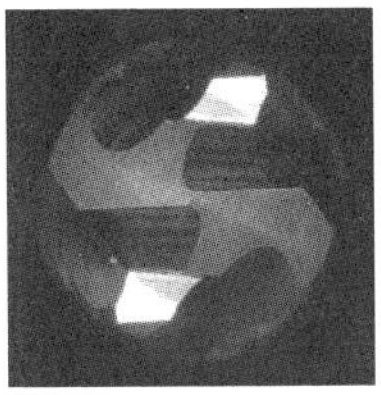	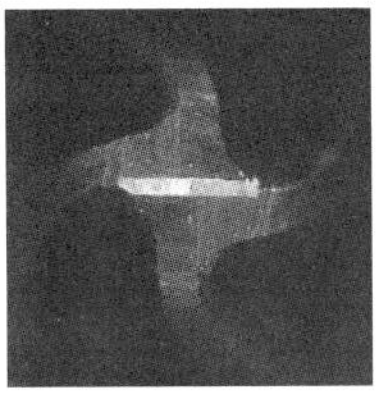
侧视图	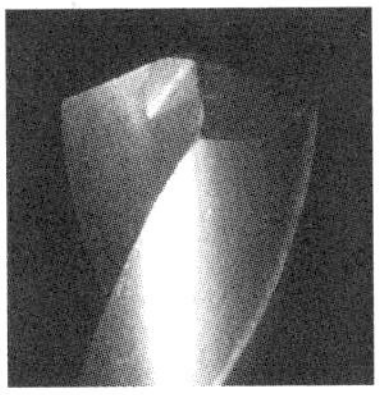	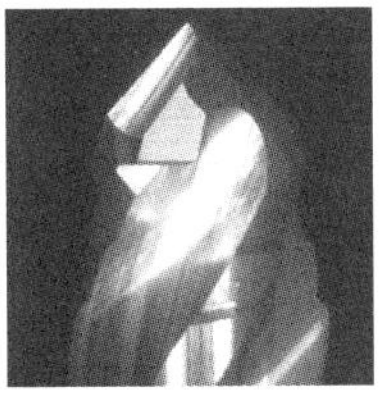	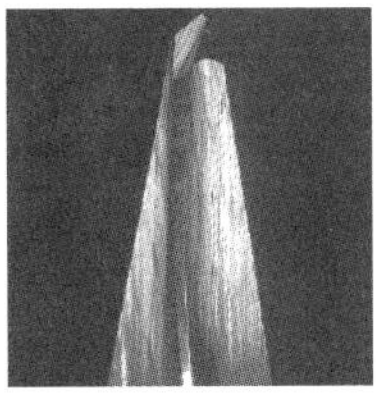
主切削刃切削轮廓	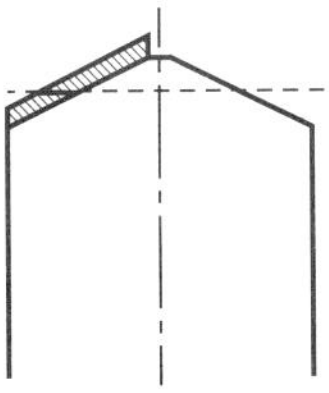	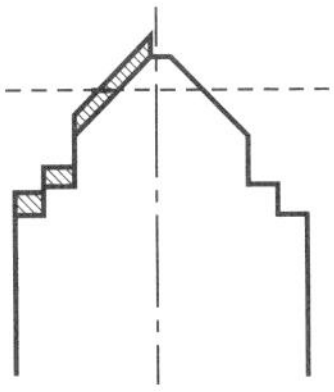	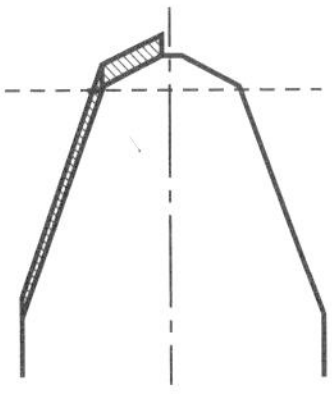

上述钻削实验的制孔出口质量如图 4-12 所示。这里采用分层因子 F_d[3]对制孔出口损伤进行量化评价，F_d 的计算表达式为

$$F_d = \frac{R_{max}}{R} \tag{4-5}$$

式中，R_{max} 是以孔心为圆心的分层损伤最大外接圆的半径；R 是孔的公称半径。通过测量并计算相应分层因子的结果如下：普通麻花钻约为 1.67，阶梯钻约为 1.37，双顶角钻产生的分层最小，仅为 1.06 左右；阶梯钻和双顶角钻的制孔损伤明显都低于普通麻花钻。

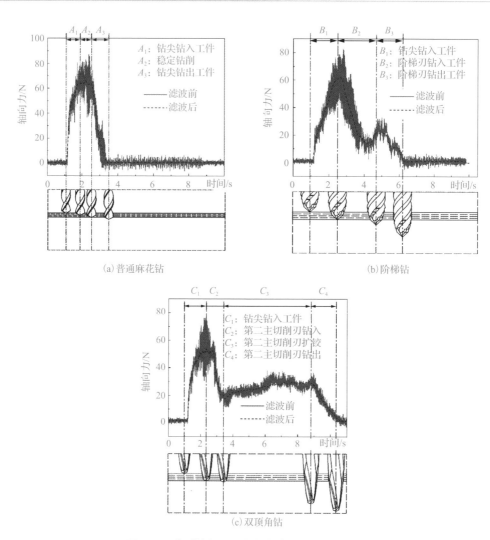

图 4-11　典型钻削刀具的轴向力随时间变化曲线

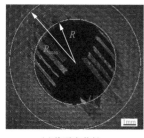 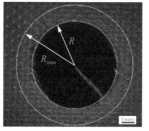 

（a）普通麻花钻　　　　（b）阶梯钻　　　　（c）双顶角钻

图 4-12　典型钻削刀具钻削 4mm 厚 CFRP 层合板的制孔出口质量

已有研究表明[4]制孔出口分层损伤的大小与钻削轴向力关系密切，一般对于相同结构形式的钻削刀具，钻削轴向力峰值越大则分层越大；然而对于不同结构形式的钻削刀具，如表 4-1 中不同结构形式的普通麻花钻、阶梯钻和双顶角钻，其轴向力峰值与出口分层因子之间的关系并非如此。虽然普通麻花钻和阶梯钻的轴向力峰值接近(图 4-11)，但阶梯钻的分层因子远小于普通麻花钻，可见，轴向力峰值的大小往往难以直接反映不同结构形式的钻削刀具对 CFRP 制孔出口损伤的抑制效果。为横向对比不同钻削刀具结构对制孔出口损伤的抑制效果，这里采用将轴向力峰值归零速度因子 k 作为评价指标的方法[5]，其表达式为

$$k = \frac{F_{\max}}{T_0} \tag{4-6}$$

式中，$F_{\max}$ 为钻削 CFRP 的轴向力峰值；T_0 为钻尖到达工件底部至完全钻出的时间。采用上述方法分析不同刀具轴向力峰值归零速度因子 k 与出口分层因子 F_{d} 之间的关系，如图 4-13 所示，发现不同刀具轴向力峰值归零速度因子与分层因子间存在正相关性，如双顶角钻的轴向力峰值归零速度因子最小，其对应的分层因子也最小。因此，采用轴向力峰值归零速度因子 k 可以较好地判断钻削刀具结构对 CFRP 钻削出口损伤的抑制效果，从而指导工程中选用合适的钻削刀具结构钻削 CFRP。

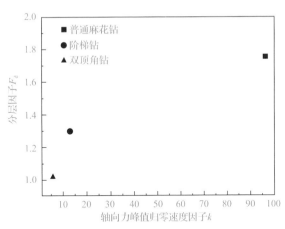

图 4-13　不同钻头的孔出口分层因子与轴向力峰值归零速度因子之间的关系

2. 钻削刀具钻尖几何参数对 CFRP 制孔轴向力和出口损伤的影响

钻削刀具的几何结构直接影响了钻削轴向力的大小和变化过程，如阶段式钻削刀具(双顶角钻和阶梯钻)能够降低轴向力或减弱轴向切削作用，进而在一定程度上减小钻削出口的损伤，因此阶段式钻削刀具适合于钻削 CFRP。除钻削刀具几何结构外，钻削轴向力还与钻尖几何参数密切相关。为了进一步揭示钻尖几何参数对钻削轴向力的大小和变化过程的影响，本节以阶段式钻削刀具中典型的双

顶角钻为例，建立其钻削 CFRP 的轴向力模型，分析钻尖几何参数对 CFRP 制孔轴向力和出口损伤的影响，为钻尖几何参数选定提供参考。同时，为了尽量减小除钻尖外的其他结构对分析钻尖几何参数与轴向力关系的影响，这里采用直槽双顶角钻(图 4-14)进行分析。

图 4-14　直槽双顶角钻

1)钻削轴向力的建模

图 4-15 是直槽双顶角钻的钻尖几何参数示意图，其中 AA' 为横刃区域，AB 和 $A'B'$ 为第一主切削刃，BC 和 $B'C'$ 为第二主切削刃，CD 和 $C'D'$ 为副切削刃。横刃角度为 ψ，横刃长度为 b_ψ，横刃厚度为 $2w_{\text{chisel}}$，R 为钻头的公称半径，γ_0 为切削刃的前角，h_B 为第一主切削刃高度，h_C 为主切削刃总高度，Φ_1 为第一顶角的 $1/2$，Φ_2 为第二顶角的 $1/2$。切削刃上的任意一点 P 的半径为 r_x，ρ 是半径归一化参数，$\rho=r_x/R$。以 ρ 作为自变量，P 点处的半顶角 Φ 的表达式如下：

$$\Phi = \begin{cases} \Phi_1 & (\rho_A < \rho < \rho_B) \\ \Phi_2 & (\rho_B < \rho < 1) \end{cases} \tag{4-7}$$

式中，ρ_A 是横刃半径占刀具半径的比例；ρ_B 是第一主切削刃半径占刀具半径的比例。

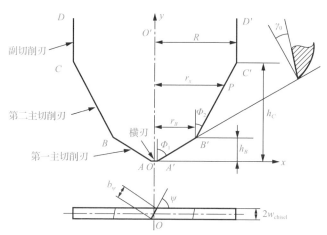

图 4-15　直槽双顶角钻的钻尖几何参数示意图

此钻削刀具的轴向力一般包括横刃产生的轴向力以及主切削刃产生的轴向力。由于两个部分切削刃的几何形状和运动形式不同，产生钻削力的机理也不同，因此，需分别建立横刃切削和主切削刃切削的轴向力模型，进而相加得到钻削总轴向力。

横刃位于钻头的中心区域，在钻削过程中该区域的线速度很小。因此，将横刃假设为一个刚性楔形体，主要考虑其对 CFRP 的顶压作用。图 4-16 为横刃压入材料任意截面的示意图，这里假定横刃作为一个刚性楔形体压入 CFRP，γ_w 为楔形角，δ_p 为总压入深度，$\delta_p = K_c + f_r / 2$，K_c 是预压入深度，是基于实验的修正值，f_r 是每转进给量，γ_f 是横刃压入时在轴向进给方向上产生的偏移角，进而通过 Hertz 接触理论[6]可以得到横刃单位长度上产生的压力 $\mathrm{d}F_{chic}$，对其进行积分获得双顶角钻横刃轴向力 F_{chisel}：

$$F_{chisel} = b_\psi \frac{E_3}{1-\nu^2} \left(K_c + \frac{f_r}{2} \right) \tan \varPhi_1 \sin \psi \cos \gamma_f \tag{4-8}$$

式中，E_3 为 CFRP 层合板厚度方向的弹性模量；ν 为泊松比。

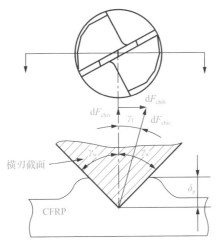

图 4-16　横刃压入材料任意截面示意图

主切削刃产生的轴向力的计算是基于 Langella 等[7]提出的 CFRP 单位切削力的经验模型，根据图 4-17 所示的几何关系，在第一主切削刃(AB 段)和第二主切削刃(BC 段)进行积分运算获得。基于上述过程，AB 段产生的轴向力 F_1 为

$$F_1 = K \times 10^{-1.089\gamma_{m1}} \left(\frac{f_r}{2} \right)^{0.5} \int_{\rho_A}^{\rho_B} \left(1 - \frac{w_{chisel}^2 \sin^2 \varPhi_1}{2\rho^2 R^2} \right) \sin^{1.5}(\varPhi_1) R\mathrm{d}\rho \tag{4-9}$$

BC 段产生的轴向力 F_2 为

$$F_2 = K \times 10^{-1.089\gamma_{m2}} \left(\frac{f_r}{2} \right)^{0.5} \int_{\rho_B}^{1} \left(1 - \frac{w_{chisel}^2 \sin^2 \varPhi_1}{2\rho^2 R^2} \right) \sin^{1.5}(\varPhi_2) R\mathrm{d}\rho \tag{4-10}$$

式中，γ_{m1} 和 γ_{m2} 分别为 AB 段和 BC 段的平均前角；K 是基于实验的修正值。主切削刃产生的轴向力 F_{cut}(即 F_1 与 F_2 之和)；钻削刀具产生的总轴向力 F_{total} 是 F_{chisel} 与 F_{cut} 之和。

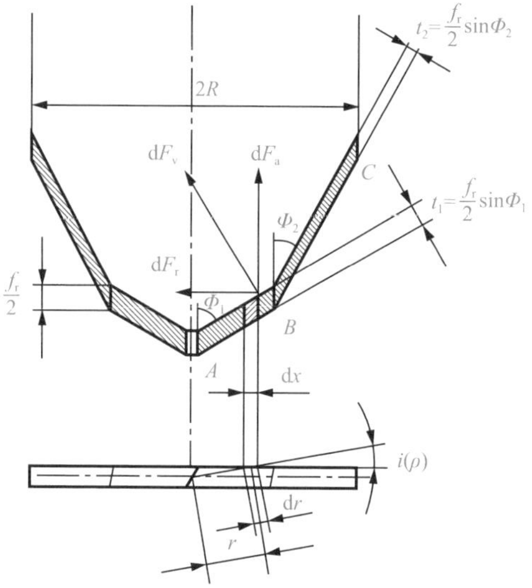

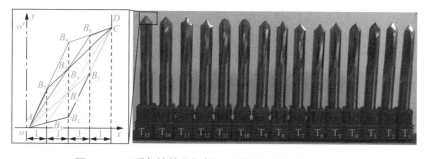

图 4-17 每转进给中切削刃的微元切削载荷

图中，$\mathrm{d}x$ 为切削刃在投影平面上的单元长度，$i(\rho)$ 为单元切削刃 $\mathrm{d}r$ 上的刃倾角，$\mathrm{d}F_a$ 为第一主切削刃单元轴向力，$\mathrm{d}F_v$ 为第一主切削刃单元垂直力，$\mathrm{d}F_r$ 为第一主切削刃单元径向力

2) 钻削轴向力预测模型的验证

为实现对钻削轴向力的预测，这里采用多元线性回归分析方法计算修正值 K_c 和 K。根据图 4-18 所示的 B 点位置($B_1 \sim B_8$)，以第一顶角的 $1/2\Phi_1$、第二顶角的 $1/2\Phi_2$ 和第一主切削刃半径比例 ρ_B 为设计变量，并选取三种横刃长度，设计出 15 种双顶角钻削刀具(参数见表 4-2)，使用设计的刀具钻削 CFRP 并测量轴向力，采用 T_1、T_8、T_9、T_{10}、T_{11}、T_{12}、T_{13}、T_{14}、T_{15} 这 9 种钻头钻削的轴向力对 K_c 进行计算，采用 T_1、T_2、T_3、T_6、T_7、T_8、T_9 这 7 种钻头钻削的轴向力对 K 进行计算。

图 4-18 双顶角钻的主切削刃形状设计和钻削刀具实物

图中，1 为沿刀具径向的无量纲长度，从轴线到刀具公称半径位置为 4

表 4-2　15 种双顶角钻削刀具的几何参数

刀具号	横刃长度 b_w/mm	第一顶角的 $1/2\Phi_1$/(°)	第二顶角的 $1/2\Phi_2$/(°)	第一主切削刃半径比例 ρ_B
T_1	0.3	60.00	28.97	0.50
T_2	0.3	60.00	35.60	0.25
T_3	0.3	45.38	28.97	0.75
T_4	0.3	45.38	35.60	0.50
T_5	0.3	34.50	46.10	0.50
T_6	0.3	34.50	64.83	0.75
T_7	0.3	27.18	46.10	0.25
T_8	0.3	27.18	64.83	0.50
T_9	0.3	40.00	40.00	—
T_{10}	0.6	60.00	28.97	0.50
T_{11}	0.9	60.00	28.97	0.50
T_{12}	0.6	27.18	64.83	0.50
T_{13}	0.9	27.18	64.83	0.50
T_{14}	0.6	40.00	40.00	—
T_{15}	0.9	40.00	40.00	—

　　最终采用计算获得的 K_c 和 K，结合包含钻尖几何参数的式(4-5)~式(4-9)，对 T_4 和 T_5 钻削产生的轴向力进行预测验证，如图 4-19 所示，轴向力预测值与实验值吻合较好。基于这一轴向力预测模型，就可分析钻尖几何参数对钻削 CFRP 轴向力的影响规律，为参数的优选提供依据。

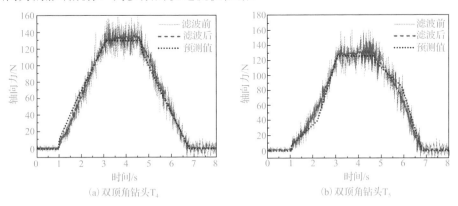

图 4-19　双顶角钻轴向力时变曲线的测量和预测

3)钻尖几何参数对钻削 CFRP 轴向力的影响

　　基于上述轴向力预测模型，下面分析钻尖几何参数对钻削 CFRP 轴向力的影响规律。

(1) 横刃长度和第一顶角对横刃轴向力的影响规律。

图 4-20(a) 是横刃轴向力随横刃长度的变化曲线，可见，横刃轴向力与横刃长度正相关，且第一顶角越大，横刃轴向力对横刃长度的敏感性越高。图 4-20(b) 是横刃轴向力随第一顶角的变化曲线，相似地，横刃轴向力与第一顶角正相关，且当第一顶角较大时，横刃轴向力呈现指数式增长。因此，出于控制横刃轴向力的考虑，横刃长度应选用较小值且钻削刀具的第一顶角不应过大。

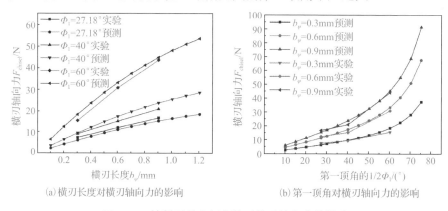

(a) 横刃长度对横刃轴向力的影响　　(b) 第一顶角对横刃轴向力的影响

图 4-20　钻削刀具几何参数对横刃轴向力的影响

(2) 横刃厚度对主切削刃轴向力的影响规律。

图 4-21 是不同双顶角钻的主切削刃轴向力随横刃厚度的变化曲线。可见，主切削刃轴向力与横刃厚度负相关，这是由于随着横刃厚度增大，主切削刃相同位置的刃倾角将增大，使主切削刃工作前角增加，切削力的轴向分量减小。此外，横刃厚度增大将导致主切削刃长度减小，同样降低了主切削刃轴向力。但由于横刃厚度的增加会引起横刃长度的增加，横刃轴向力将相应增加，不利于减少总轴向力。因此，需对刀具横刃进行修磨，在增加横刃厚度的同时获得较短的横刃长度，从而获得较小的总轴向力。

(3) 第一顶角和第二顶角对主切削刃轴向力和总轴向力的影响规律。

由于第一顶角和第二顶角相互关联，根据图 4-22 所示的双顶角钻主切削刃几何关系，将第一顶角和第二顶角转化为关于第一主切削刃宽度 x、第一主切削刃高度 y 的表达式，可以得到主切削刃轴向力关于 x、y 的函数关系，进而得到图 4-23(a) 所示的轴向力随顶角分配的三维曲面图。据图 4-23(a) 可知，主切削刃轴向力在单顶角附近区域最小；当第二顶角几乎为 0° 时 (x 接近 4)，第一顶角越大，轴向力越大；当第一顶角几乎为 0° 时 (x 接近 0)，第二顶角越大，轴向力越大。此外，第一顶角还会影响横刃轴向力，因此，探讨第一顶角和第二顶角对总轴向力的影响，必须综合考虑横刃轴向力受第一顶角的影响。相似地，根据图 4-22，也可将横刃轴向力转化为关于 x、y 的函数，联合主切削刃轴向力关于 x、y 的函数关系，可得总轴向力关于 x、y 的三维曲面图(图 4-23(b))。据图 4-23(b) 可知，总轴向力的最小值仍位于单顶角的轮廓线附近，而当 x 接近 4、y 接近 0 时总轴向力出现最大值，这是由于此时第一顶角几乎为 90°，横刃与切削刃上均产生了很大的轴向力。

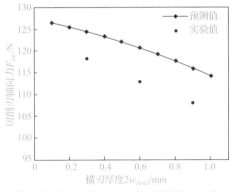

(a) 第一顶角的 1/2 Φ_1 为 27.18°，第二顶角的 1/2 Φ_2 为
64.83° 的双顶角钻

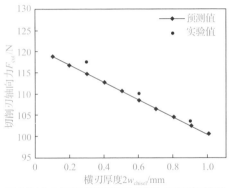

(b) 第一顶角的 1/2 Φ_1 为 60°，第二顶角的 1/2 Φ_2 为
28.97° 的双顶角钻

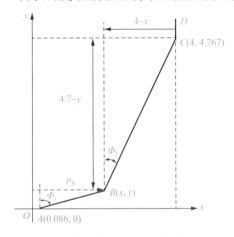

(c) 第一顶角的 1/2 Φ_1 和第二顶角的 1/2 Φ_2 都为 40° 的单顶角钻

图 4-21　不同双顶角钻的横刃厚度对主切削刃轴向力的影响

图 4-22　双顶角钻各切削刃的转化关系示意图

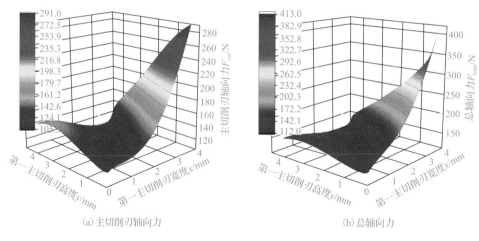

(a) 主切削刃轴向力   (b) 总轴向力

图 4-23　轴向力随顶角分配的变化

4) 制孔出口质量的影响因素分析

基于上述轴向力的预测分析可知，双顶角钻的顶角角度对轴向力影响显著，根据双顶角的角度关系，可将双顶角钻削刀具分为两类：①第一顶角大于第二顶角的"凸双顶角钻"，如图 4-24(a) 所示；②第一顶角小于第二顶角的"凹双顶角钻"，如图 4-24(b) 所示。

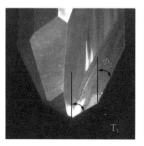 

(a) 凸双顶角钻   (b) 凹双顶角钻

图 4-24　两种典型双顶角钻

将图 4-24 中两种双顶角钻在钻削出口位置的轴向力预测值除以它们不同切削部位的高度值，得到轴向力沿切削刃高度方向的分布曲线，如图 4-25 所示。根据图 4-25(a)，凸双顶角钻的单位高度上的轴向力随钻头钻出而逐渐减小，凸双顶角钻的横刃钻至 CFRP 的出口时，横刃切削产生的较大的轴向力易导致出口损伤，然而在后续第一主切削刃和第二主切削刃钻削出口所产生的轴向力减小，这会减弱已形成损伤的扩展，且随着切削孔径的增加可能逐渐去除已形成的损伤，终孔损伤较小。相比之下，如图 4-25(b) 所示，凹双顶角钻在产生较大轴向力的横刃钻出 CFRP 后，第一主切削刃产生的轴向力减小，然而在钻削的最后阶段，第二主切削刃作用于出口的轴向力骤增，这可能会使已形成的损伤进一步扩展，最终导致严重的孔出口损伤。

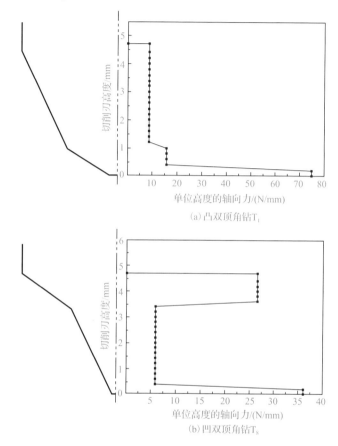

图 4-25　轴向力沿切削刃高度方向的分布

选用横刃和第一主切削刃半径比例都相同的两种凸双顶角钻 T_1 和 T_4 与两种凹双顶角钻 T_5 和 T_8 进行制孔出口质量的对比，如图 4-26 所示，凸双顶角钻的制孔出口损伤均小于凹双顶角钻，与上述高度方向轴向力的分布对制孔出口损伤影响的分析基本一致。可见，双顶角钻主切削刃高度上的轴向力对损伤的产生和扩展影响显著。

综上所述，在设计刀具时不仅要考虑如何降低刀具整体的轴向力，还应考虑不同切削刃沿高度方向产生轴向力的分布对制孔损伤的影响，综合选择合适的刀具结构和尺寸参数，以抑制 CFRP 制孔出口的损伤。

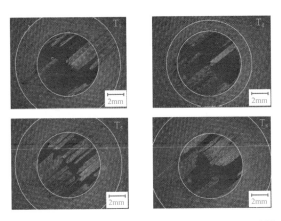

图 4-26　4 种不同几何参数的双顶角钻制孔出口质量

4.2.2　具有"反向剪切"功能的钻削刀具微齿结构

4.2.1 节介绍了传统的钻削刀具几何结构和钻尖几何参数对钻削轴向力和制孔出口损伤的影响规律，发现阶段式钻削刀具结构能够实现钻削轴向力的分阶段变化，降低钻削出口区域的轴向力或减弱轴向切削作用，一定程度上减小钻削 CFRP 的出口损伤。然而采用传统结构或对传统结构几何参数的优化都难以改变在钻削进给运动下，钻削刀具从体内向体外切削出口区域材料的事实，从而导致被切削的出口表层材料的约束形式没有发生根本改变，因此对钻削出口损伤的抑制效果并不十分明显。针对这一问题，依据 4.1.2 节提出的"反向剪切"CFRP 切削加工损伤抑制原理，如果通过设计刀具结构并结合钻削加工的主切削和进给运动，改变钻削刀具对 CFRP 出口区域材料的切削方向，即从无约束的体外向体内方向进行切削，并利用体内区域材料的支撑作用，产生较强的抗压性来限制纤维变形，增大刀具对纤维的接触应力，从而使纤维更可能在刀-工接触部位发生断裂，以达到抑制 CFRP 切削加工损伤的效果，这才是从根本上抑制钻削出口损伤的方法。然而众所周知，钻削时刀具进给方向始终指向出口，如何在钻削刀具上设计一种新式的结构，使其能够在钻削刀具向出口方向进给切削的同时，产生向体内方向的切削运动，才是实现 CFRP 低损伤钻削制孔的关键，为此本节将对贾振元等[8,9]提出的具有"反向剪切"功能的新式钻削结构进行分析。

1. 原理概述

在钻削制孔过程中，钻削刀具的基本运动包括：①绕钻头轴线沿周向的高速旋转运动；②沿钻头轴线向下的进给运动。其中，旋转运动速度一般远高于进给运动，致使在单位时间内周向和轴向的运动将产生很大的运动距离差，这为设计具有"反向剪切"功能的钻削结构提供了可能。利用周向和轴向的运动距离差，大连理工大学的学者[8-13]创造性地提出了具有"反向剪切"功能的微齿结构，如图 4-27 所示，此微齿结构附加在传统钻削刀具上，作为微小切削单元对出口区域材料实施"反向剪切"。微齿结构主要由两部分组成，包括：①微齿部分，微齿部分的上沿为微齿结构的切削刃，用于对出口区域材料实施"反向剪切"；②微齿齿槽部分，用于容纳未切削材料。微齿结构"反向剪切"的原理是：当钻削刀具进行高速旋转和进给运动时，微齿结构也一并向出口体外方向做进给运动，由于单位时间内周向旋转运动的距离远大于轴向进给运动的距离，因而微齿切削刃的后端会产生向体内方向的切削运动，即反向切削运动。这样在钻削 CFRP 出口区域材料时，微齿结构的反向切削刃与体内已加工材料相配合，利用体内材料较强的抗压性来限制被切削材料的变形，被切削材料在二者的相对运动中在刀-工接触部位附近被"剪断"，实现钻削 CFRP 出口损伤的抑制。

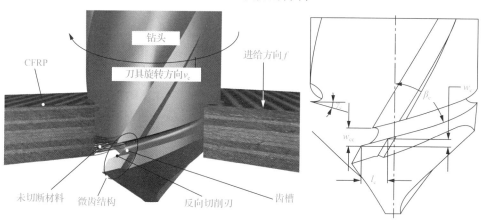

图 4-27　钻削制孔刀具上具有"反向剪切"功能的微齿结构

2. 微齿结构的尺寸特征

上述微齿结构的主要特征尺寸如图 4-27 所示，包括微齿长度 l_c、微齿螺旋角 β_c、微齿宽度 w_c、微齿反向切削刃的前角 γ_c、齿槽宽度 w_{cc}。图 4-28 是理想情况下微齿结构的切削刃实施反向切削的示意图。当微齿结构的齿槽运动到出口区域时，被切削材料进入微齿齿槽中，微齿结构处于起始位置，进入的材料与微齿前端发生接触。在钻削 CFRP 时，一般使用的转速进给比较高，即钻削速度 v_c 远大于进给速度 f，因而当微齿结构沿周向旋转距离 Δc 时，其沿轴向将下降距离 Δf，Δc 也远大于 Δf。此时，若微齿结构中的齿宽 $w_c < \Delta f$，则被切削材料在微齿的齿槽中划过，微齿切削刃始终不与被切削材料接触，不起"反向剪切"的作用；若微齿结构中的齿宽 $w_c > \Delta f$，则如图 4-28 所示，在终止位置微齿离开被切削材料时，微齿反向切削刃的后端将切入被切削材料并迫使被切削材料产生位移 S_c，即实现了对出口区域材料的"反向剪切"。

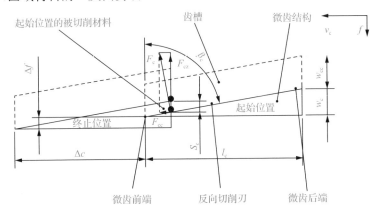

图 4-28 微齿结构对纤维的切削作用示意图

F_c-微齿反向切削刃对纤维切削作用的合力；F_{cz}-沿进给反向的分力；F_{cc}-沿钻削速度方向的分力

3. 微齿结构的位置特征

钻削制孔过程一般包括钻头的横刃、主切削刃和副切削刃对材料的切削作用，不同切削刃的切削作用方式和作用位置所引发的切削加工质量问题各异[14]。在钻削 CFRP 出口区域时，如图 4-29 所示，横刃、主切削刃和副切削刃对出口损伤的影响差异显著。横刃将造成出口区域的初始损伤[15,16]，这些初始损伤可能在主切削刃的作用下扩展或去除，也可能在主/副切削刃切削时被撕扯，导致损伤加剧，形成终孔损伤。可见，决定 CFRP 终孔质量的关键是主切削刃和副切削刃的切削作用。因此，为抑制上述多种原因造成的终孔损伤，微齿反向切削刃分布的最佳位置应在钻削刀具主切削刃的末段或副切削刃的前段。

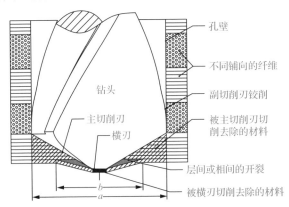

图 4-29 由不同切削刃引起的材料去除和损伤的示意图

a-加工孔的公称直径；b-损伤直径

4. 微齿结构的总体设计方法

基于第 2 章 CFRP 细观尺度的单纤维切削模型和 4.1.2 节的单侧约束单纤维切削模型，并结合上述微齿结构的尺寸特征和位置特征，形成微齿结构的设计流程，如图 4-30 所示。

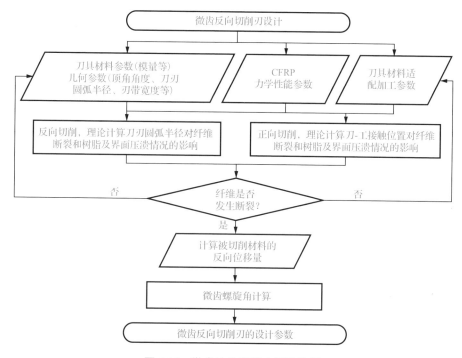

图 4-30　微齿结构的基本设计流程

（1）输入基础参数。输入被切削 CFRP 的基础力学性能参数；选择合适的刀具材料，输入刀具材料参数，并根据刀具基体结构，输入微齿所在位置的顶角角度或直径，输入合理的微齿反向切削刃钝圆半径等参数；参考实际制孔孔径、深度以及所选择的刀具材料选择合适的钻削加工参数。

（2）计算反向位移量。基于上述输入的材料参数、刀具几何参数和加工参数，判断采用单侧约束单纤维切削模型计算反向切削时，纤维是否会在树脂及界面压溃前断裂。纤维若不率先断裂，则需根据实际制造能力修改钝圆半径等参数；在不大幅增加轴向力的前提下，修改微齿所在位置的顶角或直径；考虑刀具材料的适用范围，修改钻削加工参数。重复计算反向切削的结果，直至纤维率先断裂，得到此时被切削纤维的反向位移量。

（3）计算微齿结构的尺寸特征。将反向位移量、刀具的几何参数和加工参数作为输入，根据图 4-28 所示的微齿结构特征以及位置特征，计算上述条件下的微齿长度 l_c、微齿螺旋角 β_c、微齿宽度 w_c 等微齿结构参数，进而设计具有微齿结构的钻削制孔刀具。

(4) 判断微齿螺旋角的合理性。采用试切的方式对微齿螺旋角的合理性进行判断，若出口区域产生因微齿结构周向切削运动而导致的较大撕裂，说明选用的微齿螺旋角较小，需重新调整刀具加工参数，如转速进给比等，或修改微齿结构的几何参数，如刃带宽度等，重复上述计算得到新的微齿螺旋角。进而重复试切，直到钻削出口几乎不产生因微齿结构周向撕扯作用而造成的撕裂。

经过上述计算，将获得选定工艺参数下较为合理的微齿结构参数。

4.2.3 具有"反向剪切"功能的微齿钻削刀具及制孔效果

钻削 CFRP 时，采用阶段式钻削制孔工具能够有效减小轴向力，降低 CFRP 钻削制孔的初始损伤，进而有利于微齿结构在后续反向切削过程中去除前序的损伤，得到低损伤的制孔出口。本节以典型的阶段式钻削制孔刀具——双顶角钻为基础，介绍一种新式的具有"反向剪切"功能的微齿双顶角钻，并通过钻削实验验证"反向剪切"原理的正确性和微齿结构对 CFRP 制孔损伤的抑制效果。

1. 微齿双顶角钻的结构

采用双顶角钻钻出 CFRP 的过程可分为四个阶段，如图 4-31 所示。Ⅰ阶段，在钻透出口前，横刃挤压出口区域最后一层材料；Ⅱ阶段，大顶角的第一主切削刃开始切削出口区域的材料；Ⅲ阶段，小顶角的第二主切削刃开始切削出口区域的材料；Ⅳ阶段，第二主切削刃逐渐钻出，副切削刃开始铰孔直到制孔结束。在上述多个阶段中，出口切削加工损伤的产生和扩展有所不同。前三个阶段的切削加工损伤只要不超过公称直径，则可能在随后的钻削阶段中去除，Ⅳ阶段中造成的损伤无法消除，将和前三个阶段的剩余损伤一起形成终孔损伤。

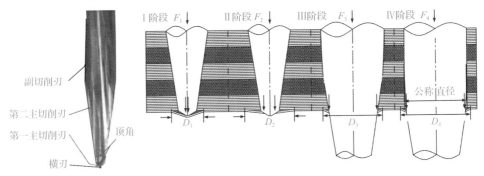

图 4-31　双顶角钻及其在出口区域的钻削过程

D_1、D_2、D_3、D_4 分别为各阶段的损伤等效直径根据 4.2.2 节对微齿结构位置特征的探讨，为了减小 CFRP 制孔出口的最终损伤，应在Ⅳ阶段对出口区域材料实施"反向剪切"，因而具有"反向剪切"功能的微齿结构应设计在双顶角钻第二主切削刃末端和副切削刃前端，以达到在Ⅳ阶段对出口区域材料实施"反向剪切"的目的。综上，设计得到图 4-32 所示的微齿双顶角钻。

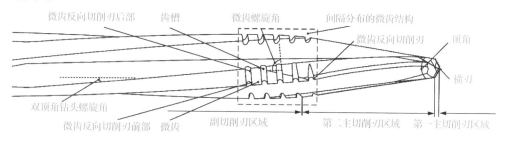

图 4-32　微齿双顶角钻示意图

2. 微齿双顶角钻的制孔效果

基于图 4-32 所示的微齿双顶角钻，通过对比实验的方式，对"反向剪切"CFRP 切削加工损伤抑制原理的正确性和在钻削刀具上以微齿结构实施"反向剪切"的有效性进行验证。图 4-33 是用于对比钻削性能的微齿双顶角钻和无微齿双顶角钻，两款钻头除微齿结构外，其他结构参数完全一致。4 条左旋排屑槽形成 4 条第二主切削刃和副切削刃，在第二主切削刃末端和副切削刃前端分布有图 4-32 所示的间隔排布的微齿结构。钻削实验样件是 CFRP 多向层合板。测试分为：①出口区域材料动态钻削过程的观测；②微齿结构对钻削制孔轴向力的影响；③微齿双顶角钻对制孔出口区域损伤的抑制效果。

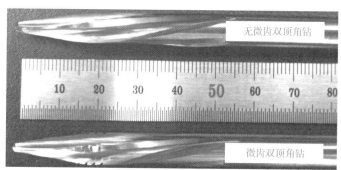

图 4-33　无微齿双顶角钻与微齿双顶角钻

1)出口区域材料动态钻削过程的观测

通过高速显微观测的方法对出口材料的动态钻削过程进行观测，采用横向钻削，在出口外侧使用高速摄像机配合微距镜头的方式对钻削出口实施高清、动态观测，实验系统如图 4-34 所示。系统的观测景深远小于刀具长度，无法拍摄清楚完整的刀具体和超出景深范围的未切断材料，因而若拍摄到超出景深范围的模糊材料则可判定为向外伸出的未切断材料。

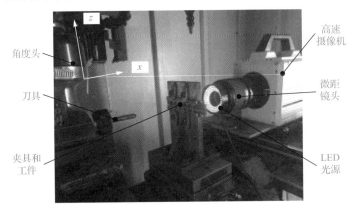

图 4-34　钻削出口观测的实验布局

采用上述高速显微观测系统，拍摄到两种双顶角钻在图 4-31 中各阶段钻出 CFRP 的动态过程，如表 4-3 所示，微齿切削刃在Ⅳ阶段参与切削。在Ⅰ阶段，横刃到达出口区域，横刃顶压材料，出口区域材料膨胀凸起，并沿纤维轴向开裂，由此可见，在此阶段，纤维不会先发生断裂，纤维间先发生开裂。在Ⅱ阶段，第一主切削刃钻出，在此阶段，出口材料沿过孔心并几乎垂直于纤维轴向的方向断裂为两部分，开裂在呈 90° 切削角附近区域沿纤维方向扩展，且产生开裂的角度区域扩大，开裂区域大幅超过孔出口区域的实时孔径尺寸。在Ⅲ阶段，由于双顶角钻第二主切削刃在单位长度上对材料厚度方向的切削量小，沿纤维方向的开裂在此阶段的扩展速度减缓，并被逐步去除。在Ⅲ阶段，微齿结构没有参与切削，两种钻削情况的出口都出现在表 4-3 所示的向体外伸出的未切断材料处，此未切断材料由于超出拍摄景深范围，在拍摄的图像中变得模糊。从Ⅲ阶段到Ⅳ阶段，出口区域开裂部位的材料几乎都被切削去除，实时孔径尺寸范围外没有可见的开裂。

在表 4-3 所描述的Ⅳ阶段的前段，两种钻头钻削的出口相同区域都存在未切断材料。然而无微齿双顶角钻的未切断材料图像模糊，说明未切断材料超出景深范围，向体外变形严重。相比之下，微齿双顶角钻在微齿结构参与切削后，观测到清晰的少量未切断材料残留，这些残留材料都接近出口平面，说明钻削出口区域边缘的大部分未切断材料被切削去除，微齿结构的反向切削作用对进给时主切削刃难以切断的材料具有很好的切削效果。

在表 4-3 所描述的Ⅳ阶段的后段，副切削刃已经对出口区域材料进行了切削。此时采用无微齿双顶角钻钻削的 CFRP 出口区域仍存在模糊图像，此模糊图像是向体外伸出的毛刺损伤；相比之下，得益于微齿双顶角钻第二主切削刃、副切削刃上的微齿结构对出口材料实施的"反向剪切"，采用微齿双顶角钻钻削的 CFRP 出口区域几乎没有毛刺。

表 4-3　出口区域材料的动态钻削过程

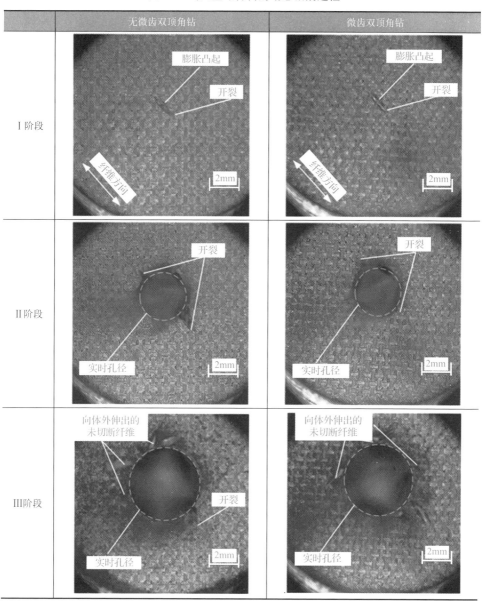

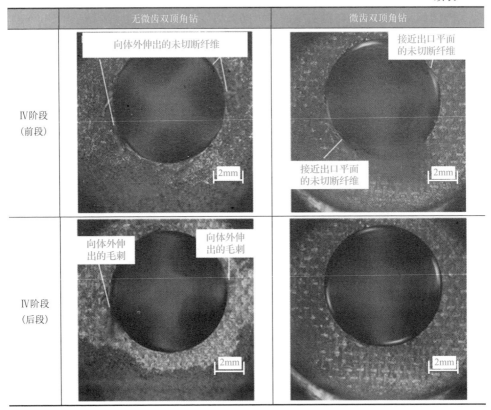

进一步分析Ⅳ阶段两种钻削制孔刀具切削出口材料的特征，图 4-35 是三条主切削刃连续切削呈小纤维切削角区域出口材料的观测结果，其中相邻两图像间都相差 5 帧。从图 4-35 中可知，无微齿双顶角钻主切削刃的连续切削迫使出口材料不断向体外弯曲变形，三条主切削刃切削过后模糊图像几乎没有变化，说明未切断材料已经难以切削去除。相比之下，在微齿双顶角钻的第一条主切削刃切削过后，也存在向体外伸出的未切断材料，然而当第二条主切削刃切削过后，原模糊未切断材料变得清晰，可见向体外伸出的未切断材料被切断，说明第二条主切削刃的微齿结构对出口材料实施了图 4-27 所描述的"反向剪切"作用，有效去除了出口材料。此外，在图 4-35 中，当微齿双顶角钻的第三条主切削刃切削过后，出口材料的状态并未明显变化，这说明在微齿结构切削时，若前面的微齿已经对出口材料实施了有效的"反向剪切"作用，同一级后续的微齿结构由于几何尺寸相近，切削作用并不明显。

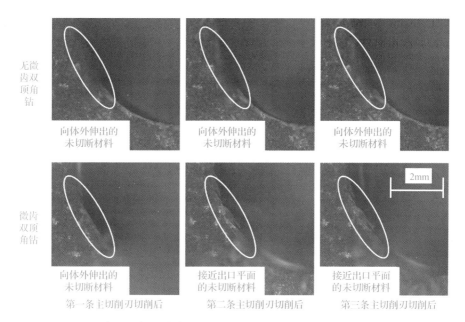

图 4-35　三条主切削刃连续切削呈小纤维切削角区域出口材料的观测结果

2) 微齿结构对钻削制孔轴向力的影响

　　钻削轴向力的大小和变化规律能直接反映刀具结构对钻削过程的影响。图 4-36 为无微齿双顶角钻和微齿双顶角钻的钻削轴向力变化曲线。在 I 阶段，当横刃钻出前，两种刀具的轴向力都达到整个钻孔过程中的最大值。在 II 阶段，随着第一主切削刃结束钻削，轴向力迅速大幅下降。在 I 和 II 阶段中，两种刀具的轴向力的大小和变化趋势都较为相似。最大轴向力的变化规律如图 4-37 所示，两种刀具的最大轴向力均随着制孔数量的增加而升高且增量相近。因此，在 I 和 II 阶段，采用两种刀具钻削时，CFRP 出口区域的材料去除量和损伤程度都应处于相近的水平，这保证了在微齿结构参与切削前，对比实验的 CFRP 工件都具有相同的加工初始状态。

　　在Ⅲ阶段，第二主切削刃开始对出口区域进行切削，参与切削的主切削刃数量从原来的两条增加为四条，导致钻削轴向力有所提高。此后在微齿结构参与切削前，钻削轴向力趋于平稳。在Ⅲ阶段后期，微齿双顶角钻的轴向力开始出现明显的周期性波动，其一个周期内切削力的波动特征如图 4-36 中放大显示的部分所示。根据刀具微齿结构的尺寸和刀具的钻入深度，可以判定此切削力波动由微齿结构与入口区域材料的接触导致。此时，入口处的一部分材料进入间隔分布的微齿齿槽中，一部分不再与切削刃接触，一部分被微齿切削刃"反向剪切"，因而"a"阶段轴向力突然降低。随着刀具继续进给，第二主切削刃和副切削刃再次切削入口处材料，使"b"阶段的轴向力略微增加。间隔排布的微齿结构逐步在入口处开始参与切削，因此上述轴向力的波动呈周期性出现。

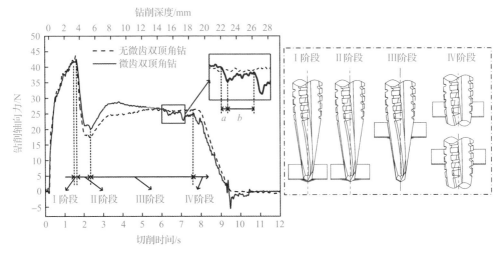

图 4-36　两种钻削制孔刀具制孔的轴向力随时间的变化曲线

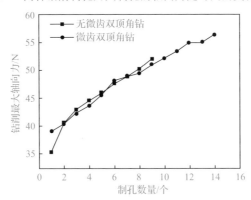

图 4-37　两种钻削制孔刀具制孔的最大轴向力变化曲线

Ⅳ阶段是微齿结构抑制出口区域损伤的关键阶段，此时已有三级微齿结构切入工件，其中第一级微齿结构已开始对出口区域材料进行切削。同时，第二主切削刃已经全部钻入工件，副切削刃也开始切削 CFRP 入口附近材料，副切削刃的铰削作用相比于第二主切削刃的切削作用产生的轴向力小得多，因此此阶段轴向力开始大幅下降。当第二主切削刃彻底钻出工件时，无微齿双顶角钻的轴向力恢复到零附近，而微齿双顶角钻的轴向力下降至负值后又回升到零附近，再次出现了Ⅲ阶段中如"a""b"阶段轴向力的波动变化，这表明副切削刃的微齿结构正在对出口部位的材料实施"反向剪切"。

　　3) 微齿双顶角钻对制孔出口区域损伤的抑制效果

　　采用两种刀具钻削 CFRP 的出口质量如表 4-4 所示，明显可见，微齿双顶角钻有效抑制了出口的切削加工损伤。采用毛刺面积对制孔出口的毛刺损伤进行量化评价。由于制孔出口损伤具有对称性，毛刺面积按照图 4-38 中对称半圆周上产生毛刺区域的最大面积计算，得到毛刺面积随制孔数量的变化规律，如图 4-39(a)所示。两种钻削刀具加工第 1 个孔时的加工效果都较好，几乎都没有出现毛刺损伤。无微齿双顶角钻在加工到第 3 个孔后毛刺损伤骤增。相比之下，微齿双顶角钻始终将毛刺损伤控制在较低的水平。

表 4-4　出口质量(20 倍)

制孔数量/个	1	3	5	7	9
无微齿双顶角钻	2mm	2mm	2mm	2mm	2mm
微齿双顶角钻	2mm	2mm	2mm	2mm	2mm

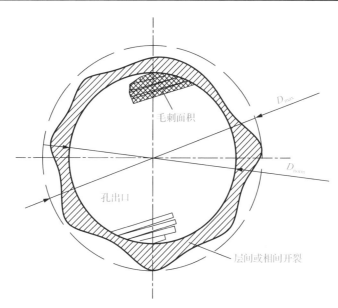

图 4-38　制孔出口损伤的量化示意图

采用 4.2.1 节中提及的分层因子 F_d 量化评价出口的层间、相间的分层或撕裂损伤，得到图 4-39(b)所示的分层因子随制孔数量的变化规律。由于上述无微齿双顶角钻和微齿双顶角钻实验均采用了能够分阶段钻削的双顶角钻作为基础结构，产生的钻削轴向力较低，因而制孔出口的分层因子都较小。然而随着制孔数量的增加，分层因子都呈增大趋势，微齿双顶角钻所加工孔的分层因子普遍小于无微齿双顶角钻(制孔数量为 1 个和 2 个时除外)，可见，微齿结构对钻削出口层间、相间的分层或撕裂损伤也具有较好的抑制作用。

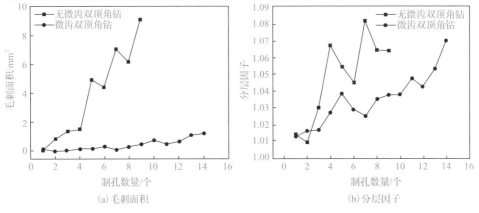

图 4-39　两种钻削制孔刀具的制孔损伤

动态钻削过程的观测以及钻削制孔刀具上的微齿结构对出口损伤具有抑制作用都验证了"反向剪切"CFRP 切削加工损伤抑制原理的正确性和在钻削刀具上以微齿结构实施"反向剪切"的有效性，进而也证明了细观切削行为研究中从体外向体内切削能对出口区域材料有效切削的正确性。

综上所述，基于"反向剪切"CFRP 切削加工损伤抑制原理设计的微齿钻削刀具，实现了在沿厚度方向进给钻削的同时，附加与进给方向相反的相对切削运动，改变了原有刀具仅沿进给和旋转方向切削出口材料的作用模式，对出口区域材料实施从出口体外向体内的"反向剪切"，为 CFRP 低损伤钻削制孔提供了合理且适用性高的技术手段。

4.2.4　系列化微齿钻削刀具

"反向剪切"CFRP 切削加工损伤抑制原理在 CFRP 钻削刀具设计上具有很强的通用性，根据实际钻削加工中不同加工工位的需求，具有"反向剪切"功能的微齿结构已被推广至多种钻削刀具，目前已形成典型的 4 系列微齿钻削、钻锪一体等多种刀具。

(1)微齿小顶角钻[10,11,13]：图 4-40 所示的微齿小顶角钻以小顶角钻尖结构来减小轴向力，降低在主切削刃切削阶段出口区域开裂超差的风险。微齿结构分布于副切削刃前端，实施反向切削，可有效去除出口未切断材料，抑制可能引发的损伤扩展。然而由于轴向力随孔径增大而大幅增加，钻削大孔径时即使仅采用小顶角钻尖结构也难以有效降低轴向力，主切削刃切削时出口区域开裂就很可能超差，因此，微齿小顶角钻一般适合于小直径孔的钻削加工。

图 4-40　微齿小顶角钻

　　(2) 微齿双顶角钻[10,11,13]：图 4-41 所示的微齿双顶角钻采用双顶角钻尖结构，第一顶角较大，保证钻削稳定，第二顶角较小，减小轴向力；第一主切削刃钻出时出口区域产生的开裂可在第二主切削刃切削时去除。第二主切削刃刀径变化较小，微齿结构分布于第二主切削刃末端，实施"反向剪切"，有效去除未切断材料和第一主切削刃钻出时已形成的开裂，同时，在副切削刃前端也设计微齿结构，进一步保证终孔加工质量。然而此类型双顶角钻的切削刃较长，排屑槽长且窄，切屑不易排出，热量难以有效散失，因而易导致切削区域温度过高，影响加工质量，因此，微齿双顶角钻一般适合于大直径浅孔的钻削加工。

图 4-41　微齿双顶角钻

　　(3) 微齿双阶梯双刃带钻[12,13]：图 4-42 所示的微齿双阶梯双刃带钻的结构特点为：第一级阶梯的主切削刃呈双顶角形式，保证钻入时出口区域不产生过大的开裂。第二级阶梯的主切削刃形成的顶角较小，使前序加工产生的开裂不易扩展，并在第二主切削刃切削时去除。在两级阶梯的副切削刃后有较深的副排屑槽，形成双刃带结构，在制孔中对孔壁多次切削，降低了表面粗糙度。微齿结构分布于第一级阶梯的双刃带前端，在第一级主切削刃切削结束时对出口区域材料实施"反向剪切"，有效去除未切断材料和已形成的出口开裂，减小在后续第二级主切削刃切削中，开裂等损伤产生和扩展的概率。微齿结构还同时分布于第二级阶梯的双刃带前端，进一步切削去除出口仍存在的未切断材料，抑制可能引发的损伤扩展。双阶梯和双刃带结构使微齿数量倍增，"反向剪切"效果增强。此类型刀具可分阶段切削，普适性更强。但双阶梯双刃带结构难以制造小直径刀具，因此，不适用于小尺寸孔的加工。

图 4-42　微齿双阶梯双刃带钻

（4）微齿钻锪一体刀具[12]：微齿钻锪一体刀具是在上述 3 系列微齿钻削制孔刀具的基础上发展的具有钻锪一体加工功能的刀具，其钻削段采用上述 3 系列微齿钻削制孔刀具的构型，适用的加工孔径的范围也由上述 3 系列基本结构决定。锪孔段设计有锋利的锪孔刃，锪孔轴向力虽与进给方向相同，但由于切削加工入口侧材料时，体内有大量材料提供强有力的支撑约束作用，不易产生损伤。图 4-43 是微齿钻锪一体刀具中的一种构型——双阶梯双刃带钻锪一体刀具。

图 4-43　微齿钻锪一体刀具

上述 4 系列 CFRP 钻削制孔刀具均已在航空航天企业 CFRP 构件的研制中得到成功应用，实现了 CFRP 低损伤钻削制孔。例如，采用研制的微齿双阶梯双刃带钻，在厚 8mm 的 T800 级 CFRP 多向层合板上，连续钻削ϕ10mm、ϕ8mm、ϕ6mm 和ϕ4mm 的连接孔，均实现了低损伤钻削制孔（图 4-44）。此外，"反向剪切"CFRP 切削加工损伤抑制原理对纤维增强复合材料具有较好的通用性，基于此原理设计的新式钻削微齿结构也可根据所加工纤维增强复合材料的材料属性进行优化，进而实现对各类型纤维增强复合材料的低损伤钻削制孔。

(a)ϕ10mm 孔　　　　　　　　　　(b)ϕ8mm 孔

(c)ϕ6mm 孔　　　　　　　　　　(d)ϕ4mm 孔

图 4-44　微齿双阶梯双刃带钻钻削制孔的出口质量

CFRP 铣削刀具

铣削也是 CFRP 零件加工中常采用的一种方式,根据 4.1 节的描述,铣削 CFRP 的表面和上、下表层区域可能产生图 4-1(b)所示的表面撕裂和表层撕裂、分层和毛刺等损伤。为抑制这些损伤,CFRP 的铣削刀具主要采用了两类特殊结构:一是具有"微元去除"功能的微齿铣刀结构,通过微小化切削量的方式尽量减小被切削纤维的弯曲程度,降低其与树脂及界面的开裂概率,能够一定程度上抑制表面和表层的损伤;二是具有"反向剪切"功能的左、右螺旋刃整体铣刀结构,通过设置螺旋切削刃的不同旋向,使被铣削材料的上、下表层都主要承受从体外向体内强约束侧的切削,实现表层损伤抑制,本节将首先对上述两种结构进行介绍。进而在上述结构的基础上,提出一种集"微元去除"和"反向剪切"功能于一体的新式左、右螺旋刃微齿铣削刀具以及微齿结构的优化设计方法,这类刀具能够更好地抑制 CFRP 的铣削损伤。

4.3.1　CFRP 铣削刀具的基本结构

1. 具有"微元去除"功能的微齿铣刀

针对铣削 CFRP 表面和上、下表层易损伤的问题,采用"微元去除"CFRP 切削加工损伤抑制原理,以减小切深和切宽、微小化切削量的方式,尽量减小被切削纤维的弯曲程度,降低其与树脂及界面的开裂概率,能够初步实现对这些损伤的抑制。在铣削中,减小切深意味着减小每齿切削量,每齿切削量与主轴转速、进给速度以及刀具切削刃数相关,在相同主轴转速和进给速度(相同切削效率)的前提下,减小每齿切削量则需要设计更多的切削刃参与切削,因此,在铣削刀具上实现"微元去除"的第一步就是以多刃代替单刃或少刃,将单刃或少刃的一次切削通过多刃的多次切削完成,如图 4-45(a)所示。另外,在铣削中减小切宽意味着减小每条切削刃与材料在刀具轴向上的接触长度,这需要对传统整体刃铣刀的切削刃进行合理的离散化,形成多个独立的微小切削刃(图 4-45(b)),同时需要保证同一轴向高度上的微小切削刃在周向运动过程中能够完整覆盖被铣削的表面。基于上述"微元去除"原理对铣削刀具结构的指导,形成了具有"微元去除"功能的微齿铣刀结构,如图 4-46 所示。

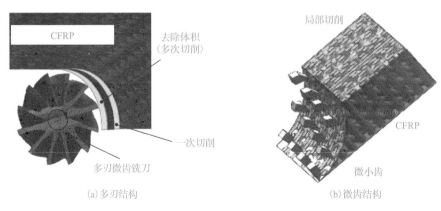

(a) 多刃结构   (b) 微齿结构

图 4-45 多刃结构和微齿结构示意图

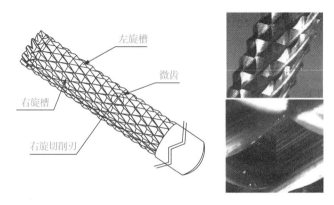

图 4-46 微齿铣削刀具

2. 具有"反向剪切"功能的左、右螺旋刃整体铣刀

针对铣削中 CFRP 上、下表层切削易损伤的问题,"反向剪切"CFRP 切削加工损伤抑制原理是更为理想的解决方案,即始终在铣削上、下表层位置时,从无约束的体外向体内方向切削表层区域材料,以体内区域材料作为支撑,利用体内区域材料较强的抗压性限制纤维变形,增大刀具对纤维的接触应力,使纤维更可能在刀-工接触部位发生断裂。

在铣削中,上、下表层材料所受切削力的方向主要取决于铣削刀具螺旋角的大小。采用直刃整体铣刀(螺旋角为 0°)进行铣削加工,则理论上不直接产生轴向的切削力(图 4-47(a)),但切削内层材料可能向体外方向产生挤压作用,导致上、下表层材料易发生变形而不易被有效切削,因而仍然会产生毛刺等损伤;采用特殊设计的小右螺旋角整体铣刀,在减小轴向切削力的同时还对上(或下)表面施加一定的指向材料体内的切削力(图 4-47(b)),能够实现在单侧表层位置的"反向剪切"，显然小右螺旋角整体铣刀无法避免在另一侧产生指向体外的轴向力，可能导致另一侧表层严重损伤。为在上、下表层上同时实现"反向剪切"，现有的铣刀在刀具上端和下端采用了不同螺旋方向的切削刃，如图 4-47(c) 所示的左、右螺旋刃整体铣刀。配合相应的刀具旋转方向，此左、右螺旋刃整体铣刀在上、下表层的轴向切削力都指向体内强约束侧，因而能够有效抑制上、下表层的铣削损伤。

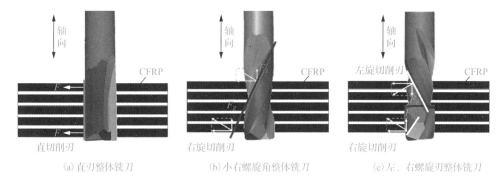

图 4-47　不同螺旋角铣刀铣削 CFRP 的上、下表层产生切削力示意图

4.3.2　具有"微元去除"和"反向剪切"功能的左、右螺旋刃微齿铣刀

上述具有"微元去除"功能的微齿铣刀和具有"反向剪切"功能的左、右螺旋刃整体铣刀分别在抑制 CFRP 铣削损伤方面具有各自的特点。本节将结合上述两种结构形式，提出一种同时具有"微元去除"和"反向剪切"功能的新式左、右螺旋刃微齿铣削刀具结构。

1. 左、右螺旋刃微齿铣刀的结构特征

前述具有"微元去除"功能的微齿铣刀(图 4-46)是指具有右旋切削刃的微齿结构，在铣削过程中，右旋切削刃的微齿结构仅能在单侧下表层区域实现从体外向体内的"反向剪切"，如图 4-48(a) 所示。在此右旋切削刃微齿铣刀的基础上，结合图 4-47(c) 所示的左、右螺旋刃整体铣刀，大连理工大学的学者[17-21]提出在每一个微齿结构上进一步设置左、右螺旋刃结构，形成了新式的左、右螺旋刃微齿铣刀，如图 4-48(b) 所示。这种新式铣刀的微齿右螺旋刃与普通微齿铣刀功能一致，将在下表层区域产生指向体内的切削力，实现下表面的"反向剪切"；增加的微齿左螺旋刃将在上表面区域产生指向体内的切削力，因而每一个微齿结构都具有双向切削功能，分别可以在上、下表面进行正向切削和"反向剪切"。

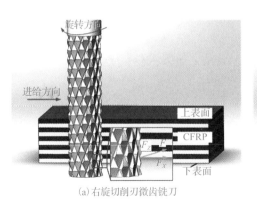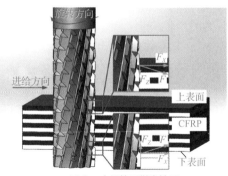

（a）右旋切削刃微齿铣刀　　　　　　　（b）左、右螺旋刃微齿铣刀

图 4-48　微齿铣刀

为更直观地描述左、右螺旋刃微齿铣刀的结构特点，将整个刀体沿母线展开，如图 4-49 所示。图中，微齿结构的右螺旋刃（以下简称为 R 刃）主要对下表层实施指向体内的反向切削，微齿结构的左螺旋刃（以下简称为 L 刃）主要对上表面实施指向体内的反向切削，表征 R 刃和 L 刃排列关系的结构参数有 β_R-右旋螺旋角、β_L-左旋螺旋角、w_R-右旋槽宽度、w_L-左旋槽宽度、n_R-右旋槽数量、n_L-左旋槽数量和 D-刀具直径。

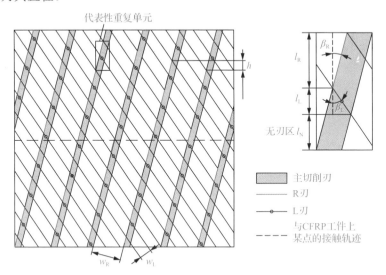

图 4-49　左、右螺旋刃微齿铣刀刀体展开图

在使用左、右螺旋刃微齿铣刀切削 CFRP 时，随着刀具在进给中不断回转，工件上某一点处的材料将先后经历多个去除过程，如图 4-50 所示。在这些去除过程中，工件上任一点将先后与左、右螺旋刃微齿铣刀上的多个微切削刃相接触，

形成如图 4-50 所示的接触轨迹。该接触轨迹可能与 R 刃或 L 刃相交或相离，即相邻切削刃对 CFRP 产生连续或非连续的切削。这种受微齿排布而形成的连续或非连续的切削将直接决定 CFRP 的切削状态，影响对 CFRP 的切削加工损伤的抑制。

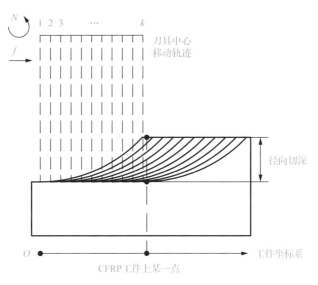

图 4-50　CFRP 工件上某一点在铣削中的材料去除过程

2. 微齿排布特征对 CFRP 加工质量的影响

为探究微齿排布对 CFRP 加工质量的影响，通过减小左旋螺旋角得到三种类型的左、右螺旋刃微齿铣刀，如图 4-51 所示，三种刀具的左旋螺旋角依次减小。其中，图 4-51(a)是 L 刃连续排布的铣刀，其相邻两微齿 L 刃切削恰好连续，此时在同一切削高度上，L 刃与 R 刃交替参与切削或 R 刃连续切削后 L 刃参与切削；图 4-51(b)是 L 刃重叠排布的铣刀，其相邻两微齿 L 刃有部分重叠，此时在同一切削高度上，存在 L 刃与 R 刃交替参与切削、R 刃连续切削后 L 刃参与切削以及 L 刃连续切削后 R 刃开始切削三种情况；图 4-51(c)是 L 刃未连续排布的铣刀，其相邻两微齿 L 刃切削未连续，此时在同一切削高度上，相邻切削刃可能产生间隔式切削。

采用上述三种类型的铣刀铣削 CFRP 的上、下表层加工质量如图 4-52 所示。可见，采用 L 刃连续排布的铣刀和 L 刃重叠排布的铣刀，铣削 CFRP 得到的上、下表层质量都较好；其中，L 刃连续排布的铣刀加工的上表层仍存在少量毛刺，加工质量略差于 L 刃重叠排布的铣刀。相比之下，采用 L 刃未连续排布的铣刀铣削 CFRP 的上表层则出现明显的毛刺及撕裂损伤。此实验结果初步表明，L 刃的排布关系是抑制上表层切削加工损伤的关键因素之一，采用重叠式设计能够提高 L 刃对 CFRP 上表层的切削作用，更好地抑制切削加工损伤。

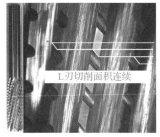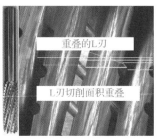

(a) 连续排布   (b) 重叠排布   (c) 未连续排布

图 4-51   L 刃排布形式

(a) 采用L刃连续排布的铣刀

(b) 采用L刃重叠排布的铣刀

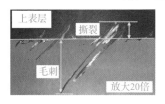

(c) 采用L刃未连续排布的铣刀

图 4-52   采用 L 刃连续排布、重叠排布和未连续排布的铣刀铣削 CFRP 的上、下表层加工质量

此外，采用上述刀具铣削 CFRP 的表面显微形貌如图 4-53 所示。L 刃连续排布铣刀与 L 刃重叠排布铣刀的铣削表面较平整，没有明显的纤维拔出等缺陷；然而，L 刃未连续排布铣刀的铣削表面出现明显的纤维拔出，形成凹坑缺陷，导致已加工表面凹凸不平。此实验结果初步表明，L 刃排布的连续性对铣削表面加工质量具有显著影响，采用连续或重叠排布的 L 刃有利于提高表面加工质量。

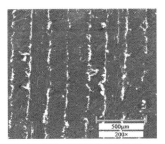 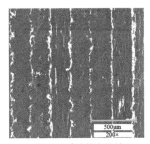 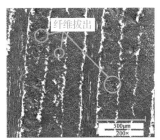

(a) 采用 L 刃连续排布的铣刀　　(b) 采用 L 刃重叠排布的铣刀　　(c) 采用 L 刃未连续排布的铣刀

图 4-53　采用 L 刃连续排布、重叠排布和未连续排布的铣刀铣削 CFRP 的表面显微形貌

4.3.3　左、右螺旋刃微齿结构的优化设计及切削加工效果

4.3.2 节的实例表明，左、右螺旋刃微齿结构的连续性对加工质量尤为重要。使用左、右螺旋刃微齿铣刀切削 CFRP 时，其 R 刃将有利于抑制下表层材料向体外的变形，但同时会加剧上表层材料向体外的变形，不利于损伤的抑制；与此相反，L 刃则将有利于抑制上表层材料向体外的变形，但相应地将造成下表层材料向体外的变形，不利于损伤的抑制。可见，左、右螺旋刃微齿铣刀的 R 刃和 L 刃对于表层损伤抑制来说可能是一柄双刃剑。因此，如何优化设计微齿的结构和排布将直接影响微齿铣刀的加工效果。本节基于大连理工大学学者[22-25]的研究对左、右螺旋刃微齿结构的优化设计方法进行介绍，并通过铣削实验验证效果。

1. 左、右螺旋刃微齿结构的优化设计思路

为尽可能地同时减小铣削 CFRP 过程中对上、下表层材料不利的切削作用，即减小表层材料向体外的变形，进而抑制表层损伤的形成，应在整个铣削 CFRP 的过程中尽可能避免如下两种情况的发生：①上表层材料连续被 R 刃去除；②下表层材料连续被 L 刃去除。由左、右螺旋刃微齿铣刀刀体表面展开图 4-49 可知，为避免上述两种情况，需保证与展开图中任一水平线(即 CFRP 工件上任一点处表层材料与左、右螺旋刃微齿铣刀的接触轨迹)先后接触的微齿具有不同的旋向，即需要 R 刃和 L 刃沿刀体周向交替排列。基于这一优化设计思路，下面介绍具体的优化方法。

2. 右、左螺旋刃微齿结构的优化方法

对微齿结构的优化设计就是通过建立图 4-49 定义的 7 个结构参数之间的关系，以保证 R 刃和 L 刃沿刀体周向交替排列。为便于推导 7 个结构参数之间的关系，进一步定义 4 个辅助参数，包括：l_R-R 刃轴向长度，l_L-L 刃轴向长度，l_N-无刃区轴向长度，h-相邻主切削刃上代表性重复单元间的最小距离。这 4 个辅助参数同样标注于图 4-49 中并依据几何关系由 7 个结构参数表示：

$$l_R = \frac{\cos \beta_R}{\sin(\beta_R + \beta_L)} \left(\frac{\pi D \cos \beta_L}{n_L} - w_L \right) \tag{4-11}$$

$$l_L = \frac{\cos \beta_L}{\sin(\beta_R + \beta_L)} \left(\frac{\pi D \cos \beta_R}{n_R} - w_R \right) \tag{4-12}$$

$$l_N = \frac{1}{\sin(\beta_R + \beta_L)} \left(w_R \cos \beta_L + w_L \cos \beta_R - \frac{\pi D}{n_R} \cos \beta_R \cos \beta_L \right) \tag{4-13}$$

$$h = \frac{\pi D}{\tan \beta_R + \tan \beta_L} \left(\frac{1}{n_L} - \frac{1}{n_R} \right) \tag{4-14}$$

为能实现左、右螺旋刃微齿铣刀上的 R 刃和 L 刃沿刀体周向交替排列，这些所定义的参数应满足下列两个改进标准。

标准 I，$l_N = 0$：当无刃区轴向长度 $l_N = 0$ 时，这使得图 4-49 中所示的无刃区能够被消除，从而确保了 CFRP 表层材料能够与刀具每个主切削刃相接触，是合理排列左、右螺旋刃微齿铣刀上微刃的前提条件。由式 (4-13)，这一标准可进一步表示为

$$\frac{1}{\sin(\beta_R + \beta_L)} \left(w_R \cos \beta_L + w_L \cos \beta_R - \frac{\pi D}{n_R} \cos \beta_R \cos \beta_L \right) = 0 \tag{4-15}$$

标准 II，$l_R = l_L = |h|$：R 刃轴向长度 l_R、L 刃轴向长度 l_L 和相邻主切削刃上代表性重复单元间的最小距离绝对值相等，这确保了沿刀体周向相邻主切削刃上的微刃旋向相反。结合式 (4-11)、式 (4-12) 和式 (4-14)，这一标准可进一步表示为

$$\frac{\cos \beta_R}{\sin(\beta_R + \beta_L)} \left(\frac{\pi D \cos \beta_L}{n_L} - w_L \right) = \frac{\cos \beta_L}{\sin(\beta_R + \beta_L)} \left(\frac{\pi D \cos \beta_R}{n_R} - w_R \right) \tag{4-16}$$

$$\frac{\cos \beta_R}{\sin(\beta_R + \beta_L)} \left(\frac{\pi D \cos \beta_L}{n_L} - w_L \right) = \left| \frac{\pi D}{\tan \beta_R + \tan \beta_L} \left(\frac{1}{n_L} - \frac{1}{n_R} \right) \right| \tag{4-17}$$

通过对式 (4-15) 和式 (4-16) 联立求解，可解得 w_R 与 w_L 的值：

$$\begin{cases} w_R = \pi D \cos \beta_R \left(\dfrac{1}{n_R} - \dfrac{1}{2n_L} \right) \\ w_L = \dfrac{\pi D}{2n_L} \cos \beta_L \end{cases} \tag{4-18}$$

基于该结果，由式 (4-17) 可进一步得到

$$n_L = \begin{cases} \dfrac{1}{2} n_R & (n_L < n_R) \\ \dfrac{3}{2} n_R & (n_L \geqslant n_R) \end{cases} \tag{4-19}$$

然而，由式(4-18)可知，当 $n_L= 0.5n_R$ 时，w_R 将为 0，这显然是不合理的。因此，左、右螺旋刃微齿铣刀的结构改进方法可总结为式(4-20)：

$$\begin{cases} w_R = \dfrac{2\pi D}{3n_R}\cos \beta_R \\[2mm] w_L = \dfrac{\pi D}{2n_L}\cos \beta_L \\[2mm] n_L = \dfrac{3}{2}n_R \end{cases} \tag{4-20}$$

3. 优化的左、右螺旋刃微齿铣刀

下面通过对比铣削实验验证上述优化方法的合理性。对于图 4-49 中所定义的结构参数，本节共选取 3 组进行对比，分别记为组 a、组 b 和组 c，具体值列在表 4-5 中。组 a 中的结构参数完全满足本节所提出的结构改进方法，即同时满足前述的标准Ⅰ和标准Ⅱ；而组 b 中的结构参数仅满足标准Ⅰ；组 c 中的结构参数则不满足前述两种标准。据此，相应试制出了 3 把左、右螺旋刃微齿铣刀，分别记为铣刀 a、铣刀 b 和铣刀 c，如图 4-54 所示(刀具的轴线沿水平方向)。

表 4-5　左、右螺旋刃微齿铣刀的 3 组结构参数

参数	组 a	组 b	组 c
右旋螺旋角β_R/(°)	15	15	15
左旋螺旋角β_L/(°)	35	35	35
右旋槽宽度 w_R/mm	1.686	1.686	2.212
左旋槽宽度 w_L/mm	0.715	0.715	1.255
右旋槽数量 n_R	12	12	12
左旋槽数量 n_L	18	14	10
刀具直径 D/mm	10	10	10

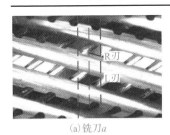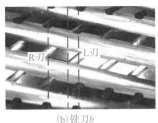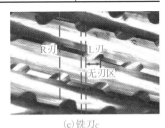

(a)铣刀a	(b)铣刀b	(c)铣刀c

图 4-54　与 3 组结构参数对应的左、右螺旋刃微齿铣刀结构

4. 加工效果验证

为更加直观地对比优化前后左、右螺旋刃微齿铣刀铣削 CFRP 的效果，本节采用大连理工大学的学者[17]提出的表层损伤面积精确获取方法，提取损伤面积，

进而计算其与被去除区域面积的比值 $F_{d\text{-}area}$ 来评价损伤。表 4-6 是在一定铣削工艺参数下的铣削损伤对比结果。可见，铣刀 c 的切削加工损伤最为严重；铣刀 b 的切削加工损伤明显小于铣刀 c。由于铣刀 b 与铣刀 c 在结构上的差异在于是否满足标准 Ⅰ，因此对比结果说明，消除左、右螺旋刃微齿铣刀上的无刃区对于抑制铣削 CFRP 表层损伤是有必要的，即标准 Ⅰ 是合理的。

表 4-6　铣削上、下表层的质量对比

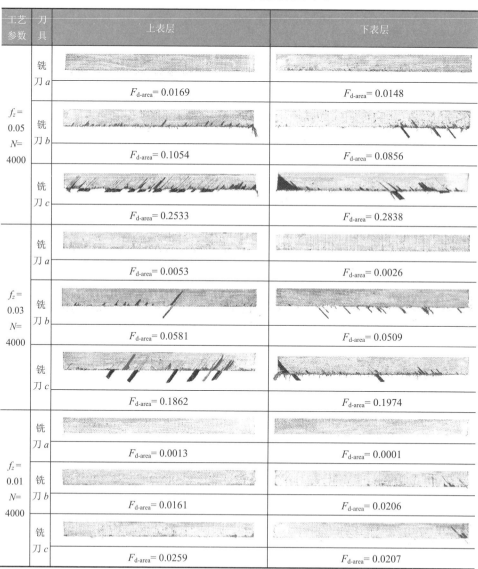

工艺参数	刀具	上表层	下表层
$f_z=$ 0.05 $N=$ 4000	铣刀 a	$F_{d\text{-}area}= 0.0169$	$F_{d\text{-}area}= 0.0148$
	铣刀 b	$F_{d\text{-}area}= 0.1054$	$F_{d\text{-}area}= 0.0856$
	铣刀 c	$F_{d\text{-}area}= 0.2533$	$F_{d\text{-}area}= 0.2838$
$f_z=$ 0.03 $N=$ 4000	铣刀 a	$F_{d\text{-}area}= 0.0053$	$F_{d\text{-}area}= 0.0026$
	铣刀 b	$F_{d\text{-}area}= 0.0581$	$F_{d\text{-}area}= 0.0509$
	铣刀 c	$F_{d\text{-}area}= 0.1862$	$F_{d\text{-}area}= 0.1974$
$f_z=$ 0.01 $N=$ 4000	铣刀 a	$F_{d\text{-}area}= 0.0013$	$F_{d\text{-}area}= 0.0001$
	铣刀 b	$F_{d\text{-}area}= 0.0161$	$F_{d\text{-}area}= 0.0206$
	铣刀 c	$F_{d\text{-}area}= 0.0259$	$F_{d\text{-}area}= 0.0207$

注：表中 f_z 为每齿进给量，单位为 mm/z；N 为铣削主轴转速，单位是 r/min。

此外，铣刀 a 的切削加工损伤明显小于铣刀 b，这说明保证 R 刃和 L 刃沿刀体周向交替排列(即标准Ⅱ)对于进一步减少铣削 CFRP 表层损伤也至关重要。具体而言，由于铣刀 b 不满足该标准，其 R 刃轴向长度(l_R=1.416mm)不等于 L 刃轴向长度(l_L=0.901mm)和相邻主切削刃上代表性重复单元间的最小距离绝对值($|h|$=0.386mm)。这造成在使用铣刀 b 切削 CFRP 的过程中，出现如图 4-55 所示的微刃切削状态：RRRRLLLRRRRL。在这种情况下，R 刃连续切削将使上表层材料产生较大变形，易引起上表层损伤；L 刃连续切削也将使下表层纤维发生较大变形，易引起下表层损伤。综上，满足优化设计标准Ⅰ和标准Ⅱ的铣刀 a 能够更好地抑制铣削表层损伤。

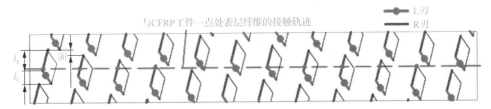

图 4-55　铣刀 b 上微刃与 CFRP 工件一点处表层纤维的接触顺序

4.3.4　系列化左、右螺旋刃微齿铣刀

针对不同加工特征的 CFRP 铣削加工需求，上述具有"微元去除"和"反向剪切"功能的左、右螺旋刃微齿铣刀结构设计可进行相应的推广，目前已形成 3 系列微齿铣削刀具。

(1)左、右螺旋刃微齿钻尖铣刀[20,21,24,25]：左、右螺旋刃微齿钻尖铣刀如图 4-56 所示，这种铣刀的底端设计了类似钻尖的结构，能够快速铣穿 CFRP，提高了铣切窗口及异型通孔的加工效率，其左、右螺旋刃微齿对 CFRP 的上、下表层进行反向切削，降低了损伤。

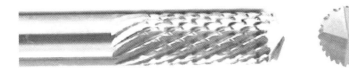

图 4-56　左、右螺旋刃微齿钻尖铣刀

(2)左、右螺旋刃微齿端刃铣刀[20,21,24,25]：左、右螺旋刃微齿端刃铣刀如图 4-57 所示，这种铣刀的底端设计了多刃结构，适合于铣削底面是平面的特征结构、切边和进行螺旋铣削，其左、右螺旋刃微齿对 CFRP 的上、下表层进行反向切削，降低了损伤。

图 4-57 左、右螺旋刃微齿端刃铣刀

(3) 左、右螺旋刃微齿球头铣刀[20,21,24,25]: 左、右螺旋刃微齿球头铣刀如图 4-58 所示，这种铣刀的底端设计了球头多刃结构，适合于带有曲面结构的铣削加工，其左、右螺旋刃微齿对 CFRP 的上、下表层进行反向切削，降低了损伤。

图 4-58 左、右螺旋刃微齿球头铣刀

上述 3 系列左、右螺旋刃微齿铣刀也均在航空航天企业 CFRP 构件的研制中得到成功应用，用于铣削 CFRP 零件的不同加工特征(图 4-59)，加工表层均无可见损伤。因此，具有"微元去除"和"反向剪切"功能的新式左、右螺旋刃微齿铣刀结构适合于低损伤铣削 CFRP。此外，"微元去除"和"反向剪切"CFRP 切削加工损伤抑制原理同样对纤维增强复合材料具有较好的通用性，基于此原理设计的新式左、右螺旋刃微齿铣刀也可根据所加工纤维增强复合材料的材料属性进行优化，进而实现对各类型纤维增强复合材料的低损伤铣削。

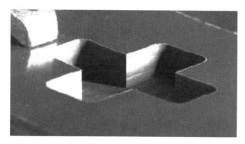

(a) 左、右螺旋刃微齿端刃铣刀的加工效果　　　　(b) 左、右螺旋刃微齿钻尖铣刀的加工效果

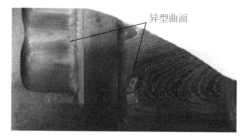

(c) 左、右螺旋刃微齿球头铣刀的加工效果

图 4-59 左、右螺旋刃微齿铣刀的应用效果

4.4　本章小结

　　本章分析了 CFRP 切削过程中的切削关键参数和纤维所受约束对纤维断裂和树脂及界面开裂的影响规律，提出"微元去除"和"反向剪切"CFRP 切削加工损伤抑制原理。分析了传统钻削和铣削刀具结构对 CFRP 切削加工损伤的影响。为进一步抑制 CFRP 切削加工损伤，在"微元去除"和"反向剪切"损伤抑制原理的指导下，提出具有"微元去除"和"反向剪切"功能的新式钻削刀具微齿结构和铣削刀具微齿结构以及微齿结构的设计和优化方法，发展出系列化微齿钻削刀具和微齿铣削刀具，并在工程领域推广应用。

参 考 文 献

[1] GREENHALGH E S.Failure analysis and fractography of polymer composites[M]. Cambridge: Woodhead Publishing Limited, 2009.

[2] KRISHNARAJ V, ZITOUNE R, DAVIM J P. Drilling of polymer-matrix composites[M]. Heidelberg: Springer, 2013.

[3] BABU J, SUNNY T, PAUL N A, et al. Assessment of delamination in composite materials: a review[J]. Proceedings of the institution of mechanical engineers, part B: journal of engineering manufacture, 2016, 230(11): 1990-2003.

[4] HOCHENG H, TSAO C C. Comprehensive analysis of delamination in drilling of composite materials with various drill bits[J]. Journal of materials processing technology, 2003, 140(1/2/3): 335-339.

[5] 何春伶. 双顶角钻尖几何参数对碳纤维复合材料钻削轴向力和制孔分层的影响[D]. 大连: 大连理工大学, 2016.

[6] JOHNSON K L.Contact mechanics[M]. Cambridge: Cambridge University Press, 1987.

[7] LANGELLA A, NELE L, MAIO A. A torque and thrust prediction model for drilling of composite materials[J]. Composites part A: applied science and manufacturing, 2005, 36(1): 83-93.

[8] JIA Z Y, FU R, NIU B, et al. Novel drill structure for damage reduction in drilling CFRP composites[J]. International journal of machine tools and manufacture, 2016, 110: 55-65.

[9] 付饶. CFRP 低损伤钻削制孔关键技术研究[D]. 大连: 大连理工大学, 2017.

[10] 大连理工大学. 一种纤维增强复合材料高效制孔的专用刀具: 中国, 201510508097.1[P]. 2015-11-11.

[11] 大连理工大学. 一种用于碳纤维复合材料制孔的高效专用钻头: 中国, 201510408743.7[P]. 2017-05-03.

[12] 大连理工大学, 上海飞机制造有限公司. 一种阶梯微齿双刃带钻锪一体钻头: 中国, 201611182140.0 [P]. 2018-10-16.

[13] Dalian University of Technology. Sawtooth structure with reversed cutting function and its drill series: US, 10857601B2[P]. 2020-12-08.

[14] WILLIAMS R A. A study of the drilling process[J]. Journal of engineering for industry, 1974, 96(4): 1207-1215.

[15] HOCHENG H, DHARAN C K H. Delamination during drilling in composite laminates[J]. Journal of engineering for industry, 1990, 112(3): 236-239.

[16] HOCHENG H, TSAO C C. Comprehensive analysis of delamination in drilling of composite materials with various drill bits[J]. Journal of materials processing technology, 2003, 140(1/2/3): 335-339.

[17] WANG F J, YIN J W, JIA Z Y, et al. A novel approach to evaluate the delamination extent after edge trimming of carbon-fiber-reinforced composites[J]. Proceedings of the institution of mechanical engineers, part B: journal of engineering manufacture, 2018, 232(14): 2523-2532.

[18] 王泽刚. CFRP 专用带端刃立铣刀结构优化与磨损规律研究[D]. 大连: 大连理工大学, 2019.

[19] 王泽刚, 王福吉, 卢晓红, 等. 考虑左旋切削刃切削连续性的碳纤维增强树脂基复合材料铣削研究[J]. 中国机械工程, 2020, 31(8): 991-996.

[20] 大连理工大学. 用于碳纤维复合材料高速铣削的带端刃立铣刀: 中国, 201710808999.6[P]. 2019-04-23.

[21] 大连理工大学. 抑制多刃微齿铣刀切削刃边缘破损的微齿排布设计方法: 中国, 201810495696.8[P]. 2019-04-16.

[22] 张博宇. 铣/钻削 CFRP 表层损伤抑制关键技术研究[D]. 大连: 大连理工大学, 2020.

[23] WANG F J, ZHANG B Y, JIA Z Y, et al. Structural optimization method of multitooth cutter for surface damages suppression in edge trimming of carbon fiber reinforced plastics[J]. Journal of manufacturing processes, 2019, 46: 204-213.

[24] 大连理工大学. 一种能够实现左、右旋切削刃交替切削的多齿设计方法: 中国, 201910075656.2[P]. 2020-06-16.

[25] Dalian University of Technology. Vertical-edge double-step sawtooth cutter for preparing high-quality holes of composite material and hybrid stack structure thereof: JP, 6775855[P]. 2020-10-09.

第5章

切削 CFRP 的刀具磨损

在切削加工过程中，随着刀具与工件材料持续相互作用，不仅工件材料被去除，刀具本身也会发生磨损。刀具磨损会使得工件的加工精度降低、表面质量下降，甚至还会引起工件振动，导致加工过程无法正常进行。此时，必须对已磨损的刀具进行更换，这将造成生产的辅助时间延长、生产成本增加。因此，刀具磨损将直接影响加工质量、效率和成本。如何有效地抑制切削加工中的刀具磨损，是机械加工领域的重要研究方向。

CFRP 是由纤维、树脂及界面组成的各向异性材料，其中纤维具有很强的磨蚀性，切削 CFRP 的过程中，在切削动载荷作用下，以碳纤维为代表的硬质点颗粒剧烈磨蚀刀具表面，致使刀具产生十分严重的磨损，这与切削金属等均质材料时明显不同。本章将针对切削 CFRP 时的刀具磨损特点，对刀具磨损的成因、形态和规律进行分析，并对刀具磨损的抑制方法予以介绍。

5.1 切削 CFRP 时刀具磨损的成因

一般情况下，切削加工过程中的刀具磨损主要包括硬质点磨损、黏结磨损、扩散磨损、化学磨损和热电磨损等[1]。对于不同材质的刀具，当切削条件不同、切削的工件材料也不同时，其磨损的成因通常是不同的。例如，当使用硬质合金刀具切削钢料时，若选用较低的主轴转速(即刀具切削速度较低时)，则切削温度一般不会超过 500℃，此时刀具以发生硬质点磨损为主；若大幅提高主轴转速(即大幅提高刀具的切削速度)，使得切削温度达到 900℃以上，刀具则主要发生扩散磨损和黏结磨损，并伴有一定的化学磨损。而当使用氧化铝陶瓷刀具切削钢、铁件时，无论选用低速切削还是高速切削，刀具都易发生硬质点磨损和黏结磨损。

就切削 CFRP 而言，目前使用最多的刀具材料是硬质合金。由于切削 CFRP 过程中的温度一般较低(在约 250℃以下)，且各相材料与硬质合金之间的亲和性较弱，通常情况下刀具不会发生黏结磨损、扩散磨损、化学磨损和热电磨损等。但由于碳纤维硬度明显高于硬质合金中的黏结剂硬度，在切削过程中，工件已加工表面的碳纤维和切屑中的碳纤维分别通过两体和三体硬质点磨损的形式磨去硬质合金中的黏结剂。随着黏结剂不断被磨损去除，硬质合金中金属碳化物颗粒的裸露面积增加(图 5-1)，在切削动载荷作用下，裸露的碳化物颗粒由于所受黏结剂的作用减弱可能会被剥落，同时裸露的碳化物颗粒还可能产生裂纹从而导致断裂，从而被剥落下来。剥落的碳化物颗粒与切屑中的碳纤维共同作为硬质点夹杂在硬质合金刀具和 CFRP 工件表面之间，加剧刀具受到的三体硬质点磨损(图 5-2)，导致刀具切削性能迅速下降，难以正常使用。综上，硬质点磨损是切削 CFRP 时硬质合金刀具磨损的主要原因[2]。

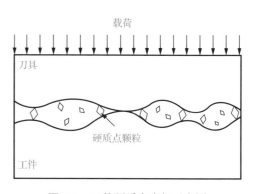

图 5-1　硬质合金刀具磨损后裸露的碳化物
　　　　 颗粒

图 5-2　三体硬质点磨损示意图

5.2 ▶ 切削 CFRP 时刀具磨损的形态及程度表征

5.2.1　刀具磨损形态

在切削过程中，刀具的前刀面、后刀面和切削刃都将与工件材料发生摩擦。随着摩擦距离的持续增加，刀具的这些部位将发生磨损。但由于刀具的前刀面、后刀面和切削刃与工件材料的接触状态不同，其各自的磨损程度往往也不相同。就铝合金等常见塑性金属而言，在其切削过程中，切屑会与刀具的前刀面发生剧烈摩擦，使得前刀面上的温度和所受压力大幅升高。这种环境下，前刀面上的刀具材料易发生失效而脱落，从而形成月牙洼磨损，如图 5-3 (a) 所示[3]。另外，由于切削刃并不是绝对锋利的，而存在一定的钝圆，工件的已加工表面易在切削刃离开后发生回弹，从而摩擦后刀面，引起后刀面磨损，如图 5-3 (b) 所示[3]。

(a) 月牙洼磨损　　　　　　　　　　　　(b) 后刀面磨损

图 5-3　切削金属时刀具的磨损形态[3]

　　而对于切削 CFRP 的刀具来说，其前刀面并无月牙洼出现，前刀面磨损程度相对较小；相比之下，其切削刃的磨损十分严重，如图 5-4 所示。这是由于 CFRP 塑性较差，在切削过程中很难形成像金属切屑一样的连续切屑，因此刀具前刀面所受到的摩擦作用较小；但如前所述，CFRP 中的高硬度碳纤维以及从硬质合金刀具表面剥落的金属碳化物颗粒，都会对刀具的切削刃产生严重的磨蚀作用，导致切削刃急剧磨损。与此同时，碳纤维和碳化物颗粒还会进入刀具后刀面与工件已加工表面的接触区内，造成刀具后刀面磨损。因此，与切削金属时不同，切削 CFRP 的刀具磨损主要发生在刀具切削刃和后刀面上。

图 5-4　切削 CFRP 时刀具的磨损形态

5.2.2　刀具磨损程度表征

随着切削距离的延长，刀具磨损程度将不断增加。当刀具磨损到一定限度后，将无法正常使用。因此，为保证生产过程正常进行，需掌握刀具的磨损规律，以便于及时更换无法正常使用的刀具。为分析刀具的磨损规律，首先需要对刀具的磨损程度进行定量表征。

对于切削金属的刀具而言，由于在一般情况下刀具的后刀面都会发生磨损，且后刀面的磨损程度便于测量，因此常以后刀面磨损程度作为表征刀具磨损程度的主要指标。而对于切削 CFRP 的刀具而言，刀具磨损的主要形式不仅包括后刀面磨损，还包括切削刃磨损。由于切削刃的锋利程度（即刀具钝圆尺寸）直接影响着纤维能否被有效切断，从而影响 CFRP 工件的加工质量，因此，为保证 CFRP 工件的加工质量，除需关注刀具后刀面的磨损程度外，还需重点关注切削刃的磨损程度。目前，用于表征 CFRP 切削刀具磨损程度的常用指标主要包括以下几种。

1. 后刀面磨损带宽度

切削 CFRP 时，在碳纤维和金属碳化物颗粒组成的硬质点的磨蚀作用下，刀具后刀面磨损通常十分严重。后刀面磨损程度可通过如图 5-5 所示的后刀面磨损带宽度（VB）来表征[2,4]。

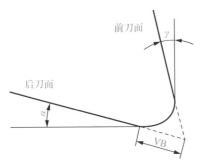

图 5-5　后刀面磨损带宽度（VB）的示意图[4]

2. 切削刃钝圆半径

在后刀面磨损的同时，刀具的切削刃也会在碳纤维和金属碳化物颗粒组成的硬质点的磨蚀作用下变钝，即切削刃发生磨损。切削刃的磨损程度一般通过切削刃钝圆半径来表征，如图 5-6 所示，以垂直于切削刃的刃口轮廓拟合圆弧半径（CER）作为磨损程度的量化值[5-7]。

3. 切削刃拟合曲线特征参量

除上述两种表征 CFRP 切削刀具磨损程度的指标外，根据刀具磨损后的形貌特征（图 5-7），切削刃刃口轮廓可近似为椭圆弧，其长轴与切削速度方向平行。此时，可采用切削刃拟合曲线特征参量，包括椭圆长半轴长度 l_α 和短半轴长度 l_γ，

磨损后的刀具前角 γ^* 和后角 α^*，以及回弹高度 b_c 来综合表征切削 CFRP 时的刀具磨损程度[8]。

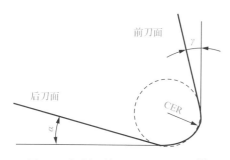 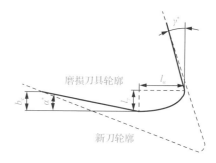

图 5-6 切削刃钝圆半径的示意图[5]　　图 5-7 切削刃拟合曲线特征参量表征
切削刃磨损的示意图[8]

4. 刀具磨损体积

此外，随着测量技术的不断发展，磨损体积也逐渐被应用于表征切削 CFRP 时的刀具磨损程度，如图 5-8 所示，采用磨损前后刀具体积之差，从三维层面上综合地反映出刀具的磨损程度[9]。

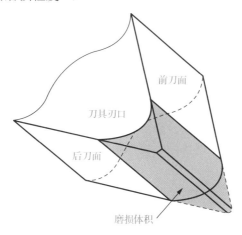

图 5-8　刀具磨损体积的示意图

上述这些指标都可用于定量表征 CFRP 切削刀具的磨损程度。相比之下，前两种指标测量较为简单，仍是目前研究刀具切削性能或实际生产中的常用方法；而后两种指标包含的信息量更大，能够更全面、更科学地呈现刀具的实际磨损程度，但需借助一定的专用测量设备才能获得。随着测量技术的快速发展，后两种方法将在未来的生产活动中拥有广阔的应用前景。

5.3 切削 CFRP 时刀具磨损的规律

本节将基于目前工程中最常使用的刀具磨损程度指标，即后刀面磨损带宽度和切削刃钝圆半径，分析切削 CFRP 时刀具的磨损规律，为实际生产中及时更换刀具提供参考。

对于 CFRP 而言，工程中最常采用的加工方式包括钻削和铣削。而无论对于钻削还是铣削，刀具都是在碳纤维和金属碳化物颗粒组成的硬质点的摩擦作用下发生磨损的，因此刀具磨损的总体规律是相似的。但相比之下，由于空间封闭，钻削过程中产生的热量更易发生累积，故通常情况下切削区温度更高[10]，使得刀具更易发生严重磨损。本章将以钻削为例，针对典型结构的钻削刀具，阐述其磨损规律。

一般而言，钻削刀具的主要结构包括横刃、主切削刃(对于阶梯或双顶角类型刀具具有多级主切削刃)、副切削刃三个部分。其中，横刃位于刀具的中心，钻削过程中，切削线速度较低，主要对 CFRP 产生推挤作用，切削作用较弱，因而横刃所受碳纤维和碳化物颗粒组成的硬质点的磨蚀作用较弱；相比之下，主切削刃的切削线速度较高，起到主要的切削作用，也受到较大切削动载荷作用，所受碳纤维和碳化物颗粒组成的硬质点的磨蚀作用剧烈，磨损往往十分严重；而对于副切削刃，由于大量材料已被主切削刃去除，其主要起到铰孔和修整孔壁的作用，所受切削动载荷较小，故相比之下磨损程度较小。因此，在钻削 CFRP 的过程中，一般情况下以主切削刃的磨损作为评判钻削刀具整体磨损的指标。本节将以应用于 CFRP 钻削的双顶角钻头为例，对直接决定终孔质量的第二主切削刃的磨损规律进行分析。

图 5-9 为切削刃轮廓及钝圆半径随制孔数量的变化过程。由图可知，新刀的主切削刃钝圆半径较小，随着制孔数量的增加，硬质点颗粒不断磨损主切削刃，导致切削刃逐渐变钝，切削刃钝圆半径增大(图 5-9(b) 中的 AB 段)。

然而当钝圆半径增加到一定程度后，钝圆半径呈现短暂的减小趋势，如图 5-9(b) BC 段所示，根据这一过程中对应的切削刃轮廓的变化(图 5-9(a))可知，钝圆半径的这一变化主要受到了后刀面磨损的影响。此过程中主切削刃附近的后刀面受到硬质点的磨蚀作用，导致切削刃刃口钝圆部分向前刀面移动，相当于对主切削刃刃口进行"重新刃磨"，因而钝圆半径减小。此外，由图 5-10 可知，后刀面磨损带宽度随钻削长度的增加不断增大，其变化速率呈现先增大后减小的趋势。

　　随着刀具磨损程度的持续增加，CFRP 的加工质量也将受到明显影响。前面已经提到，这种影响主要体现在切削刃钝化引起的刀具对纤维切断能力的变化。由于 CFRP 的材料性能各向异性，因此刀具对于不同角度纤维的切断能力受切削刃钝化的影响也是不同的。为具体描述该影响，通过激光共聚焦显微镜扫描孔壁形貌，针对典型纤维切削角所对应的孔壁区域，提取表面形貌轮廓，并计算轮廓内波峰值与波谷值之间的平均高度差，定义为未切断纤维高度，作为切削刃对该区域内纤维切削能力的表征。下面以 30°～45°、75°～90°、120°～170° 三个典型纤维切削角区域为例展开分析。

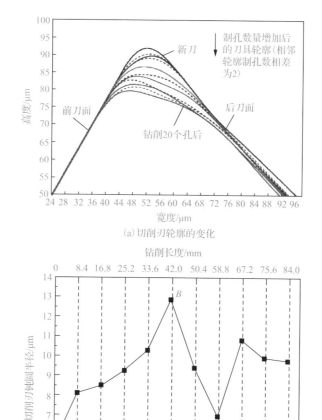

图 5-9　切削刃轮廓及钝圆半径随制孔数量的变化

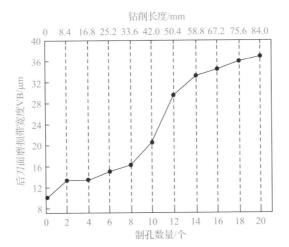

图 5-10　后刀面磨损带宽度随制孔数量的变化

　　图 5-11 为按上述方法得到的 30°～45°和 75°～90°纤维切削角范围内未切断纤维高度随制孔数量的变化。由第 2 章可知，当对这两个角度范围内的纤维进行切削时，纤维主要以"剪断"方式去除。此时，刀具越锋利，即切削刃钝圆半径值越小，纤维越容易被剪断。因此，在开始阶段（如图 5-11(a)和(b)中的 AB 段），随着制孔数量增加，切削刃钝圆半径不断增加，未切断纤维高度也增加，表明刀具对纤维的切断能力在下降（但图 5-11(a)和(b)中的第一个点为异常点，其可能受到切削刃微崩刃的影响）。而当钻削至一定数量的孔之后（如图 5-11(a)和(b)中的 BC 段），由前面分析可知，受后刀面累积磨损的影响，切削刃钝圆半径逐渐减小，其刃口相当于被"重新刃磨"而变得锋利，此时未切断纤维高度下降，表明刀具对纤维的切断能力在增强。而在图 5-11(a)和(b)中的 CD 段，受切削刃钝圆半径再次增大的影响，未切断纤维高度再次增加。综上可知，刀具磨损对 30°～45°和 75°～90°纤维切削角范围内纤维的去除效果有着十分显著的影响。

　　刀具对纤维切断能力的变化将直接引起 CFRP 加工质量的改变。以 90°纤维切削角所对应的孔壁区域为例，在开始阶段（图 5-12(a)），因刀具对纤维的切断能力强，孔壁区域无明显损伤形成；而当刀具切削刃磨钝后，因刀具对纤维的切断能力下降，孔壁区域在切削过程中受到刀具的强烈挤压作用，引起了裂纹的产生（图 5-12(b)）。该裂纹易引发应力集中，对 CFRP 构件的承载性能有着极大危害。

　　值得一提的是，尽管在钻削至一定数量的孔之后，刀具对纤维的切断能力再一次增强，但孔壁区域仍出现了裂纹（图 5-12(c)）。这是由于，此时刀具的后刀面已经严重磨损（如图 5-11(b)中的 CD 段），在与孔壁接触时，易与已加工表面之间发生剧烈摩擦，使表面变得更为粗糙，甚至会导致树脂受损，出现裂纹。而随着刀具磨损程度的进一步加剧，孔壁裂纹有可能会"消失"（图 5-12(d)）。这是由于此时刀具磨损已经较为严重，切削时会造成切削区温度大幅上升，使得树脂软化，涂覆在孔壁表面，遮掩住裂纹。

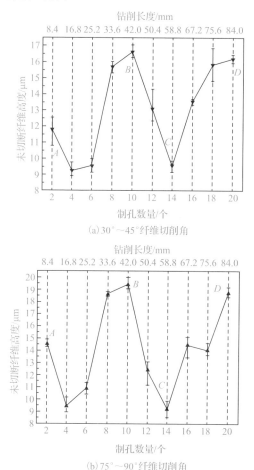

图 5-11　不同纤维切削角范围内的未切断纤维高度

另外，对于呈 120°～170°纤维切削角范围内的材料，在刀具未发生磨损时，加工出的孔壁表面仍较为平整，如图 5-13(a)所示，表明此时的加工损伤程度较小；而在刀具发生磨损后，孔壁表面观察到有明显的纤维拔出的凹坑，如图 5-13(b)所示。

综上分析可知，在切削 CFRP 的过程中，尽管刀具的切削刃在磨钝后会被"重新刃磨"而变得锋利，但由于后刀面的持续磨损，继续使用被"重新刃磨"后的刀具依然会导致加工损伤的形成(图 5-12 中)。可见，为保证 CFRP 的加工质量，应在后刀面发生快速磨损前及时地对刀具进行更换。因此，为了降低 CFRP 工件的加工成本，十分有必要对 CFRP 切削刀具的磨损进行有效抑制。

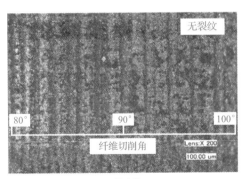
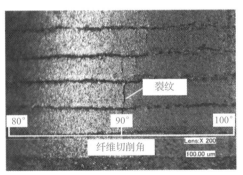

(a) 开始阶段　　　　　　　　　　　　　　(b) 切削刃变钝后

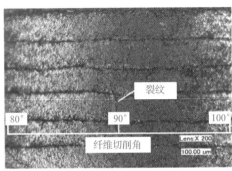
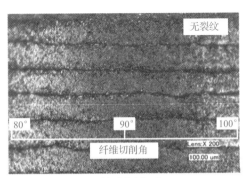

(c) 切削刃重新变锋利后　　　　　　　　　(d) 刀具严重磨损后

图 5-12　刀具在不同磨损阶段加工出的孔壁形貌

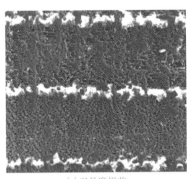
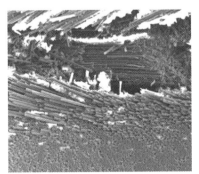

(a) 刀具磨损前　　　　　　　　　　　　　(b) 刀具磨损后

图 5-13　呈 150° 纤维切削角附近的孔壁形貌

5.4　切削 CFRP 时刀具磨损的抑制方法

如前所述，切削 CFRP 时刀具磨损的主要成因在于碳纤维和金属碳化物颗粒组成的硬质点的摩擦作用。因此，抑制 CFRP 切削刀具磨损的思路主要有两种：一是通过使用辅助工艺对切削区进行润滑冷却，以减小刀具与硬质点之间的摩擦；二是从刀具本身入手，通过添加涂层来提升刀具本身的耐磨性。本节将分别从这两个方面，针对典型的刀具磨损抑制方法进行介绍。

5.4.1　局部润滑冷却抑制刀具磨损

就金属的切削过程而言，最常用的润滑冷却方式是向切削区喷射大量的切削液。这些切削液一来可以对刀具与工件的接触区域起到润滑的作用；二来可以降低切削区温度，并及时地带走切屑，这对于降低金属切削刀具的磨损是十分有利的。但就 CFRP 而言，因其本身具有吸湿性，若在切削 CFRP 时喷射大量切削液，可能会影响其后续的服役性能。因此，为对 CFRP 的切削过程进行合理的润滑冷却，必须严格控制切削液用量，以降低对 CFRP 工件性能的影响。

微量润滑（minimal quantity lubrication，MQL）工艺正是一种通过使用少量润滑冷却液（一般仅为 0.02～0.2L/h）实现刀-工接触区域润滑冷却的工艺。该工艺可通过刀具内冷孔向切削区高压喷射少量油基或油水混合基的润滑冷却液，形成油雾，一方面，能够润滑刀-工接触区域；另一方面，由于油雾中的微小液滴的表面积与体积比很大，蒸发速度很快，加之其在高压作用下具有很大的冲击力，有利于及时带走切屑，故而还能够对切削区起到快速降温的作用，这两个方面都有利于降低 CFRP 切削刀具的磨损。

然而，由于微量润滑工艺使用的润滑冷却液量很少，为保证对刀具磨损的抑制效果，需合理选择润滑冷却液的喷射位置。一般而言，该喷射位置主要由刀具内冷孔的开设位置决定[11,12]。因此，合理选择刀具内冷孔的开设位置是至关重要的。本节将以双顶角钻头为例，通过对比分析刀具在不同位置开设内冷孔时微量润滑工艺对刀具磨损的抑制效果，确定出开设内冷孔的推荐位置，并由此提出一种能够有效降低 CFRP 切削刀具磨损的局部润滑冷却工艺。

就双顶角钻头而言，磨损最为严重的区域是对 CFRP 工件材料起主要去除作用的第二主切削刃。因此，为有效地对刀具磨损进行抑制，需重点对刀具的第二主切削刃进行润滑冷却。但由于第二主切削刃具有一定的长度，在其不同位置处喷射油雾时所产生的效果也是不同的。为确定适宜的喷射位置，分别在第二主切削刃前端开孔润滑冷却（使用图 5-14 中的#1 钻头）、在第二主切削刃末端开孔润滑冷却（使用图 5-14 中的#2 钻头）以及不采用润滑冷却（即干式切削，使用图 5-14 中的#3 钻头）的条件下对 CFRP 进行钻削加工，测得切削刃钝圆半径和后刀面磨损带宽度随制孔数量的变化曲线，如图 5-15 所示。

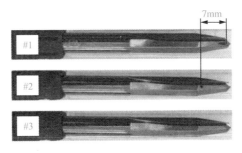

图 5-14　在不同位置开设内冷孔的刀具以及无内冷孔的刀具

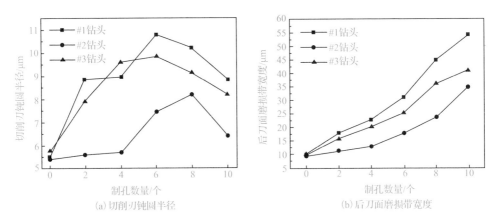

(a) 切削刃钝圆半径　　　　　　　　　(b) 后刀面磨损带宽度

图 5-15　不同润滑冷却条件下钻削 CFRP 时的刀具磨损对比

由该结果可以看出，相比于干式切削以及在第二主切削刃前端开孔进行润滑冷却，在第二主切削刃末端开孔进行润滑冷却时，刀具的切削刃钝圆半径和后刀面磨损带宽度都明显较小。特别是在刀具磨损的初期，在第二主切削刃末端进行润滑冷却时，刀具切削刃的钝化速度明显较低，表明该种润滑冷却方式更有利于抑制 CFRP 切削刀具的磨损。

不同润滑冷却条件下加工出孔的质量对比情况如图 5-16 和表 5-1 所示。从该结果可以看出，当在第二主切削刃末端开孔进行润滑冷却时，加工出孔的孔壁质量和出口质量相比之下都是最优的。而若在第二主切削刃前端进行润滑冷却，所加工孔的孔壁质量与采用干式切削时相比提升效果不明显，出口质量甚至比干式切削时更差。这是由于当在第二主切削刃前端开孔进行润滑冷却时，从刀具内冷孔喷射出的油雾会在高压空气的作用下被直接向出口方向喷射，引起轴向力的增加，从而加剧了毛刺和分层损伤。

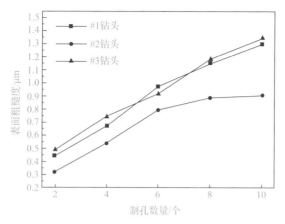

图 5-16　不同位置润滑冷却时的孔壁表面粗糙度对比

表 5-1　不同位置润滑冷却时的制孔出口质量对比

孔序号	第二主切削刃前端润滑冷却	第二主切削刃末端润滑冷却	无润滑冷却
2			
4			
6			
8			

续表

孔序号	第二主切削刃前端润滑冷却	第二主切削刃末端润滑冷却	无润滑冷却
10	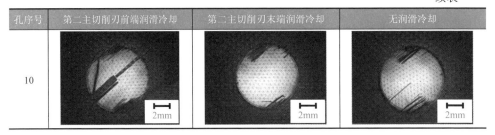		

综上，通过对比在不同润滑冷却条件下切削 CFRP 时的刀具磨损情况和加工质量情况，可以看出，对刀具第二主切削刃末端开孔进行局部润滑冷却可有效抑制 CFRP 切削刀具磨损，并改善加工质量。

5.4.2 涂层抑制刀具磨损

除通过润滑冷却改善刀具切削条件外，提升刀具本身的耐磨性也是抑制刀具磨损的重要途径。涂层是提升硬质合金刀具耐磨性的有效方法。随着刀具涂层技术的不断发展，刀具涂层材料的种类日益增加。刀具涂层材料性能各异，适用于不同的加工对象。为有效地抑制刀具磨损，需针对具体加工对象，选择合适的刀具涂层材料。

就 CFRP 的切削过程而言，在碳纤维和碳化物组成的硬质点的剧烈磨蚀作用下，刀具磨损十分严重，因此为有效抑制刀具磨损，需选用高耐磨性的刀具涂层材料。本节将针对此类涂层的典型代表，包括氮铬化铝（AlCrN）、氮硅铝钛（TiAlSiN）以及金刚石涂层，通过对比分析上述涂层材料对刀具磨损的抑制效果，给出 CFRP 切削刀具的推荐涂层材料，以更好地抑制 CFRP 切削刀具磨损。

以普通麻花钻为例，使用经上述材料涂层的刀具加工一定数量的 CFRP 孔之后，刀具的刃口形貌如表 5-2 所示。从这些对比结果可以看出，在加工完一定数量的 CFRP 孔之后，TiAlSiN 涂层刀具刃口处的涂层已被大范围磨掉，使得刀具基体材料裸露在外，涂层材料与刀具基体材料之间的分界线明显。在硬质点颗粒的剧烈摩擦作用下，刃口表面已可见清晰的划痕，表明刀具基体材料已发生了一定程度的损坏。相比之下，AlCrN 涂层刀具的磨损程度明显较小，但其刃口处仍有大量涂层材料脱落，并出现了凹坑。而金刚石涂层刀具的涂层在加工一定数量的 CFRP 孔之后仍较为完整，尚无裸露在外的刀具基体材料出现，表明金刚石涂层刀具的磨损程度很小，金刚石涂层刀具的切削刃轮廓在切削 CFRP 的过程中能够保持稳定，如图 5-17（d）所示。而在使用经 AlCrN 或 TiAlSiN 涂层的刀具切削 CFRP 时，由图 5-17(b) 和 (c) 可知，刀具仍会发生严重的磨损，与未涂层刀具的磨损程度(图 5-17(a))相当。

表 5-2　不同涂层的钻削刀具钻削一定数量的 CFRP 孔后的刃口形貌

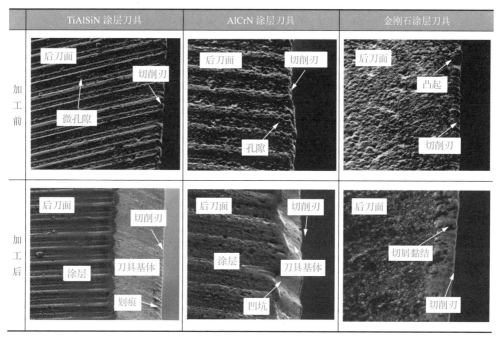

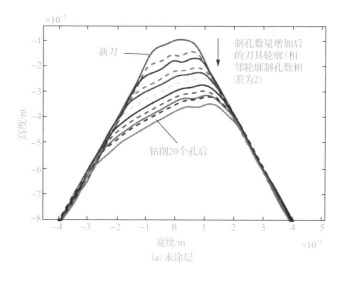

(a) 未涂层

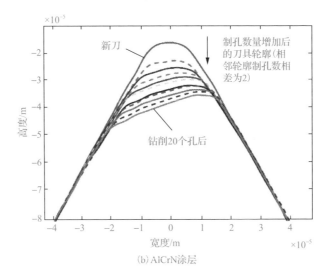

(b) AlCrN涂层

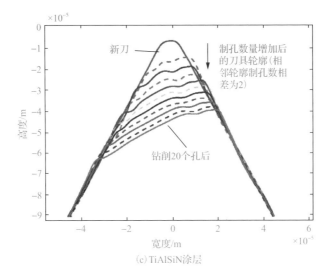

(c) TiAlSiN涂层

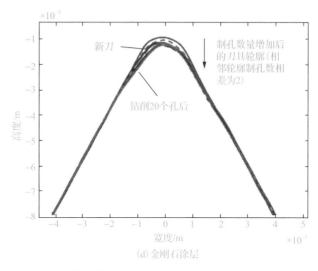

(d) 金刚石涂层

图 5-17　涂层与未涂层刀具钻削 CFRP 的切削刃轮廓曲线变化

　　综上，在 CFRP 切削刀具的表面增加金刚石涂层，也是一种抑制 CFRP 切削刀具磨损的有效方法。

5.5　本章小结

　　针对切削 CFRP 过程中刀具易发生磨损的问题，本章首先基于 CFRP 的切削特点，分析出硬质点磨损是切削 CFRP 时刀具磨损的主要原因；在此基础上，介绍了 CFRP 切削刀具在发生硬质点磨损后的磨损形态，以及 4 种表征刀具磨损程度的方法；进而分析了 CFRP 切削过程中刀具磨损的规律；最后介绍了局部润滑冷却和刀具涂层两种 CFRP 切削刀具磨损抑制方法，为抑制 CFRP 切削刀具的磨损提供了参考。

参 考 文 献

[1] JAVIER T J. Analysis of tool wear after machining of fibre reinforced polymers [D]. Vienna: Vienna University of Technology, 2012.

[2] RAWAT S, ATTIA H. Wear mechanisms and tool life management of WC-Co drills during dry high speed drilling of woven carbon fibre composites[J]. Wear, 2009, 267(5-8): 1022-1030.

[3] HOIER P, MALAKIZADI A, STUPPA P, et al. Microstructural characteristics of Alloy 718 and Waspaloy and their influence on flank wear during turning[J]. Wear, 2018, 400/401: 184-193.

[4] WANG F J, QIAN B W, JIA Z Y, et al. Secondary cutting edge wear of one-shot drill bit in drilling CFRP and its impact on hole quality[J]. Composite structures, 2017, 178: 341-352.

[5] FARAZ A, BIERMANN D, WEINERT K. Cutting edge rounding: an innovative tool wear criterion in drilling CFRP composite laminates[J]. International journal of machine tools and manufacture, 2009, 49(15): 1185-1196.

[6] 大连理工大学. 一种切削刃钝圆半径计算的数据选取方法: 中国, 201610008899.0[P]. 2017-11-10.

[7] 大连理工大学. 一种刀具切削刃磨损检测夹具: 中国, 201910351991.0[P]. 2020-04-07.

[8] VOSS R, SEEHOLZER L, KUSTER F, et al. Analytical force model for orthogonal machining of unidirectional carbon fibre reinforced polymers (CFRP) as a function of the fibre orientation[J]. Journal of materials processing technology, 2019, 263: 440-469.

[9] WANG X, KWON P Y, STURTEVANT C, et al. Tool wear of coated drills in drilling CFRP[J]. Journal of manufacturing processes, 2013, 15(1): 127-135.

[10] FU R, JIA Z Y, WANG F J, et al. Drill-exit temperature characteristics in drilling of UD and MD CFRP composites based on infrared thermography[J]. International journal of machine tools and manufacture, 2018, 135: 24-37.

[11] 大连理工大学. 抑制复材制孔时刀具磨损的侧向内冷孔设计方法: 中国, 201710305853.X[P]. 2018-11-09.

[12] 大连理工大学. 纤维增强复合材料制孔刀具的内冷孔改向工艺方法: 中国, 201710663779.9[P]. 2019-04-16.

第6章

CFRP 低损伤切削加工工艺

切削加工工艺是指通过刀具将工件上的多余材料去除，获得所要求的几何形状、尺寸精度和表面质量的方法和过程。这也就是说，切削加工工艺会对材料的去除过程产生直接影响。就切削 CFRP 而言，由前述章节可知，材料去除过程的变化将引起加工损伤程度的改变。因此，制定合理的加工工艺对于降低 CFRP 零件的加工损伤有着重要的意义。

工程中 CFRP 零件常采用的加工方式主要包括钻削和铣削。对于钻削而言，出口处材料的弱约束状态使 CFRP 工件在加工中极易产生毛刺、撕裂等损伤，且切削热积累导致的切削区温度升高还易使此类损伤程度加剧。针对这一问题，第 4 章中介绍了微齿钻削刀具结构的设计方法，旨在通过增强出口处材料的约束作用来降低损伤；此外，第 5 章中还介绍了局部润滑冷却方法，旨在通过润滑刀具表面，并降低切削区温度，实现在减小刀具磨损的同时降低 CFRP 加工损伤。这些方法经实践检验，都具有很好的损伤抑制效果，表明增强出口处材料所受约束，以及降低切削区温度对于改善 CFRP 工件的钻削质量是十分必要的。6.1 节将依据这一思想，对先进的 CFRP 钻削工艺进行介绍，并提出一种既能增强出口处材料所受约束，又能降低切削区温度的逆向冷却工艺。

对于铣削而言，尽管刀具不存在沿轴向的进给运动，且切削区温度通常低于钻削，但因 CFRP 工件的上、下表层所受的约束作用较弱，在铣削过程中也易产生明显的损伤。针对这一问题，第 4 章中介绍了左、右螺旋刃微齿铣刀的结构优化设计方法，旨在通过改变表层纤维的切削状态，抑制表层纤维的面外弯曲变形，进而抑制损伤。但铣削中的损伤形成过程不仅与刀具结构相关，还与进给量、主轴转速、径向切深、CFRP 工件表层纤维角以及顺/逆铣方式等多个工艺参数有关，故而制定合理的铣削加工工艺对于改善 CFRP 工件的铣削质量也是十分关键的。6.2 节将通过分析铣削工艺参数对 CFRP 铣削材料去除及损伤形成过程的影响，提出一种 CFRP 铣削工艺参数的优选方法，为实现 CFRP 工件的高质铣削加工提供参考。

6.1　CFRP 低损伤钻削工艺

CFRP 钻削出口损伤的形成与出口处材料的弱约束状态以及切削区高温直接相关。因此，从总体上看，抑制 CFRP 钻削损伤的工艺通常以避免出口处材料的弱约束切削或降低切削区温度为目标。具体而言，对于前者，目前主要采用的方式包括优化钻削工艺参数(进给量和主轴转速)，以及在出口处添加支撑装置等；对于后者，主要采用的方式为对切削区施加冷却，如第 5 章中所介绍的微量润滑工艺等。此外，还有一些新型的 CFRP 低损伤钻削工艺，能够兼顾上述两个方面，从而有利于进一步提升 CFRP 工件的钻削质量。

6.1.1　基于工艺参数优化的低损伤钻削工艺

钻削工艺参数主要包括进给量和主轴转速。其中，进给量决定了刀具沿轴向的运动速度大小，进而影响钻削轴向力。就钻削 CFRP 而言，一般情况下，可近似认为钻削轴向力与进给量之间呈线性正相关关系[1]。例如，使用直径为 7mm 的硬质合金麻花钻对厚度为 8.6mm 的准各向同性铺层 CFRP 工件进行钻削时，轴向力与进给量之间呈现出如图 6-1 所示的线性正相关关系。

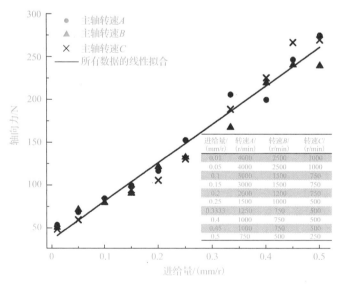

图 6-1　轴向力大小与进给量之间的关系

由第 4 章可知，在钻削 CFRP 的过程中，过大的轴向力易引起加工损伤。因此，为减少损伤、提高 CFRP 工件的钻削质量，在钻削 CFRP 时通常推荐使用较小的进给量。然而，如果进给量过小，则一方面会导致制孔效率降低，另一方面会因刀具与 CFRP 工件的接触时间增加而造成切削区温度升高，从而加剧刀具磨损，因此也不宜选用过小的进给量。

目前，针对钻削 CFRP 时如何合理选择进给量的问题，主要有两种方案：一种是选择适中的进给量，既可保证损伤抑制效果，又可保证制孔效率，一般而言，进给量优化选择区间为 0.01~0.05mm/r[2]；另一种是采用"变进给"的钻削工艺，即将整个钻削过程划分为多个区段，在开始阶段采用高速进给以保证制孔效率，同时减少刀具与工件的接触时间；而在邻近钻削出口的位置则采用低速进给，旨在降低轴向力进而减少加工损伤。以图 6-2 所示的 CFRP 钻削过程为例[3]，一开始采用很大的进给量(0.3mm/r)，实现对材料的快速去除；而在邻近钻削出口时，逐渐降低进给量直至 0.03mm/r，避免因轴向力过大而产生钻削损伤。

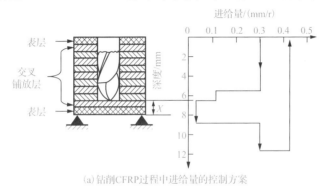

(a) 钻削CFRP过程中进给量的控制方案

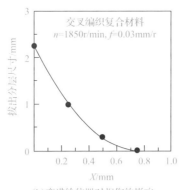

(b) 变进给位置对损伤的影响

图 6-2　变进给钻削工艺示意图和此工艺对损伤的影响[3]

由图 6-2(b) 还可知，在使用变进给钻削工艺的过程中，变进给位置的选择对 CFRP 工件的钻削质量有着直接的影响。因此，在提高钻削效率的同时，要减小钻削损伤，需对变进给位置进行优化选择。这通常需要基于工件的力学性能、几何特征以及装夹方式等信息，通过大量计算或数值模拟来实现，不仅过程烦琐，且往往只适用于单一工况，存在适用性较差的问题。为解决这一问题，可采用智能化控制系统实现钻削 CFRP 过程中进给量的自动调节。以图 6-3 所示的智能化控制系统为例[4]，该系统通过对钻削过程中的切削力信号、声发射信号、振动信号等进行实时采集和监测，判断微裂纹产生的起始时刻；一旦发现有微裂纹产生，通过反馈回路立刻对进给量进行调整，以避免微裂纹进一步演变为钻削损伤。

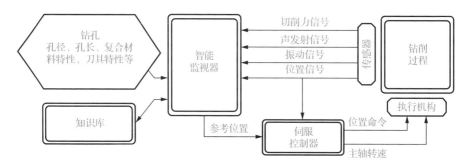

图 6-3　自动调节进给量的智能化钻削控制流程[4]

除进给量外，切削速度对 CFRP 钻削损伤的形成也有着直接的影响。研究表明，在相同进给量下，若切削速度过高，则会引起切削区温度明显升高，造成树脂强度和模量下降，进而引起出口处材料所受的约束作用进一步减弱，不利于抑制加工损伤；而若切削速度过低，刀具对纤维的切断作用会明显减弱，这种情况下，刀具对纤维的推挤作用会显著增强，由第 2 章可知，这同样不利于加工损伤的抑制。因此，在钻削 CFRP 时，主轴转速一般较高，即刀具的最大切削速度较高，例如，在使用硬质合金刀具钻削 T800 级 CFRP 工件时，切削速度一般应高于 75m/min。

6.1.2　强化出口侧支撑的低损伤钻削工艺

除优化钻削工艺参数外，强化出口侧支撑也是避免出口处材料弱约束切削的有效途径。其中，在 CFRP 工件下方添加支撑装置，是强化出口侧支撑最为直接有效的方式。对于平板型 CFRP 工件，如图 6-4 所示，常用的支撑装置包括两种[5,6]：其一是被动式支撑装置（图 6-4(a)），其二是主动式支撑装置（图 6-4(b)）。被动式支撑装置通常采用空心结构，即在刀具钻出位置留出一定的空间，以免刀具触碰到装置体。但所留出空间的径向尺寸不能超出孔径太多，否则支撑装置所带来的效果将大幅减弱。而主动式支撑装置则可以很好地回避这一问题，这是由于该类装置的支撑头正对刀具轴线，所提供的支撑载荷可以更好地平衡刀具进给时所产生的轴向力，能够较好地抑制损伤[7]。但无论采用上述何种支撑装置，都要求在 CFRP 工件下方留有充足的空间摆放和固定支撑装置。因此，该工艺目前多用于小型件人工加工，一般很少用于大尺寸 CFRP 工件的在位自动化加工。

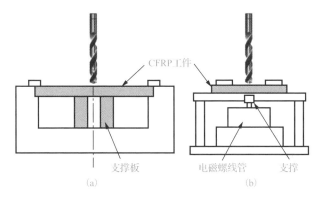

图 6-4　平板型 CFRP 工件的两类支撑装置[5-7]

对于具有特殊结构的 CFRP 工件，还可采用更为灵活、适应性更强的支撑方法。以图 6-5 所示的管状 CFRP 工件为例[8]，为强化其管壁所受支撑，可先向管内注入纯净水，并将管口密封；再将注水后的工件放入冰柜中冷冻，使其完全结冰；由于水结冰时体积膨胀，管壁因此而受到支撑。经对比，采用该种方法可使得管壁钻削损伤平均降低40%。该方法还可推广应用至具有其他特殊结构CFRP工件。

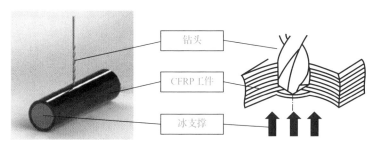

图 6-5　钻削管状 CFRP 工件的结冰内胀式支撑方法[8]

6.1.3　降低切削区温度的低损伤钻削工艺

过高的切削区温度无论对于抑制 CFRP 钻削损伤，还是减小 CFRP 切削刀具磨损都是十分不利的。因此，降低钻削 CFRP 过程中的切削区温度是十分必要的。常用于降低钻削过程中切削区温度的方法主要包括降低切削速度以及施加冷却。

然而前面已指出，为保证纤维的去除效果，切削速度一般选择得较高，因此钻削 CFRP 过程中不宜采用降低切削速度的方式来降低切削区温度。于是，冷却工艺已被较为广泛地应用于 CFRP 的钻削加工。但如第 5 章中所述，由于 CFRP 本身具有吸湿性，若沿用传统冷却方法，即通过喷射大量切削液降低钻削 CFRP 过程中的切削区温度，则易对 CFRP 工件的性能带来十分不利的影响。因此，在对 CFRP 的钻削过程进行冷却时，通常采用微量润滑及气体冷却的方式，具体包括以下几种。

1. 微量润滑

微量润滑工艺通常是指将高压气体与少量润滑油（一般仅为 0.02～0.2L/h）混合汽化后形成油雾，将其高压喷射至切削区，以实现切削区润滑冷却的工艺。

典型的微量润滑工艺系统如图 6-6 所示[9-11]。该系统运行时，首先由微量润滑系统以一定流量（通常为数十毫升每小时）输出润滑油；再通过泵入高压气体（空气、氮气、二氧化碳等），使输出的润滑油雾化，形成直径为 1～3μm 的小液滴；最后将油雾通入刀具内部，并经刀具内冷孔排出，使得这些小液滴能够在高压气体的推动作用下到达切削区，一方面润滑刀具与工件的接触表面，另一方面带走切屑和热量，起到降低切削区温度的作用。

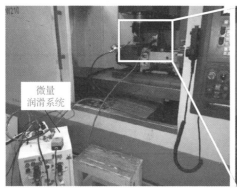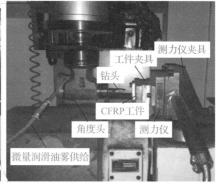

图 6-6　典型的微量润滑工艺系统

将微量润滑工艺应用于钻削 CFRP 过程的优势在于，仅用很少量的切削液即可实现对切削区的润滑冷却。其中，润滑作用有效地减小了碳纤维和切屑等硬质点颗粒对刀具的摩擦，从根本上降低了刀具的磨损；而微米级小液滴快速蒸发所带来的冷却效果，又可以降低切削区温度，有利于进一步降低刀具磨损，并减小 CFRP 工件的加工损伤。此外，使用该工艺时无须专门收集和排放废液，符合国家提倡的节能、降耗、减排的要求，因此该工艺是一种符合绿色制造总体要求的 CFRP 低损伤钻削工艺，具有较好的应用前景。

2. 液氮冷却

液氮也是一种可用于 CFRP 钻削加工过程的冷却剂。由于液氮温度很低，其在发生汽化时将带走大量热量，因此向切削区喷射液氮是一种有效的降温方法。

液氮冷却工艺可通过两种方式实施：第一种将液氮通过刀具内冷孔喷射至切削区，如图 6-7(a)所示[12]；第二种则是通过外部喷嘴喷射液氮，如图 6-7(b)所示[13]。

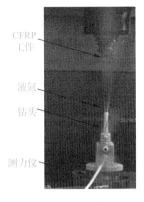
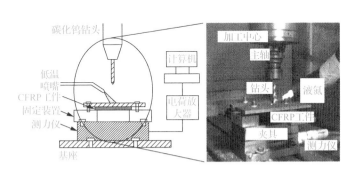

(a)内冷式喷射[12]　　　　　　　　　　(b)外部喷射[13]

图 6-7　液氮冷却工艺的两种实施方式

无论采用上述哪种方式，液氮冷却工艺都能够大幅降低切削区温度。由第 1 章可知，这能够提升树脂的强度和模量，从而加强出口处纤维所受的约束作用，有利于提升 CFRP 制孔质量。但若切削区温度过低，树脂则将表现出一定的脆性，易在刀具作用下发生脆性开裂，诱发出口撕裂等损伤，这对于提升 CFRP 制孔质量也是不利的。因此，在使用液氮冷却工艺时，需注意控制液氮的用量，避免使切削区温度过低。对于 T800 级 CFRP 而言，适宜的切削区温度为-10~25℃。

3. 空气冷却

除使用润滑油和液氮外，向切削区喷射低温空气也可以有效降低切削区温度。空气冷却工艺的优势在于可以就地取材，因此成本一般较为低廉，而且实施起来也比较方便。

典型的空气冷却工艺装置如图 6-8 所示[14]。该装置首先利用涡流管对空气进行制冷，得到冷却空气；再由喷嘴将冷却空气喷射至刀具附近，起到降温和吹走切屑的作用。该工艺既能够有效地降低切削区温度，又不至于造成温度过低，目前已在 CFRP 的钻削加工中得到了应用。近期，该工艺又得到了进一步的发展，具体细节将在 6.1.5 节中具体介绍。

图 6-8　典型的空气冷却工艺装置[14]

6.1.4　振动辅助式低损伤钻削工艺

振动辅助式钻削工艺是指通过对钻削刀具施加轴向振动，实现对工件材料间歇式去除的新型钻削工艺。

振动辅助式钻削工艺的原理如图 6-9 所示[7]。刀具在机械/压电式振荡器的作用下产生振动，且振幅大于刀具单位时间内的轴向进给，从而实现在每个振动周期内，刀具均对工件材料产生间歇式去除的效果。相比于刀具对工件材料进行连续去除的传统钻削工艺，间歇式去除既降低了最大轴向力，又促进了切屑的排出，因此十分有利于改善 CFRP 工件的钻削质量，这也是振动辅助式钻削工艺最主要的优势。

在应用振动辅助式钻削工艺时，可采用普通麻花钻、双顶角钻等实心钻削刀具，也可采用金刚石套料钻等具有"以磨代钻"功能的中空式钻削刀具。相比之下，后者更利于改善 CFRP 工件的钻削质量。这是由于（图 6-10[15]）使用该类刀具可避免横刃对 CFRP 工件的挤压，从而有利于减小轴向力；同时，刀具的中空结构还便于施加冷却，这对于改善 CFRP 工件的钻削质量也是十分必要的。

鉴于上述优势，金刚石套料钻正被越来越多地应用于 CFRP 振动辅助式钻削工艺。近期，该工艺又得到了进一步的发展，形成了旋转超声椭圆加工工艺。该工艺的原理图如图 6-11 所示，即在使用金刚石套料钻加工 CFRP 的过程中，除施加沿刀具轴向的振动外，还施加沿刀具径向的振动(振幅通常为 2~10μm)。这能够进一步促进散热和排屑，从而更有效地降低了钻削损伤和刀具磨损。总体来说，这类振动辅助式钻削工艺在 CFRP 工件的钻削加工中具有一定的应用前景。

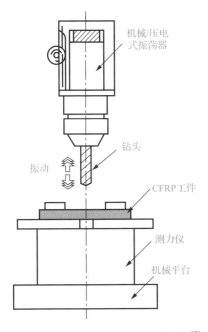

图 6-9　振动辅助式钻削工艺原理图[7]

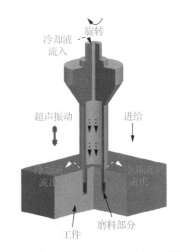

图 6-10　使用金刚石套料钻的振动辅助式
钻削工艺原理图[15]

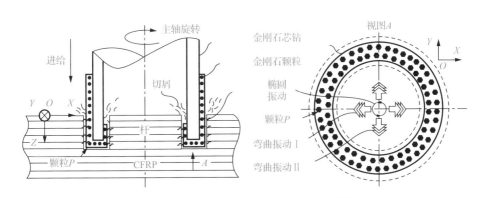

图 6-11　旋转超声椭圆加工工艺原理图[16]

6.1.5　逆向冷却低损伤钻削工艺

除上述传统冷却工艺外，大连理工大学的学者[17-20]在钻削 CFRP 时，还提出了逆向冷却的新式工艺。这种工艺是指在钻削 CFRP 的过程中，通过沿刀具进给方向的反方向吸入低温空气，实现切削区冷却以及出口侧支撑强化的低损伤钻削工艺。该工艺属前述空气冷却工艺的一种，具有成本低、使用方便等优势；但与常规空气冷却工艺的不同之处在于，如图 6-12 所示，逆向冷却工艺中的冷却气流流向与刀具进给方向相反。在这种情况下，冷却气流将对出口处材料施加一个与刀具进给方向相反的作用力，使得出口处材料受到一种无接触的支撑作用，从而改善了出口处材料的弱约束切削状态。由第 4 章可知，这有利于改善 CFRP 工件的钻削质量。

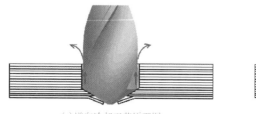

(a) 逆向冷却工艺原理图　　　　　　　　(b) 常规空气冷却工艺原理图

图 6-12　逆向冷却工艺与常规空气冷却工艺的原理对比

这一起到关键性作用的逆向冷却气流需借助专用的工艺装置来施加[21,22]，具体的原理如图 6-13(a) 所示：在密封环的密封作用下，负压罩和 CFRP 工件之间会形成一个密封腔，该密封腔经吸尘管与吸力可调的吸尘器相连。在吸尘器开启状态下，密封腔内将形成负压环境。在钻削 CFRP 的过程中，当刀尖刺穿 CFRP 工件表面时，密封腔将与外界相通。此时，由外向内的气流(即逆向冷却气流)会在密封腔内外气压差的作用下生成。典型的逆向冷却工艺装置如图 6-13(b) 所示，下面将基于该工艺装置，以使用直径为 8mm 的双顶角钻，钻削厚度为 4.3mm 的准各向同性铺层 CFRP 工件为例，具体说明逆向冷却工艺在降低切削区温度、改善 CFRP 工件钻削质量方面的应用效果。

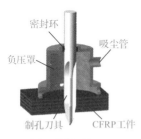

(a) 工艺装置原理图　　　　　(b) 典型的逆向冷却工艺装置实物图

图 6-13　逆向冷却工艺装置的原理图和实物图

图 6-14 为使用逆向冷却工艺前后切削区温度分布的对比结果。由该结果可知，使用逆向冷却工艺可显著降低切削区温度：平均温度降幅超过 40℃，最高温度下降了 64℃左右。对于公称孔径附近区域，干式钻削时，最高温度已超过常规

树脂的玻璃转化温度(约 165℃)。这会造成树脂的强度和模量下降，导致纤维因所受到的约束作用下降而难以被有效去除，极易诱发加工损伤。而若在钻削过程中采用逆向冷却工艺，公称孔径附近区域的温度则会降至 120℃左右。由于该温度明显低于树脂的玻璃转化温度，在这种情况下树脂不易发生玻璃转化，这将有利于该区域内的材料被有效去除。又由于公称孔径附近区域材料的去除效果往往对终孔质量有着直接决定作用，因此，使用逆向冷却工艺能够有效地改善 CFRP 工件的钻削质量，如表 6-1 所示。

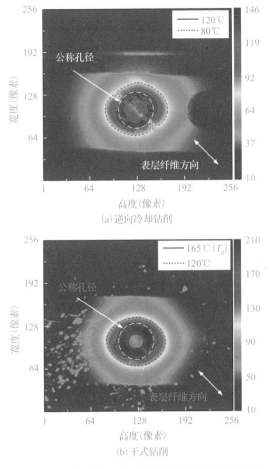

图 6-14　逆向冷却工艺对切削区温度的降低效果

表 6-1 逆向冷却工艺对 **CFRP** 钻削质量的改善效果

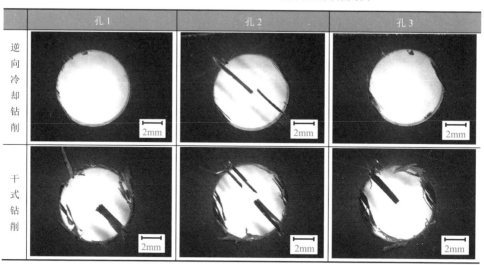

CFRP 逆向冷却低损伤钻削工艺以有效、易行、适应性强等优势，已被多家大型企业应用于实际生产。例如，采用第 4 章中所介绍的微齿小顶角钻，结合逆向冷却工艺，对某 CFRP 实验件进行钻削加工，效果如图 6-15 所示。应用效果表明，使用具有微齿结构的钻削刀具和逆向冷却工艺，对于改善 CFRP 钻削质量是非常有效的。

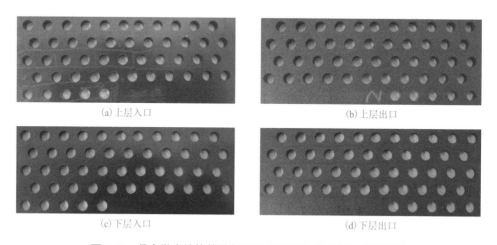

图 6-15 具有微齿结构的钻削刀具和逆向冷却工艺的应用效果

6.2　CFRP 低损伤铣削工艺

在铣削 CFRP 的过程中，刀具在高速旋转的同时，将沿垂直于刀具轴线的方向连续进给。随着刀具的进给，各切削刃对工件材料进行间歇式去除。CFRP 工件上一点处的材料在铣削过程中会被多次去除，且每次去除时的切深和纤维切削角都是不同的。而由第 2、3 章可知，切深和纤维切削角直接影响着纤维断裂位置和基体开裂深度，因此，每次去除过程中所产生的损伤程度也是不同的。此外，由于材料被多次去除，在某次去除过程中所产生的损伤还可能会受到后续去除过程的影响。可见，在铣削 CFRP 的过程中，加工损伤的形成与材料去除过程紧密相关。因此，为有效减小损伤，进而改善 CFRP 工件的铣削质量，合理控制材料去除过程是十分必要的。

制定合适的铣削工艺是合理控制铣削过程中材料去除过程的根本途径之一。但与钻削不同的是，制定铣削工艺时不仅需选择合适的进给量和主轴转速，还需根据所用刀具直径、所加工 CFRP 工件的表层纤维方向，对径向切深和顺/逆铣方式进行优化选择。因此，相比于钻削，制定 CFRP 铣削工艺更为复杂。针对这一问题，本节将通过建立铣削 CFRP 过程中工艺参数与铣削材料去除过程之间的关系，以及铣削材料去除过程与铣削损伤形成之间的关系，阐述各工艺参数对 CFRP 铣削损伤形成的影响，并以此为基础，介绍一种能够有效抑制铣削损伤的工艺参数优选方法。

6.2.1　铣削工艺参数对 CFRP 去除过程的影响

依据微积分的思想，铣削过程的每一瞬时都可看作直角(或斜角)切削过程，而整个铣削过程可看作无数多个直角(或斜角)切削过程的叠加[23]。因此，可通过分析各瞬时切削过程中的材料去除过程，对整个铣削过程进行分析。

通常而言，决定直角(或斜角)切削过程的工艺参数主要包括切深和切削速度。但对于切削 CFRP 来说，还需特别考虑纤维切削角的大小。下面将以逆铣为例，通过建立铣削 CFRP 过程中工艺参数与任一瞬时纤维切削角、切深和切削速度之间的关系，分析不同铣削工艺参数下 CFRP 工件的材料去除过程。

由于铣削刀具切削刃的圆周运动线速度往往远大于其直线进给速度，刀具对 CFRP 工件的连续切削运动轨迹可简化为如图 6-16 中所示的一系列圆弧[24]。在这一假设下，整个铣削过程中每一瞬时的切削速度大小都可简化为一个恒定值：

$$v=\frac{\pi DN}{60} \tag{6-1}$$

式中，D 表示刀具直径；N 表示主轴转速。由此，可进一步假设：在铣削过程中，切削刃将对 CFRP 工件材料进行周期性去除。正如图 6-16 所示，当切削刃沿轨迹 I、II、III、IV、V 依次对材料进行去除时，位于 AB 区间、BC 区间、CD 区间内的材料具有相同的去除过程。下面将以 AB 区间内的材料去除过程为例做进一步分析。

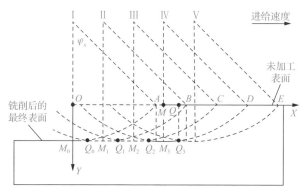

图 6-16 逆铣 CFRP 过程中材料去除过程的简化示意图

为便于叙述，在图 6-16 中建立坐标系：点 O 为 CFRP 工件未加工表面上的一点，设为原点；OE 为未加工表面轮廓，设为 X 轴；其垂直方向 OM_0 设为 Y 轴。各切削刃运动轨迹的最低点记为 M_n(n=0, 1, 2, 3, …)，相邻两轨迹的交点记为 Q_n(n=0, 1, 2, 3, …)。于是有

$$\overline{M_nM_{n+1}} = \overline{Q_nQ_{n+1}} = \overline{AB} = a_{\mathrm{f}} \tag{6-2}$$

$$\varphi_x = \arccos\left(1 - \frac{2a_{\mathrm{c}}}{D}\right) \tag{6-3}$$

$$x_A = \overline{OA} = \frac{D}{2}\sin\varphi_x \tag{6-4}$$

式中，a_{c} 为切削深度；a_{f} 为每齿进给量；x_A 为点 A 的 X 坐标。由式 (6-2) 可知，由于 M_n 到 M_{n+1} 点的距离等于区间 AB 的长度，因此在区间 AB 内有且仅有 1 个 M_n 点，记该点在线段 AB 上的投影为点 M。类似地，也将有且仅有 1 个 Q_n 点的投影落在线段 AB 上，记为点 Q。对于图 6-16 所示的情况，有 M_3 和 Q_3 点的投影落在线段 AB 上，分别记为点 M 和点 Q。

由图 6-16 还可知，AB 区间内材料被去除后所形成的最终表面由位于点 Q 左右两侧的两条弧线 (①和②) 共同构成。其中，弧线①位于轨迹 IV 上，弧线②位于轨迹 V 上，由此可知点 Q 右侧材料的被去除次数将比其左侧材料的被去除次数多一次。因此，点 Q 的位置将对 AB 区间内材料的去除过程产生影响。

由式 (6-2) 可知，点 Q 的位置满足以下规律：① 若点 M_n 的投影点 M 位于线段 AB 的前半段上，则点 Q_n 的投影点 Q 将位于线段 AB 的后半段上；② 若点 M_n 的投影点 M 位于线段 AB 的后半段上，则点 Q_{n-1} 的投影点 Q 将位于线段 AB 的前半段上。可见，点 Q 的具体位置将很大程度上受点 M 的位置影响。依据铣刀的运动规律可将点 M 的 X 坐标表示为

$$x_M = k \cdot a_f \tag{6-5}$$

式中，k 为投影点 M 对应的点 M_n 的下标值，可由式 (6-6) 进行求解：

$$k = \mathrm{ceil}\left(\frac{\overline{OA}}{a_f}\right) \tag{6-6}$$

式中，ceil 为向上取整函数。联立式 (6-3) ～式 (6-6)，可得

$$x_M = a_f \cdot \mathrm{ceil}\left(\frac{\dfrac{D}{2}\sin\left(\arccos\left(1-\dfrac{2a_c}{D}\right)\right)}{a_f}\right) \tag{6-7}$$

由式 (6-7) 可知，点 M 的位置由铣削工艺参数 a_f、a_c、D 共同决定。对于图 6-16 所示的情况，由于点 M 位于线段 AB 的前半段上，因此有相对位置关系 "$A<M<Q<B$" 成立。下面将先以此为例，通过对 Q 点左右两侧的材料去除过程进行讨论，建立铣削工艺参数与铣削过程中任一瞬时的纤维切削角、切深和切削速度之间的关系，其他情况将在后面进行叙述。（以下各图中关于点 O、A、B、M、Q 的定义同图 6-16。）

图 6-17 为 AB 区间内材料的第一次去除过程。$\widehat{M_0A}$ 表示该区间内材料被去除前 CFRP 工件的已加工表面轮廓。在该去除过程结束之后，已加工表面轮廓变为 $\widehat{Q_0B}$。连接 O_1A 并延长至与 $\widehat{Q_0B}$ 相交，记交点为点 P，并记点 P 在线段 AB 上的投影为点 S，则切削刃对 AB 区间内材料的第一次去除过程，可看作由位置 O_1Q_0 始，经 O_1M_1、O_1P 旋转至 O_1B 的运动过程中对材料进行去除的过程。其中，在切削刃运动至 O_1P 之前，被去除的材料为 $\widehat{Q_0A}$ 与 $\widehat{Q_0P}$ 间所夹的部分（图 6-17 中的 ① 区域）；而在此之后，被去除的材料为未加工表面 AB 与 $\widehat{PB}$ 间所夹的部分（图 6-17 中的 ② 区域）。由此可见，点 P 为 AB 区间内材料第一次去除过程中去除状态改变的临界点。由几何关系可得点 P 的坐标及切削刃运动至该点时对应的旋转角：

$$\begin{cases} x_P = \dfrac{D}{2}\sin\varphi_P + a_f \\ y_P = a_c - \dfrac{D}{2}\left(1-\cos\varphi_P\right) \end{cases} \tag{6-8}$$

$$\varphi_P = \arctan\left(\frac{D\sin\varphi_x - 2a_{\mathrm{f}}}{D - 2a_{\mathrm{c}}}\right) \tag{6-9}$$

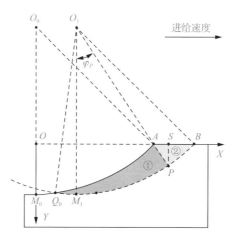

图 6-17　AB 区间内材料的第一次去除过程示意图

设 x 为 AB 区间内某处材料的位置坐标，$a_{\mathrm{c}1}$ 为该处材料第一次去除时的实际切深，φ_1 为该处材料被去除时对应的切削刃旋转角，则有

$$\varphi_1 = \arcsin\left(\frac{2(x - a_{\mathrm{f}})}{D}\right) \tag{6-10}$$

$$a_{\mathrm{c}1} = \begin{cases} a_{\mathrm{f}} \cdot \sin\varphi_1 & (x < x_P) \\ \dfrac{D}{2}\left(1 - \dfrac{\cos\varphi_x}{\cos\varphi_1}\right) & (x > x_P) \end{cases} \tag{6-11}$$

$$\theta_1 = \begin{cases} \theta_{\mathrm{s}} - \varphi_1 & (\varphi_1 \leqslant \theta_{\mathrm{s}}) \\ \pi + (\theta_{\mathrm{s}} - \varphi_1) & (\varphi_1 > \theta_{\mathrm{s}}) \end{cases} \tag{6-12}$$

式中，θ_1 为第一次去除时的纤维切削角；θ_{s} 为表层纤维角。在第一次材料去除过程结束之后，该处材料在新已加工表面（$\overset{\frown}{Q_0B}$）上的对应点记为 x_1，如图 6-18 所示。随着铣削过程的持续，该处材料将被不断去除，直至形成最终的已加工表面。

图 6-19 为 AB 区间内材料的第 i 次（$1 < i \leqslant k$）去除过程。此时，瞬时切深 $a_{\mathrm{c}i}$ 的起点位于第 $i-1$ 次去除过程后形成的已加工表面（$\overset{\frown}{Q_{i-1}C}$）上，而终点则位于第 i 次去除过程后形成的已加工表面（$\overset{\frown}{Q_{i-1}D}$）上。通过计算，可得位于点 x 处的材料第 i 次去除过程中所对应的切削刃旋转角和瞬时切深分别为

$$\varphi_i = \arcsin\left(\frac{2(x - i \cdot a_{\mathrm{f}})}{D}\right) \tag{6-13}$$

$$a_{ci} = \left| a_f \cdot \sin \varphi_i \right| \tag{6-14}$$

而纤维切削角仍可通过切削刃旋转角计算而得，即

$$\theta_i = \begin{cases} \theta_s - \varphi_i & (\varphi_i \leqslant \theta_s) \\ \pi + (\theta_s - \varphi_i) & (\varphi_i > \theta_s) \end{cases} \tag{6-15}$$

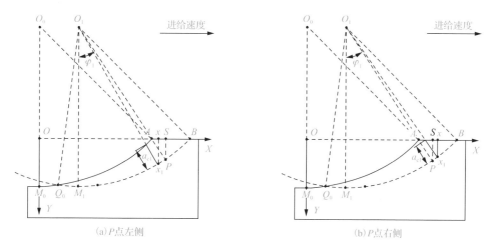

图 6-18　第一次去除过程中 P 点左右两侧材料去除状态示意图

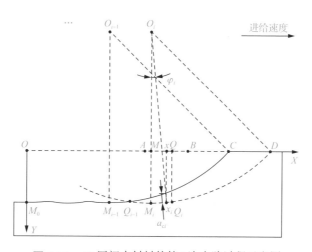

图 6-19　AB 区间内材料的第 i 次去除过程示意图

除此之外，特别的是，对于 AB 区间内的材料，若某点的坐标满足 $x > x_Q$，由前面分析可知，该处材料还将存在第 $k+1$ 次去除过程，如图 6-20 所示。

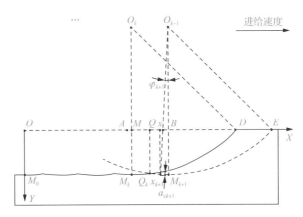

图 6-20 QB 区间内材料的第 $k+1$ 次去除过程示意图

由切削刃旋转角的定义可知，在该次去除过程中，φ_{k+1} 应为负值，于是有

$$\varphi_{k+1} = \arcsin\left(\frac{2\left(x-(k+1)a_{\mathrm{f}}\right)}{D}\right) \tag{6-16}$$

$$a_{\mathrm{c}k+1} = \left|a_{\mathrm{f}}\cdot\sin\varphi_{k+1}\right| \tag{6-17}$$

$$\theta_{k+1} = \begin{cases} \theta_{\mathrm{s}} - \varphi_{k+1} & (\varphi_{k+1} \leqslant \theta_{\mathrm{s}}) \\ \pi + \left(\theta_{\mathrm{s}} - \varphi_{k+1}\right) & (\varphi_{k+1} > \theta_{\mathrm{s}}) \end{cases} \tag{6-18}$$

以上分析均是基于位置关系 "$A<M<Q<B$" 所做的推导。而前面已经讲到，当点 M_n 的投影点 M 位于线段 AB 的后半段时，点 Q_{n-1} 的投影点 Q 将位于线段 AB 的前半段，将有位置关系 "$A<Q<M<B$" 成立。此时，QB 区间内的材料将被去除 k 次，而 AQ 区间内的材料被去除的总次数变为 $k-1$。更为特别的是，若点 M_n 的投影点 M 恰好位于线段 AB 的中点，则点 Q_{n-1} 的投影点 Q 将恰好与端点 A 重合，且点 Q_n 的投影点 Q_{special} 将恰好与端点 B 重合。此时，AB 区间内各处材料的被去除次数将均为 k。考虑到无论点 M 与点 Q 是何种位置关系，铣削 CFRP 过程中材料去除过程的分析方法大体相似，为节约篇幅，这里直接给出所有可能情形下任一瞬时工艺参数的计算方法，如图 6-21 所示。

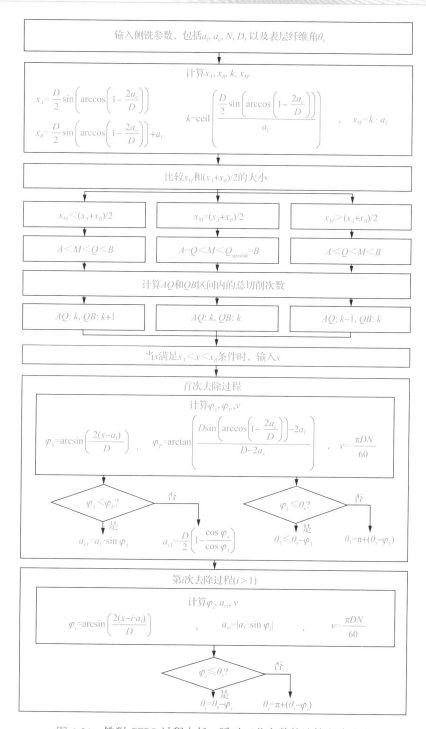

图 6-21 铣削 CFRP 过程中任一瞬时工艺参数的计算方法总结

6.2.2 铣削材料去除过程对铣削损伤形成的影响

依据 6.2.1 节中所介绍的方法，可根据铣削工艺参数，分析铣削过程中 CFRP 的材料去除过程。而为了进一步分析铣削工艺参数对铣削损伤形成的影响，还需在此基础上，建立 CFRP 材料去除过程与铣削损伤形成过程之间的关系。本节将以此为目标，首先基于铣削 CFRP 过程中任一瞬时的工艺参数，计算出该瞬时产生的铣削损伤程度(因该损伤可能会受到后续材料去除过程的影响，为便于区分，将任一瞬时产生的铣削损伤称为初始铣削损伤)；再通过考虑初始铣削损伤在后续材料去除过程中的演化过程，推导出最终的铣削损伤程度。

1. 初始铣削损伤程度的计算

如前所述，铣削过程的每一瞬时都可看作直角(或斜角)切削过程。就目前工程中最常使用的 T800 级 CFRP 而言，其在直角/斜角切削过程中的损伤程度可大致由式(6-19)计算：

$$p = \left(\sum_{j=1}^{4} \sin\left(a_j \theta + b_j \right) \right) \cdot c a_c \cdot \left(d_1 v^2 + d_2 v + d_3 \right) \tag{6-19}$$

式中，θ 为纤维切削角；v 为切削速度；a_j、b_j、c、d_k(j=1, 2, 3, 4; k=1, 2, 3)为回归系数。

以使用前角为 5°、后角为 10°、切削刃钝圆半径为 10μm 的双直刃铣刀为例，在对厚度为 4.3mm 的 T800 级单向 CFRP 工件进行切削时，上述回归系数的值可按照表 6-2 选取。

以此为基础，根据铣削 CFRP 过程中每一瞬时的工艺参数，可求解出任一瞬时产生的初始铣削损伤程度[25]。

表 6-2 回归系数的值

	$\theta \in [0°, 90°) \cup (150°, 180°]$	$\theta \in [90°, 150°]$
a_1	1.388	3.453
a_2	3.498	4.056
a_3	0.989	3.578
a_4	0.987	2.833
b_1	−73.864	−256.783
b_2	−267.129	−169.594
b_3	−1.268	−298.578
b_4	−1.174	−365.938

续表

	$\theta\in[0°,90°]\cup(150°,180°]$	$\theta\in[90°,150°]$
c	1.122	55.289
d_1	0.273	23.422
d_2	0.193	−25.248
d_3	2.191	26.609

2. 最终铣削损伤程度的计算

图 6-22 为 CFRP 初始铣削损伤在后续材料去除过程中演化过程的简化示意图。设 CFRP 工件上坐标为 x 的材料在经第 i 次($1\leqslant i\leqslant k$)去除过程之后，在瞬时切削点 I 处产生了初始铣削损伤 IR，其程度记为 p_i。此后，随着材料去除过程的继续进行，该初始铣削损伤将发生演化：仅在最终已加工表面之下的部分将被保留，而之上的部分将被去除。若设 IR 与最终已加工表面的交点为 F，则初始铣削损伤的 IF 段将被去除，而 FR 段将形成最终铣削损伤，其程度记为 z_i。

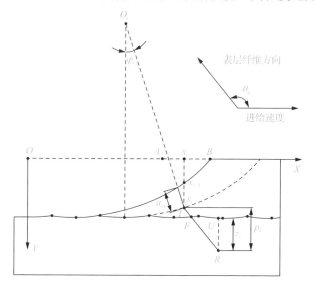

图 6-22　CFRP 初始铣削损伤演化过程简化示意图

由几何关系可知，点 R 的位置坐标可表示为

$$\begin{cases} x_R = x - p_i\cot\theta_s \\ y_R = a_c - \dfrac{D}{2}\cdot(1-\cos\varphi_i) + p_i \end{cases} \tag{6-20}$$

设点 R 在最终已加工表面上的投影为点 U，则最终铣削损伤程度可通过点 R 与点 U 之间的距离 z_i(即点 R 与点 U 的 y 坐标之差)来表示。根据切削刃的运动规律，

可得最终已加工表面轮廓的方程为

$$y = \begin{cases} a_c - \dfrac{D}{2}\left(1 - \cos\left(\arcsin\dfrac{2(x - n \cdot a_f)}{D}\right)\right) & \left(x \in \left[n \cdot a_f, \dfrac{2n+1}{2}a_f\right)\right) \\ a_c - \dfrac{D}{2}\left(1 - \cos\left(\arcsin\dfrac{2((n+1)a_f - x)}{D}\right)\right) & \left(x \in \left[\dfrac{2n+1}{2}a_f, (n+1) \cdot a_f\right)\right) \end{cases} \tag{6-21}$$

式中:

$$n = \text{floor}\left(\frac{x}{a_f}\right) \tag{6-22}$$

其中,floor 为向下取整函数。点 U 的纵坐标 y_U 可通过将式(6-20)中的 x_R 代入式(6-21)中计算得到(因为 $x_U = x_R$)。然而,对于另一种情况,若 $y_R \leqslant y_U$,则该初始铣削损伤将在后续材料去除过程中被完全去除。综合以上两种情况,可将最终铣削损伤程度表示为

$$z_i = \begin{cases} 0 & (y_R < y_U) \\ y_R - y_U & (y_R \geqslant y_U) \end{cases} \tag{6-23}$$

6.2.3　铣削工艺参数对铣削损伤形成的影响

本节将基于 6.2.2 节中所介绍的最终铣削损伤程度的计算方法,通过算例,具体分析各铣削工艺参数对 CFRP 铣削损伤形成的影响。各算例都采用前角为 5°、后角为 10°、切削刃钝圆半径为 10μm 的双直刃铣刀,对厚度为 4.3mm 的 T800 级单向 CFRP 工件进行切削。

1. CFRP 工件表层纤维角的影响

表 6-3 为在 $N=2500$r/min,$a_f=0.0075$mm,$a_c=2.5$mm,$D=10$mm 的条件下,对具有典型表层纤维角的 CFRP 工件进行逆铣时产生的加工损伤情况。由该结果可知以下结论。

(1)当表层纤维角为 0° 时,由于纤维方向与已加工表面平行,故在铣削 CFRP 的过程中,无论产生了多大的初始损伤,都无法延伸至已加工表面之下。因此,由式(6-23)可知,在这种情况下,铣削后的 CFRP 工件上几乎无损伤。

(2)当表层纤维角为 45° 时,经按图 6-21 所示的方法计算,整个铣削 CFRP 的过程中纤维切削角的变化区间约为[0°,45°]∪[165°,180°]。由于在这种情况下切削 CFRP 时产生的加工损伤程度一般较小,该铣削过程中任一瞬时产生的初始损伤程度都较小。因此,最终铣削损伤程度也较小,实验观测值仅有 20μm。

(3)当表层纤维角为 90° 时,相比于前两种情况,最终铣削损伤程度更大,实验观测值达到约 80μm;铣削损伤在典型切削区间内近似呈均匀分布。

(4)当表层纤维角为 135° 时,经按图 6-21 所示的方法计算,整个铣削 CFRP

的过程中纤维切削角的变化区间约为[75°，135°]。由于在这种情况下切削 CFRP 时产生的加工损伤程度一般较大，甚至可达毫米量级，该铣削过程中产生的初始损伤极易扩展至最终已加工表面之下，从而引发了严重的铣削损伤，程度已接近 1mm；此外，由于铣削损伤的方向与纤维方向一致，当铣削表层纤维角为 135° 的 CFRP 工件时，损伤在工件上的分布范围几乎与损伤程度相当。因此，相比于前几种情况，此时的铣削损伤分布范围也较广。

表 6-3　铣削具有典型表层纤维角的 CFRP 工件时所产生的加工损伤

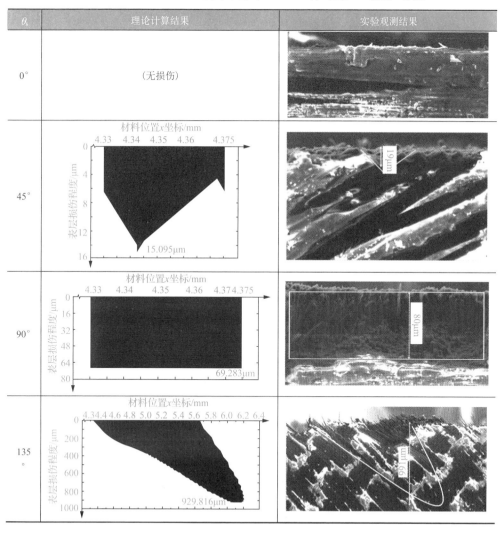

由以上分析可知，CFRP 工件的表层纤维角将显著影响最终铣削损伤的形成。这种影响总体上可概括为两个方面：其一，表层纤维角决定了铣削 CFRP 过程中

纤维切削角的变化区间，从而显著影响各瞬时产生的初始铣削损伤程度，这直接决定最终铣削损伤程度；其二，表层纤维角也决定了铣削损伤的方向，从而影响铣削损伤在 CFRP 工件上的分布形态。

2. 进给量等常规铣削工艺参数的影响

CFRP 工件的表层纤维角对于 CFRP 铣削损伤的形成具有显著的影响。此外，进给量、径向切深、主轴转速、刀具直径以及顺/逆铣方式等常规铣削工艺参数也会对 CFRP 铣削损伤的形成产生影响。本节将对此方面进行具体阐述。

以分析进给量的影响为例，在保持其他铣削条件与"CFRP 工件表层纤维角的影响"部分相同的前提下，针对 90° 表层纤维角的 CFRP 工件，分别以 $a_f=0.005mm$、$a_f=0.0075mm$、$a_f=0.01mm$ 的进给量对其进行铣削时产生的加工损伤情况如表 6-4 所示。由该结果可知，当改变进给量时，CFRP 铣削损伤程度将随之变化，但分布形态不变。

表 6-4　以不同进给量铣削 CFRP 工件时所产生的加工损伤

a_f/mm	理论计算结果	实验观测结果
0.005		
0.0075		
0.01		

通过将该结果与表 6-3 中所示的结果进行对比可以发现，进给量对 CFRP 铣削损伤形成的影响明显小于表层纤维角。这是由于，进给量的变化主要会对铣削 CFRP 过程中的瞬时切深产生影响，但并不会引起纤维切削角变化区间的改变。而由第 2、3 章可知，相比于切深，纤维切削角对 CFRP 加工损伤形成的影响明显更大。因此，改变进给量虽能引起 CFRP 铣削损伤程度的变化，但这种影响相比于改变表层纤维角时所带来的影响明显要小。

基于以上分析，可进一步推断出径向切深、主轴转速、刀具直径以及顺/逆铣方式等常规铣削工艺参数对 CFRP 铣削损伤形成的影响。

(1) 对 CFRP 铣削损伤程度的影响：由于径向切深、刀具直径和顺/逆铣方式能够影响铣削 CFRP 过程中纤维切削角的变化区间，因此这些铣削工艺参数对 CFRP 铣削损伤程度的影响较大；而主轴转速则与进给量类似，因不能对纤维切削角的变化区间造成影响，所以对 CFRP 铣削损伤程度的影响相对有限。

(2) 对 CFRP 铣削损伤分布形态的影响：由于 CFRP 铣削损伤的方向仅由纤维方向决定，因此常规铣削工艺参数都无法影响 CFRP 铣削损伤的分布形态。

通过以上分析可以看出，为尽量减少 CFRP 铣削损伤，进而有效改善 CFRP 工件的铣削质量，首要任务是对铣削 CFRP 过程中纤维切削角的变化区间进行合理控制。为实现这一目标，需对决定纤维切削角变化区间的铣削工艺参数进行优选。

6.2.4　CFRP 低损伤铣削工艺参数的优选方法

本节将以较易产生严重损伤的 135° 表层纤维角 CFRP 工件的铣削过程为例，对低损伤铣削工艺参数的优选方法进行介绍。

在前述 135° 表层纤维角 CFRP 工件的铣削过程中(表 6-3)，由于纤维切削角在[75°, 135°]的范围内变化，铣削损伤极为严重(程度已接近 1mm)。为有效地对铣削损伤进行抑制，需尽量使纤维切削角的变化区间不与[90°, 150°]发生重叠。由于该变化区间由 CFRP 工件表层纤维角、径向切深、刀具直径和顺/逆铣方式共同决定，在制定铣削工艺时，需重点对这些参数进行优选。

在实际生产中，最便于控制纤维切削角的变化区间的方法是调整径向切深和顺/逆铣方式[26]。因此，为更贴近生产，本节所要介绍的优选方法主要以这两个工艺参数为目标。

6.2.1 节中已详细介绍了逆铣 CFRP 过程中任一瞬时纤维切削角的计算方法。由此，可进一步推导出整个逆铣过程中纤维切削角的变化区间，如式(6-24)所示：

$$\theta_{逆} \in \begin{cases} \left[\theta_s - \arccos\left(1 - \dfrac{2a_c}{D}\right), \theta_s \right] & (\varphi_x < \theta_s) \\ \left[180° + \theta_s - \arccos\left(1 - \dfrac{2a_c}{D}\right), 180° \right] \cup [0, \theta_s] & (\varphi_x \geqslant \theta_s) \end{cases} \tag{6-24}$$

而在顺铣时，由于每一瞬时的切削速度方向与逆铣时相反，故每一瞬时所对应的纤维切削角与逆铣时互补。由此可得顺铣 CFRP 过程中纤维切削角的变化区间为

$$\theta_{顺} \in \begin{cases} \left[180° - \theta_s, 180° - \theta_s + \arccos\left(1 - \dfrac{2a_c}{D}\right) \right] & (\varphi_x < \theta_s) \\ [180° - \theta_s, 180°] \cup \left[0, \arccos\left(1 - \dfrac{2a_c}{D}\right) - \theta_s \right] & (\varphi_x \geqslant \theta_s) \end{cases} \tag{6-25}$$

设 $N=2500$r/min，$a_f=0.0075$mm，$D=10$mm，则在该条件下，当式(6-26)成立时，总有 $\varphi_x < \theta_s$ 成立。

$$a_c < 5 + \frac{5}{2}\sqrt{2} \approx 8.54\text{(mm)} \tag{6-26}$$

由于所选用的刀具直径为 10mm，在常规的边缘铣削过程中，式(6-26)总能成立。此时，式(6-24)和式(6-25)可进一步简化，得式(6-27)：

$$\theta = \begin{cases} \left[135° - \arccos\left(1 - \dfrac{a_c}{5}\right), 135° \right] & (\text{逆铣}) \\ \left[45°, 45° + \arccos\left(1 - \dfrac{a_c}{5}\right) \right] & (\text{顺铣}) \end{cases} \tag{6-27}$$

由式(6-27)可知，若采用逆铣，则纤维切削角的变化区间必定与[90°，150°]发生重叠，这十分不利于改善 CFRP 工件的铣削质量；而采用顺铣则可以很好地解决这一问题。若要保证纤维切削角的变化区间与[90°，150°]无交集，径向切深需进一步满足式(6-28)：

$$45° + \arccos\left(1 - \frac{a_c}{5}\right) < 90° \tag{6-28}$$

由此解得

$$a_c < 5\left(1 - \frac{\sqrt{2}}{2}\right) \approx 1.5\text{(mm)} \tag{6-29}$$

综上，在本例中，为改善 CFRP 工件的铣削质量，应选用顺铣方式，并采用小于 1.5mm 的径向切深。由图 6-23 所示的对比结果可知，使用经该方法优选出的铣削工艺参数，能够有效地降低 CFRP 工件的铣削损伤。

(a) 优选前：逆铣，a_e=1.25mm (损伤深度为 892.4μm)　　(b) 优选前：顺铣，a_e=2.5mm (损伤深度为 253.2μm)

(c) 优选后：顺铣，a_e=1.25mm (损伤深度为 108.4μm)

图 6-23　铣削工艺参数优选前后的加工损伤情况对比

　　本节中所介绍的 CFRP 低损伤铣削工艺参数的优选方法具有易行、适应性强等优势，已被多家大型企业应用于实际生产。采用第 4 章中所介绍的左、右螺旋刃微齿铣刀，结合优选出的铣削工艺参数，对某 CFRP 实验件进行铣削加工，效果如图 6-24 所示。应用效果表明，使用左、右螺旋刃微齿铣刀和经优选的铣削工艺参数，对于改善 CFRP 铣削质量是非常有效的。

(a) 铣削后的 CFRP 工件上表层

(b) 铣削后的 CFRP 工件下表层

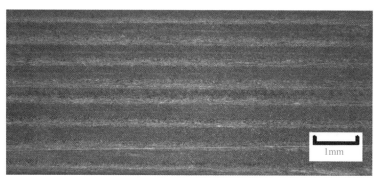

(c)已加工表面

图 6-24 左、右螺旋刃微齿铣刀和低损伤铣削工艺参数的应用效果

6.3 本章小结

为有效改善 CFRP 工件的加工质量，本章分别针对钻削和铣削，介绍了先进的加工工艺。在 CFRP 钻削方面，分别介绍了能够增强出口处材料所受约束或降低切削区温度的 CFRP 低损伤钻削工艺，并提出了一种既能增强出口处材料所受约束又能降低切削区温度的逆向冷却工艺；在 CFRP 铣削方面，通过建立工艺参数与铣削材料去除过程之间的关系，以及铣削材料去除过程与铣削损伤形成之间的关系，分析了各铣削工艺参数对 CFRP 铣削损伤形成的影响，并提出了一种能够有效抑制铣削损伤的工艺参数优选方法。本章所提出的 CFRP 低损伤钻削、铣削工艺已在实际生产中取得了很好的应用效果，应用前景广阔。

参 考 文 献

[1] ZHANG B Y, WANG F J, WANG X D, et al. Optimized selection of process parameters based on reasonable control of axial force and hole-exit temperature in drilling of CFRP[J]. The international journal of advanced manufacturing technology , 2020, 110(3/4): 797-812.

[2] RAWAT S, ATTIA H. Characterization of the dry high speed drilling process of woven composites using machinability maps approach[J]. CIRP annals, 2009, 58(1): 105-108.

[3] KHASHABA U A. Delamination in drilling GFR-thermoset composites[J]. Composite structures, 2004, 63(3/4): 313-327.

[4] DHARAN C K H, WON M S. Machining parameters for an intelligent machining system for composite laminates[J]. International journal of machine tools and manufacture, 2000, 40(3): 415-426.

[5] TSAO C C, HOCHENG H, CHEN Y C. Delamination reduction in drilling composite materials by active backup force[J]. CIRP annals, 2012, 61(1): 91-94.

[6] CAPELLO E. Workpiece damping and its effect on delamination damage in drilling thin composite laminates[J]. Journal of materials processing technology , 2004, 148（2）: 186-195.

[7] GENG D X, LIU Y H, SHAO Z Y, et al. Delamination formation, evaluation and suppression during drilling of composite laminates: a review[J]. Composite structures , 2019, 216: 168-186.

[8] HOCHENG H, TSAO C C, CHEN H T. Utilizing internal icing force to reduce delamination in drilling composite tubes[J]. Composite structures, 2016, 139: 36-41.

[9] WANG F J, QIAN B W, JIA Z Y, et al. Effects of cooling position on tool wear reduction of secondary cutting edge corner of one-shot drill bit in drilling CFRP[J]. The international journal of advanced manufacturing technology , 2018, 94（9/10/11/12）: 4277-4287.

[10] 钱宝伟. 双顶角钻头钻削 CFRP 的刀具磨损研究[D]. 大连: 大连理工大学, 2017.

[11] 王福吉, 钱宝伟, 成德, 等. 钻削 CFRP 的双顶角钻头磨损及抑制新方法[J]. 机械工程学报, 2018, 54（15）: 171-179.

[12] XIA T, KAYNAK Y, ARVIN C, et al. Cryogenic cooling-induced process performance and surface integrity in drilling CFRP composite material[J]. The international journal of advanced manufacturing technology, 2016, 82（1/2/3/4）: 605-616.

[13] JOSHI S, RAWAT K, BALAN A S S. A novel approach to predict the delamination factor for dry and cryogenic drilling of CFRP[J]. Journal of materials processing technology, 2018, 262: 521-531.

[14] NOR KHAIRUSSHIMA M K, CHE HASSAN C H, JAHARAH A G, et al. Effect of chilled air on tool wear and workpiece quality during milling of carbon fibre-reinforced plastic[J]. Wear, 2013, 302（1/2）: 1113-1123.

[15] NING F D, CONG W L, PEI Z J, et al. Rotary ultrasonic machining of CFRP: a comparison with grinding[J]. Ultrasonics, 2016, 66: 125-132.

[16] GENG D X, LU Z H, YAO G, et al. Cutting temperature and resulting influence on machining performance in rotary ultrasonic elliptical machining of thick CFRP[J]. International journal of machine tools and manufacture, 2017, 123: 160-170.

[17] FU R, JIA Z Y, WANG F J, et al. Cooling process of reverse air suctioning for damage suppression in drilling CFRP composites[J]. Procedia CIRP, 2019, 85: 147-152.

[18] 成德. CFRP 制孔加工中空气冷却工艺的研究[D]. 大连: 大连理工大学, 2019.

[19] 付饶. CFRP 低损伤钻削制孔关键技术研究[D]. 大连: 大连理工大学, 2017.

[20] 大连理工大学. 负压逆向冷却的纤维增强复合材料高质量加工方法: 中国, 201610392258.X[P]. 2017-06-23.

[21] 大连理工大学. 纤维增强复合材料加工随动逆向冷却及除尘系统: 中国, 201710145631.6[P]. 2018-08-21.

[22] 大连理工大学. 一种便携式逆向冷却与除尘一体化装置: 中国, 201810255143.5[P]. 2019-07-12.

[23] WANG F J, ZHANG B Y, JIA Z Y, et al. Structural optimization method of multitooth cutter for surface damages suppression in edge trimming of carbon fiber reinforced plastics[J]. Journal of manufacturing processes , 2019, 46: 204-213.

[24] WANG F J, ZHANG B Y, MA J W, et al. Computation of the distribution of the fiber-matrix interface cracks in the edge trimming of CFRP[J]. Applied composite materials, 2019, 26（1）: 159-186.

[25] 大连理工大学. 碳纤维复合材料铣削加工损伤深度的预测方法: 中国, 201810075536.8[P]. 2020-02-18.

[26] 大连理工大学. 一种碳纤维复合材料顺逆铣加工方式的优选方法: 中国, 201810100455.9[P]. 2019-04-23.

第7章

CFRP 与金属叠层结构的
一体化钻削

随着 CFRP 应用的推广，高端装备中越来越多的零件采用 CFRP 制造。前面的章节已通过建立 CFRP 的基础切削理论，揭示了切削 CFRP 过程中的材料去除机理和损伤形成规律；并在此基础上，围绕 CFRP 低损伤加工工具的结构设计方法、磨损抑制方法，以及 CFRP 低损伤加工工艺等方面展开了详细介绍。这些理论与技术都能够为实现 CFRP 零件的优质高效加工、加速高端装备新型号的研制进程提供必要的支撑。

然而，除大量应用 CFRP 零件之外，为保证高端装备在服役过程中能够可靠地承受巨大、复杂、多变的载荷，仍需在一些重要的连接或支撑部位采用金属零件，这样就形成了大量的复合材料与金属叠层结构。例如，在 B787、A350XWB 等国际先进的航空飞机中，铝合金主框架与复合材料蒙皮组成叠层结构；中央翼与机身连接部位的钛合金肋板与复合材料梁、复合材料蒙皮组叠层结构等[1]。这些叠层结构一般通过螺接和铆接的方式进行连接，以确保其具有高承载能力。为此，在装配前，CFRP 与金属组成的叠层结构须进行制孔。而为避免分体制孔、二次装夹所引起的制孔同轴度差、装配应力高等问题，高端装备中的叠层结构通常采用一体化钻削的方式进行制孔。

由第 4 章可知，在单独对 CFRP 工件进行钻削时，易出现以下两个问题：一是，因出口处材料所受约束较弱，在钻削轴向力的作用下，出口处材料难以被有效去除，从而引发毛刺、撕裂等损伤；二是，因刀具与纤维剧烈摩擦时产生的热量多，且钻削空间封闭，切削区温度易达到甚至超过树脂的玻璃转化温度，导致树脂的强度和模量下降，进一步减弱出口处材料所受约束，使得加工损伤程度加剧。针对这两个问题，第 4、6 章介绍了 CFRP 低损伤钻削刀具和工艺，可有效地改善 CFRP 工件的制孔质量。但当对 CFRP 与金属的叠层结构进行一体化钻削时，由于 CFRP 与金属性能差异大，且存在如下相互作用，钻削过程中还将产生新的问题：①当金属在上、CFRP 在下(以下简记为金属/CFRP 叠层)时，因刀具首先对金属进行切削，刀具表面温度往往明显高于单独钻削 CFRP 时的温度。在这种情况下，当刀具钻出金属，接触到金属/CFRP 界面时，极易造成 CFRP 表面温度过高而导致热损伤；同时，高温还会导致树脂强度和模量大幅下降，加剧 CFRP 的出口损伤。②当 CFRP 在上、金属在下(以下简记为 CFRP/金属叠层)时，尽管下层金属能够为 CFRP 的出口处材料提供一定的支撑，有利于降低钻削出口损伤，但沿刀具排屑槽流出的金属切屑会对 CFRP 孔壁甚至入口区域产生划擦作用，引发新的损伤。

　　鉴于上述一体化钻削 CFRP 与金属产生的新问题，用于单独钻削 CFRP 工件的低损伤加工原理，难以直接用于 CFRP 与金属叠层结构的一体化钻削过程。为此，本章将分析叠层结构中的金属对 CFRP 钻削过程的影响，首先介绍叠层结构一体化钻削轴向力和界面温度场的计算方法；然后通过考虑温度对 CFRP 性能的影响，提出不同温度下叠层结构钻削损伤临界轴向力的计算方法，以建立轴向力、温度与钻削损伤之间的关系；最后介绍两类能够有效抑制叠层结构钻削损伤的加工工具，为实现 CFRP 与金属叠层结构的优质高效一体化钻削提供参考。

7.1　叠层结构一体化钻削轴向力的计算方法

　　第 4 章中提到，合理控制钻削轴向力，是改善 CFRP 工件钻削质量的必要条件之一。对于 CFRP 与金属叠层结构的一体化钻削过程，钻削轴向力的合理控制也同样重要。这是由于，在钻削金属/CFRP 叠层结构时，因 CFRP 下方无支撑，过大的轴向力会使 CFRP 出口处产生严重损伤；而对 CFRP/金属叠层结构进行钻削时，金属虽为 CFRP 的出口处材料提供了支撑，在很大程度上抑制了 CFRP 的出口损伤，但过大的轴向力会引起金属出口毛刺的产生[2]。可见，合理控制钻削轴向力，是有效降低 CFRP 与金属叠层结构一体化钻削损伤、改善钻削质量的重要前提之一。本节将分别针对金属/CFRP 叠层和 CFRP/金属叠层结构，建立一体化钻削过程中轴向力的计算方法，为控制轴向力提供依据。

　　依据微积分的思想，钻削过程中，刀具上每一个微元对 CFRP 去除的过程都可简化为如图 7-1 所示的直角切削或斜角切削过程。因此，在求解钻削轴向力时，可先求解出刀具每个微元在切削过程中所产生的轴向力；再通过将横刃、主切削刃、副切削刃上所有微元所产生的轴向力分别进行叠加，再累积求和，求解出总的叠层钻削轴向力。

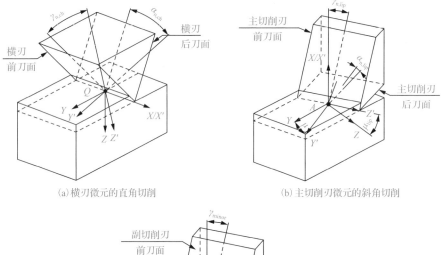

(a) 横刃微元的直角切削　　　　　(b) 主切削刃微元的斜角切削

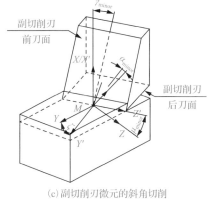

(c) 副切削刃微元的斜角切削

图 7-1　钻削中各切削刃微元的切削过程示意图

一般情况下，对于直角/斜角切削过程，为便于对切削力进行求解，通常将切削力分解为以下四个分量：前刀面法向力 F_{n1}、前刀面摩擦力 F_{f1}、后刀面法向力 F_{n2}、后刀面摩擦力 F_{f2} 进行计算，如式 (7-1) 所示：

$$\begin{cases} F_{n1} = K_c \cdot A_u \\ F_{f1} = K_f \cdot F_{n1} = K_f \cdot K_c \cdot A_u \\ F_{n2} = K_p \cdot A_c \\ F_{f2} = K_f \cdot F_{n2} = K_f \cdot K_p \cdot A_c \end{cases} \tag{7-1}$$

式中，K_c 为切削系数，K_f 为摩擦系数，K_p 为接触系数，具体数值将在后面给出；A_u 为切屑厚度，A_c 为后刀面接触面积，可分别由式 (7-2) 和式 (7-3) 进行计算[3]：

$$A_u = \frac{f}{2}\cos\mu \mathrm{d}r \tag{7-2}$$

$$A_c = r_e \cdot \left\{ \cos \gamma_n + \frac{1 - \sin \gamma_n}{\tan \tau} \right\} \cdot \cos \lambda_s \cdot dr \tag{7-3}$$

式(7-2)中，f 为进给量；dr 为切削刃微元；μ 为切削角，指微元点(如图 7-2 中所示的点 A)处速度矢量与切向速度之间的夹角，对于金属和 CFRP，μ 可分别通过式(7-4)和式(7-5)进行求解：

$$\mu_m = \arctan \left(\frac{f}{2\pi r} \right) \tag{7-4}$$

$$\mu_c = \gamma + \theta + \mathrm{mod} \left(\frac{2\pi N \cdot t}{60}, 180° \right) \tag{7-5}$$

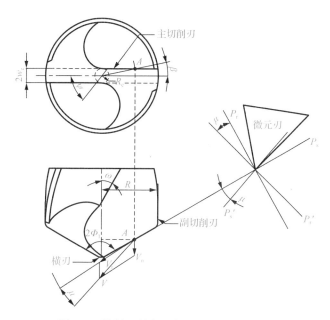

图 7-2　钻削刀具上一点处切削角的示意图

式(7-3)~式(7-5)中，N 为转速；t 为钻削时间；γ 为刀具的名义前角；r_e 为点 A 处的切削刃钝圆半径；r 为点 A 处的刀具半径；λ_s 为点 A 处的刀具刃倾角；θ 为纤维切削角；τ 表示欧拉角，可由式(7-6)计算得到[4]：

$$\tau = \arccos \left(\frac{\sin \Phi_1 \cos \beta}{\cos \lambda_s} \right) \tag{7-6}$$

γ_n 为点 A 处的法前角，根据点 A 所在位置按照式(7-7)进行取值：

$$\gamma_n = \begin{cases} \arctan\left[\dfrac{r \cdot \tan\omega_1 \cos\beta}{r \cdot \sin\varPhi_1 - w_c \cdot \cos\varPhi_1 \tan\omega_1}\right] - \arctan\left[\dfrac{r \cdot \cos\varPhi_1 - w_c \cdot \sin\varPhi_1 \tan\mu}{w_c \cdot \cos\beta}\right] & \text{(主切削刃)} \\ \gamma_\beta & \text{(副切削刃)} \\ -\arctan\left[\dfrac{\tan\varPhi_1 \sin\psi}{1 + \cos\psi}\right] & \text{(横刃)} \end{cases}$$

$$\tag{7-7}$$

式(7-6)和式(7-7)中，$\varPhi_1$ 为钻头顶角的 $1/2$；w_c 为横刃宽度的 $1/2$；ψ 为横刃斜角，如图 7-2 所示；γ_β 为螺旋槽前角；ω_1 和 β 可分别由式(7-8)和式(7-9)计算得到：

$$\omega_1 = \arctan\left(\tan\omega \frac{r}{R}\right) \tag{7-8}$$

$$\beta = \begin{cases} 0 & (0 < r < R_c) \\ \arcsin\left(\dfrac{s}{r}\right) & (R_c < r < R) \end{cases} \tag{7-9}$$

式(7-8)和式(7-9)中，R 为刀具半径；R_c 为横刃半径。

通过以上各式，即可求解出微元直角/斜角切削力。然而，由以上求解过程可知，所求出的微元切削力方向与钻削中轴向力的方向明显不同。因此，为进一步求解钻削轴向力，还需对微元切削力的方向进行转换，如式(7-10)所示：

$$\begin{bmatrix} \mathrm{d}F_{x1} & \mathrm{d}F_{y1} & \mathrm{d}F_{z1} \\ \mathrm{d}F_{x2} & \mathrm{d}F_{y2} & \mathrm{d}F_{z2} \end{bmatrix} = \begin{bmatrix} \mathrm{d}F_{n1} & \mathrm{d}F_{f1} \\ \mathrm{d}F_{n2} & \mathrm{d}F_{f2} \end{bmatrix} \times \boldsymbol{G} \tag{7-10}$$

式中，下标中的 1 和 2 分别代表前刀面和后刀面上所产生的切削力；$\mathrm{d}F_x$、$\mathrm{d}F_y$ 和 $\mathrm{d}F_z$ 表示在钻削坐标系(图 7-1)下的切削力，其中 $\mathrm{d}F_z$ 即为微元轴向力；$\boldsymbol{G}$ 为转换矩阵，可以进一步写成力方向转换矩阵 $\boldsymbol{E}$ 和坐标系转换矩阵 $\boldsymbol{T}$ 乘积的形式，如式(7-11)所示：

$$\boldsymbol{G} = \boldsymbol{E} \times \boldsymbol{T} \tag{7-11}$$

具体地，对于主切削刃上的微元：

$$E_{主} = \begin{cases} \begin{bmatrix} -\cos\gamma_n\sin\lambda_s & K_f\cdot(\sin\eta_c\cos\lambda_s - \cos\eta_c\sin\gamma_n\sin\lambda_s) \\ -\cos\gamma_n\cos\lambda_s & -K_f\cdot(\cos\eta_c\sin\gamma_n\cos\lambda_s + \sin\eta_c\sin\lambda_s) \\ -\sin\gamma_n & K_f\cdot(\cos\eta_c\cos\gamma_n) \end{bmatrix} & (前刀面) \\[4ex] \begin{bmatrix} 0 & 0 \\ \sin\alpha_n & -K_f\cdot\cos\alpha_n \\ \cos\alpha_n & K_f\cdot\sin\alpha_n \end{bmatrix} & (后刀面) \end{cases} \tag{7-12}$$

$$T_{主} = \begin{bmatrix} \cos\tau & 0 & -\sin\tau \\ \sin\tau\sin\mu & \cos\mu & \cos\tau\sin\mu \\ \sin\tau\cos\mu & -\sin\mu & \cos\tau\cos\mu \end{bmatrix} \tag{7-13}$$

对于副切削刃上的微元，考虑到其在实际钻削中所起到的主要作用是对已加工孔壁进行摩擦，而并非对材料的去除，因此这里仅考虑后刀面上的力，而不考虑前刀面上的力，于是有

$$E_{副} = \begin{bmatrix} 0 & 0 \\ \sin\alpha_n & -K_f\cdot\cos\alpha_n \\ \cos\alpha_n & K_f\cdot\sin\alpha_n \end{bmatrix} \tag{7-14}$$

$$T_{副} = \begin{bmatrix} 1 & 0 & 0 \\ 0 & \cos\psi & \sin\psi \\ 0 & -\sin\psi & \cos\psi \end{bmatrix} \tag{7-15}$$

对于横刃上的微元：

$$E_{横} = \begin{cases} \begin{bmatrix} 0 & 0 \\ -\cos\gamma_n & K_f\cdot\sin\gamma_n \\ -\sin\gamma_n & -K_f\cdot\cos\gamma_n \end{bmatrix} & (前刀面) \\[4ex] \begin{bmatrix} 0 & 0 \\ \sin\alpha_n & -K_f\cdot\cos\alpha_n \\ \cos\alpha_n & K_f\cdot\sin\alpha_n \end{bmatrix} & (后刀面) \end{cases} \tag{7-16}$$

$$T_{横} = \begin{bmatrix} 1 & 0 & 0 \\ 0 & \cos\mu & -\sin\mu \\ 0 & -\sin\mu & \cos\mu \end{bmatrix} \tag{7-17}$$

式(7-12)～式(7-17)中，η_c 为切屑流动角，表示切屑流动方向与切削刃法平面之间的夹角，在斜角切削中可认为与刀具刃倾角 λ_s 相同；α_n 为点 A 处的工作后角，根据点 A 所在位置按照式(7-18)进行取值：

$$\alpha_n = \begin{cases} \arctan\left[\dfrac{\sin\beta\cos\Phi_1 - \sin\Phi_1\tan\mu}{\cos\beta}\right] + \arctan\left[\dfrac{\cos\Phi_1\left[\tan\Phi_1\sin\gamma - \sin\beta\cos\gamma\right]}{\cos\beta\cos\gamma}\right] & \text{(主切削刃)} \\[2mm] \alpha_\beta & \text{(副切削刃)} \\[2mm] 90° - \gamma_n & \text{(横刃)} \end{cases}$$

(7-18)

式中，α_β 为螺旋槽后角。

通过以上各式，可求解出钻削过程中各微元所产生的轴向力。再由式(7-19)，将横刃、主切削刃、副切削刃上所有微元所产生的轴向力分别进行叠加，并累积求和，即可得到叠层结构一体化钻削轴向力：

$$F_z = \int_{r_{Ch}=0}^{r_{Ch}=R_{Ch}} 2\cdot F_z\left(r_{Ch}\right)\cdot dr_{Ch} + \int_{r_{Ce}=0}^{r_{Ce}=R_{Ce}} 2\cdot F_z\left(r_{Ce}\right)\cdot dr_{Ce} + \int_{r_{Mc}=0}^{r_{Mc}=R_{Mc}} 2\cdot F_z\left(r_{Mc}\right)\cdot dr_{Mc} \quad (7-19)$$

并可在此基础上进一步求解出扭矩：

$$M = \int_{r_{Ch}=0}^{r_{Ch}=R_{Ch}} 2\cdot F_z\left(r_{Ch}\right)\cdot R_{Ch}\cdot dr_{Ch} + \int_{r_{Ce}=0}^{r_{Ce}=R_{Ce}} 2\cdot F_z\left(r_{Ce}\right)\cdot R_{Ce}\cdot dr_{Ce} \\ + \int_{r_{Mc}=0}^{r_{Mc}=R_{Mc}} 2\cdot F_z\left(r_{Mc}\right)\cdot R_{Mc}\cdot dr_{Mc}$$

(7-20)

式(7-19)和式(7-20)中，R_{Ch}、R_{Ce} 和 R_{Mc} 分别为所用刀具的横刃半径、切削刃半径和螺旋槽长度。

下面以 T800 级准各向同性铺层 CFRP 与 Ti-6Al-4V 钛合金组成的 CFRP/Ti 叠层结构为例，分别对钻削轴向力和扭矩进行计算。在此算例中，切削系数 K_c、摩擦系数 K_f 和接触系数 K_p 的值可按照表 7-1 进行选取。

在钻削过程中，钻削刀具选用典型麻花钻；工艺参数分别按以下三组进行选取：①N=300r/min，f=0.05mm/r；②N=300r/min，f=0.2mm/r；③N=400r/min，f=0.15mm/r；根据上述条件，计算得钻削轴向力和扭矩，结果如表 7-2 所示。

表 7-1　算例中参数的参考取值

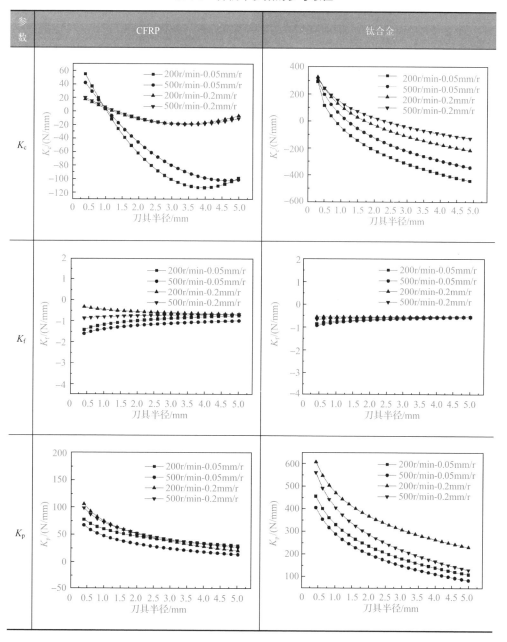

表 7-2　钻削轴向力和扭矩的计算结果和实验结果对比

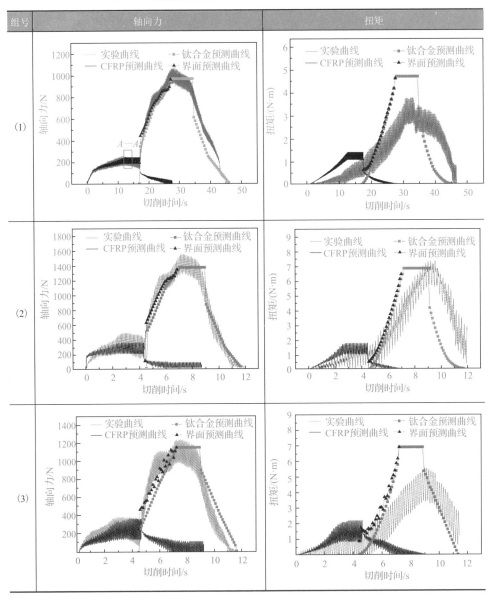

从上述结果可以看出，本节中所提出的叠层结构一体化钻削轴向力计算方法具有较高的计算精度（最大误差在 10%以内）；此外，该方法还可用于准确求解扭矩，最大计算误差在 15%以内。

由以上结果还可知，在 CFRP 与金属叠层结构一体化钻削的过程中，轴向力与扭矩的时变曲线可大致分为三个阶段：CFRP 单独钻削阶段、叠层结构两种材料共同钻削阶段、金属单独钻削阶段。以第(1)组工艺参数所对应的钻削过程为例，如图 7-3 所示，在第Ⅰ阶段中，刀具的横刃和主切削刃对 CFRP 进行单独切削。在此阶段，轴向力起初随着横刃的钻入而增加，而后趋于平稳。这一过程一直持续到刀具钻出 CFRP，进而与金属发生接触。此时，钻削过程将进入第Ⅱ阶段，即叠层结构两种材料共同钻削阶段。在这一过程中，随着横刃逐渐钻入金属，轴向力急剧增加，所达到的峰值一般远高于第Ⅰ阶段。随后，刀具单独对金属材料进行钻削，钻削过程进入第Ⅲ阶段。随着刀具钻出金属，轴向力逐渐下降。从整个过程可以看出，在叠层结构一体化钻削的过程中，轴向力最易发生突变的位置是 CFRP 与金属的界面处。而由于 CFRP 本身抗冲击的能力较差[5]，此类突变极易引起 CFRP 的加工损伤。因此，为保证叠层结构一体化钻削质量，需重点关注界面处 CFRP 的切削状态。

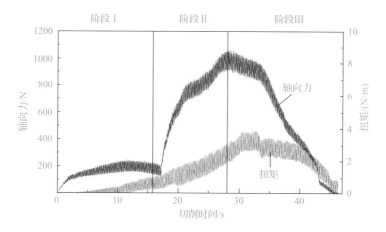

图 7-3　CFRP/金属叠层结构一体化钻削过程的典型轴向力/扭矩实验曲线

通过使用本节提出的方法，可掌握一体化钻削过程中界面处 CFRP 所受轴向力的时变规律。7.2 节将提出界面处切削温度的计算方法，为更全面地掌握界面处 CFRP 的切削状态奠定基础。

7.2　叠层结构一体化钻削界面温度场的计算方法

第 2 章已介绍了切削 CFRP 过程中温度场的计算方法。依据该方法，可对①单独钻削 CFRP；②一体化钻削 CFRP/金属叠层结构两类情形下 CFRP 的切削温度进行计算。然而，对于金属/CFRP 叠层结构的一体化钻削过程而言，由于刀具首先切削金属材料，在此过程中会产生大量切削热并传至 CFRP，使得在对

CFRP 开始切削之前，金属/CFRP 界面处的温度就已明显升高。在这种情形下，若要对 CFRP 的实际切削温度进行准确计算，则不能再继续采用第 2 章中所介绍的热源形式，而必须进一步考虑切削金属产热对界面温度的影响。本节将针对这一问题，提出一种叠层结构一体化钻削界面温度场的计算方法。

在对金属/CFRP 叠层结构的上层金属进行钻削的过程中，所产生的热量将会经金属传递至金属/CFRP 界面处。此时，界面处等效热源的热流密度为[6]

$$q = \frac{\zeta \left(M \omega_{\text{角}} + F_z f \right)}{\pi \left(\dfrac{D}{2} \right)^2 / \sin \Phi_1} \tag{7-21}$$

式中，M 为钻削金属时的扭矩，F_z 为钻削金属时的轴向力，可分别通过式(7-20)和式(7-19)求解；ζ 为换热系数，表征产生的热量传至 CFRP 工件的比例；$\omega_{\text{角}}$ 为刀具运动的角速度；f 为进给量；D 为刀具直径；Φ_1 为钻头顶角的 1/2。

整个传热过程是一个三维空间内的非稳态热传导过程，导热偏微分方程可写为[7]

$$k_x \frac{\partial^2 T}{\partial x^2} + k_y \frac{\partial^2 T}{\partial x^2} + k_z \frac{\partial^2 T}{\partial x^2} + q(x, y, z) = \rho c \frac{\partial T}{\partial t} \tag{7-22}$$

式中，k_x、k_y、k_z 分别为 CFRP 在 x、y、z 方向上的导热系数；T 为相对温升；ρ 为 CFRP 的材料密度；c 为 CFRP 的比热容。

为实现对非均匀温度场的求解，首先对温度场进行离散化处理，获得一系列的节点；再通过确定各节点处的初始条件，以及整个温度场模型的边界条件，由式(7-22)求解出各节点处的温度，进而实现对非均匀温度场的表征。设 N_x、N_y、N_z 分别为 x、y、z 方向上的节点个数，各节点的初始条件可表示为式(7-23)：

$$T_{i,j,k}^0 = T_0 \quad (i \in [0, N_x]; \quad j \in [0, N_y]; \quad k \in [0, N_z]) \tag{7-23}$$

再设工件的长和宽分别为 l_x 和 l_y，金属厚度为 l_{z1}，CFRP 厚度为 l_{z2}，可得温度场模型的边界条件为

$$\begin{cases} \dfrac{\partial T}{\partial x} = 0 & (x = 0, x = l_x) \\[2mm] \dfrac{\partial T}{\partial y} = 0 & (y = 0, y = l_y) \\[2mm] h \cdot T = k_z \dfrac{\partial T}{\partial z} & (z = 0, z = l_{z1} + l_{z2}) \end{cases} \tag{7-24}$$

考虑到在金属/CFRP 界面处往往会存在一定的间隙，使得热传导过程存在一定的阻力。假设该间隙的等效热导率为ε，于是有

$$T\big|_{z=l_{z1}+\Delta z}=\varepsilon\cdot T\big|_{z=l_{z1}} \tag{7-25}$$

综合以上各式，采用有限差分的方法可迭代求解计算金属/CFRP 叠层结构一体化钻削的界面温度场。以如下 Ti/CFRP 叠层结构的一体化钻削过程为例：$N=600\text{r/min}$，$f=0.03\text{mm/r}$，$l_x=l_y=30\text{mm}$，$l_{z1}=8\text{mm}$，$l_{z2}=6\text{mm}$，采用上述方法求得界面处沿孔周 0°、45°、90° 方向上 0.5mm 处和 1.5mm 处（图 7-4(a)）的温度时变曲线，如图 7-4(b)～(d)所示。在 33s 时刻，界面温度场的分布如图 7-5 所示。

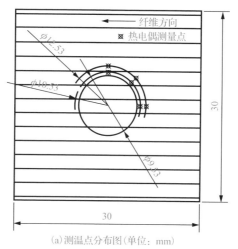

(a)测温点分布图(单位：mm)

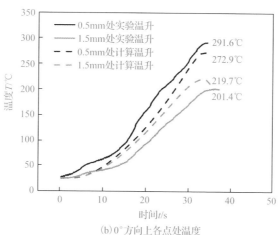

(b)0°方向上各点处温度

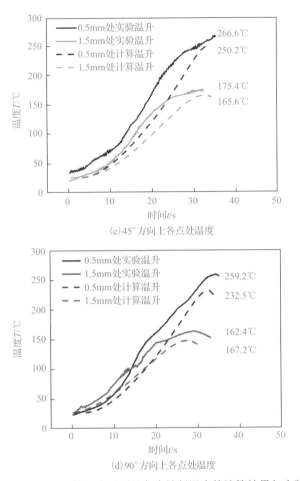

(c) 45°方向上各点处温度

(d) 90°方向上各点处温度

图 7-4　测温点的分布和算例中界面处各点钻削温度的计算结果与实验结果对比

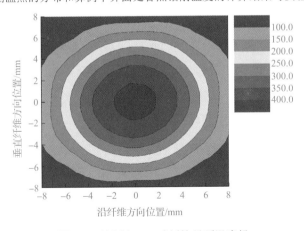

图 7-5　算例中 33s 时刻的界面温度场

从上述结果可以看出，本节中所提出的叠层结构一体化钻削界面温度场的计算方法具有较高的计算精度(最大误差在 10.3%以内)。此外，还发现在金属/CFRP叠层结构一体化钻削过程中，界面处温度极易超过树脂的玻璃转化温度，这将造成界面处 CFRP 表面严重热损伤。因此，为保证叠层结构一体化钻削质量，需合理控制界面处温度。

7.3　不同温度下叠层结构钻削损伤形成的临界条件

在求解出叠层结构一体化钻削轴向力以及温度场之后，为实现对轴向力和温度的合理控制，还需建立控制轴向力和温度的约束条件。而这一约束条件还需根据叠层结构一体化钻削过程中损伤形成的临界条件来确定。

一般而言，在叠层结构一体化钻削过程中，所产生的加工损伤主要包括 CFRP出口分层损伤、由金属切屑引起的 CFRP 孔壁和入口划伤、界面处 CFRP 热损伤等。其中，金属切屑对 CFRP 孔壁和入口的划伤主要是由金属材料在切削过程中未及时断屑所引起的，与轴向力和温度的关联较小；而界面处 CFRP 热损伤的临界条件又比较容易确定，即界面处的最高温度达到或超过树脂的玻璃转化温度。因此，可通过对 CFRP 出口分层损伤形成的临界条件进行计算，来进一步明确合理控制轴向力和温度的约束条件。

相比单独钻削 CFRP，在对金属/CFRP 叠层结构进行一体化钻削时，由于采用的刀具顶角往往更大，且钻削温度往往更高，CFRP 出口分层损伤通常更为严重。考虑到叠层顺序不同时，CFRP 出口处材料所受约束强弱明显不同，使得CFRP 出口分层损伤形成的难易程度也不尽相同，本节将针对不同的叠层顺序，结合温度对 CFRP 强度和模量的影响，提出 CFRP 出口分层损伤临界轴向力的计算方法。

7.3.1　金属/CFRP 叠层一体化钻削

如图 7-6 所示，在这种情况下，CFRP 出口处材料的弱约束切削状态不受金属材料的影响，与单独钻削 CFRP 时相同。但由于刀具先钻削金属，会产生大量热量，易使得 CFRP 温度升高，从而造成 CFRP 强度和模量下降，加剧出口分层损伤的形成。出于这个原因，在计算该叠层顺序下 CFRP 出口分层损伤临界轴向力时，需特别考虑切削温度的影响。

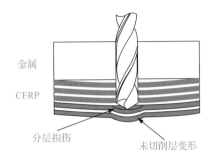

金属

CFRP

分层损伤

未切削层变形

图 7-6   钻削金属/CFRP 时的 CFRP 出口分层损伤形成示意图

基于经典层合板理论，在刀具施加的轴向载荷作用下，CFRP 的弯矩平衡方程为[8]

$$\begin{bmatrix} M_x \\ M_y \\ M_{xy} \end{bmatrix} = \begin{bmatrix} D_{11} & D_{12} & 0 \\ D_{12} & D_{22} & 0 \\ 0 & 0 & D_{66} \end{bmatrix} \begin{bmatrix} K_x \\ K_y \\ K_{xy} \end{bmatrix} - \begin{bmatrix} M_x^{\mathrm{T}} \\ M_y^{\mathrm{T}} \\ M_{xy}^{\mathrm{T}} \end{bmatrix} \tag{7-26}$$

$$D_{\mathrm{C}} = \begin{bmatrix} D_{11} & D_{12} & 0 \\ D_{12} & D_{22} & 0 \\ 0 & 0 & D_{66} \end{bmatrix} \tag{7-27}$$

式中，D_{C} 为未切削层合板的抗弯刚度；M_x、M_y 和 M_{xy} 为层合板横截面上单位宽度的弯矩；M_x^{T}、M_y^{T} 和 M_{xy}^{T} 为热弯矩；K_x、K_y、K_{xy} 为板中面的曲率。

对于热弯矩，可通过式(7-28)求解：

$$\begin{bmatrix} M_x^{\mathrm{T}} \\ M_y^{\mathrm{T}} \\ M_{xy}^{\mathrm{T}} \end{bmatrix} = \Delta T \begin{bmatrix} D_{11} & D_{12} & 0 \\ D_{12} & D_{22} & 0 \\ 0 & 0 & D_{66} \end{bmatrix} \begin{bmatrix} \alpha_x \\ \alpha_y \\ \alpha_{xy} \end{bmatrix} \tag{7-28}$$

式中，ΔT 为钻削出口温度与复合材料成型温度的差；α_x、α_y 和 α_{xy} 为层合板横截面上各方向的热膨胀系数，可由 CFRP 纤维方向上的热膨胀系数 α_1 以及横向热膨胀系数 α_2 通过式(7-29)计算得到：

$$\begin{bmatrix} \alpha_x \\ \alpha_y \\ \alpha_{xy} \end{bmatrix} = \begin{bmatrix} \cos^2\theta & \sin^2\theta & -2\sin\theta\cos\theta \\ \sin^2\theta & \cos^2\theta & 2\sin\theta\cos\theta \\ \sin\theta\cos\theta & -\sin\theta\cos\theta & \cos^2\theta - \sin^2\theta \end{bmatrix} \begin{bmatrix} \alpha_1 \\ \alpha_2 \\ 0 \end{bmatrix} \tag{7-29}$$

式中，θ 为纤维切削角。对于 K_x、K_y 和 K_{xy}，可由式(7-30)计算：

$$
\begin{bmatrix} K_x \\ K_y \\ K_{xy} \end{bmatrix} = \begin{bmatrix} -\dfrac{\partial^2 w}{\partial x^2} \\ -\dfrac{\partial^2 w}{\partial y^2} \\ -2\dfrac{\partial^2 w}{\partial x \partial y} \end{bmatrix} \tag{7-30}
$$

对于图 7-6 中所示的 CFRP 未切削层，在变形过程中还满足如下平衡方程[9]：

$$
\frac{\partial^2 M_x}{\partial x^2} + 2\frac{\partial^2 M_{xy}}{\partial x \partial y} + \frac{\partial^2 M_y}{\partial y^2} + q = 0 \tag{7-31}
$$

式中，q 为 CFRP 分层区域承受的均布载荷。未切削层的挠度满足边界方程：

$$
w = w_0 \left(1 - \frac{x^2}{a^2} - \frac{y^2}{b^2} \right)^2 \tag{7-32}
$$

综合以上各式，可解得未切削层的变形挠度为

$$
w = \frac{F_z \xi_2 a^2 \xi_1}{24\pi D_C} \left(1 - \frac{x^2}{a^2} - \frac{y^2}{b^2} \right)^2 \tag{7-33}
$$

式中，ξ_1 为椭圆形分层区域长轴与短轴的比；F_z 为钻削轴向力；ξ_2 为横刃产生的轴向力占总轴向力的比例系数，取为 40%；a 和 b 分别为未切削层椭圆形分层区域的长、短轴半径；D_C 为未切削层的抗弯刚度：

$$
D_C = D_{11} + \frac{2}{3}\left(D_{12} + 2D_{66} \right)\xi_1^2 + D_{22}\xi_1^4 \tag{7-34}
$$

在此基础上，可通过能量法进一步具体求解当金属在上、CFRP 在下时，CFRP 出口分层损伤形成时的临界轴向力 $F_{z临}$。

依据虚功原理，CFRP 出口分层损伤形成过程中的能量守恒方程如式 (7-35) 所示：

$$
\delta W_c = \delta U_{\varepsilon c} + \delta U_d \tag{7-35}
$$

式中，δW_c 为刀具横刃轴向力的虚功增量；$\delta U_{\varepsilon c}$ 为 CFRP 分层区域变形的虚应变能增量；δU_d 为分层损伤扩展所需虚能。其中，δW_c 可表示为

$$
\delta W_c = \frac{\partial W_c}{\partial a}\delta a = \frac{F_{z临}^2 \xi_2^2 \xi_1 a}{3\pi D_C}\delta a \tag{7-36}
$$

$\delta U_{\varepsilon c}$ 可表示为

$$
\delta U_{\varepsilon c} = \frac{\partial U_{\varepsilon c}}{\partial a}\delta a = \left(\frac{2F_{z临}^2 \xi_2^2 \xi_1 a}{9\pi D_C} + \frac{D_T \pi a}{\xi_2}\Delta T^2 \right)\delta a \tag{7-37}
$$

式中：

$$
D_T = D_{11T} + D_{22T} + 2D_{12T} + 4D_{66T} \quad (D_{ijT} = D_{ij}(\alpha_i \alpha_j)) \tag{7-38}
$$

δU_d 可通过 I 型层间断裂韧性 G_{Ic} 和分层区域面积增量 δA 表示：

$$\delta U_d = G_{Ic}\delta A \tag{7-39}$$

综合以上各式，可解得该叠层顺序下 CFRP 出口分层损伤临界轴向力为

$$F_{z临} = \frac{3\pi}{\xi_1\xi_2}\sqrt{D_C\left(D_T\Delta T^2 + 2G_{Ic}\right)} \tag{7-40}$$

7.3.2 CFRP/金属叠层一体化钻削

与前述情形不同，如图 7-7 所示，当对 CFRP 在上、金属在下的叠层结构进行一体化钻削时，位于 CFRP 出口处的材料将受到来自金属的支撑作用。由第 6 章可知，这种支撑作用将会改变出口处材料的弱约束切削状态，从而对 CFRP 出口分层损伤的形成产生直接的影响。因此，对于 CFRP/金属叠层结构，在计算 CFRP 出口分层损伤临界轴向力时，不仅要考虑温度对 CFRP 强度和模量的影响，还需进一步考虑金属对出口处材料的支撑作用。

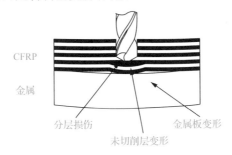

图 7-7　钻削 CFRP/金属时的 CFRP 出口分层损伤形成示意图

设 κ 为金属对 CFRP 的支撑力系数，则支撑力 P_{re} 可通过轴向力 F_z 近似表示为

$$P_{re} = \kappa F_z \tag{7-41}$$

根据式 (7-33)，受支撑力作用的 CFRP 未切削层变形挠度为

$$w = \frac{(P_c - P_{re})a^2\xi_1}{6\pi D_C}\left(1 - \frac{x^2}{a^2} - \frac{y^2}{b^2}\right)^2 \tag{7-42}$$

式中，P_c 为刀具横刃产生的轴向力，可表示为 $\xi_2 F_z$。

受到 CFRP 未切削层变形的影响，金属板也将随之发生一定程度的弯曲变形。该变形可简化为具有固支边界的圆形板在集中载荷作用下的弯曲变形，挠度可表示为

$$w_m = \frac{3\left(1-\nu^2\right)P_{re}}{4\pi E_m h_m^3}\left[2r^2\ln\frac{r}{l} + \left(l^2 - r^2\right)\right]^2 \tag{7-43}$$

式中，E_m 为金属弹性模量；h_m 为金属板厚度；ν 为泊松比；r 为金属材料半径；l

为装夹区域的等效半径。依据变形协调原理，可得方程：

$$w\big|_{x=0,y=0} + w_{\text{CFRP}}\big|_{x=a,y=0} = w_{\text{m}}\big|_{r=0} \tag{7-44}$$

由式(7-44)可解得支撑力系数 κ 为

$$\kappa = \frac{\dfrac{\xi_1\xi_2}{6\pi D_{\text{C}}} + \dfrac{\xi_1\left(\lambda^2-1\right)^2}{6\pi\lambda^2 D_{\text{CFRP}}}}{\dfrac{\xi_1}{6\pi D_{\text{C}}} + \dfrac{\xi_1\left(\lambda^2-1\right)^2}{6\pi\lambda^2 D_{\text{CFRP}}} + \dfrac{3\left(1-\nu^2\right)\lambda^2}{4\pi E_{\text{m}}h_{\text{m}}^3}} \tag{7-45}$$

式中，D_{CFRP} 为整体复合材料板的抗弯刚度；λ 为装夹区域等效半径与孔径的比。

采用与推导式(7-36)和式(7-37)时相同的方法，可求得此时刀具横刃轴向力的虚功增量 δW_{c} 和 CFRP 分层区域变形的虚应变能增量 $\delta U_{\varepsilon\text{c}}$ 分别为

$$\delta W_{\text{c}} = \frac{\partial W_{\text{c}}}{\partial a}\delta a = \frac{F_{z\text{临}}^2\xi_1 a}{3\pi D_{\text{C}}}\left(\xi_2{}^2 - \xi_2\kappa\right)\delta a \tag{7-46}$$

$$\delta U_{\varepsilon\text{c}} = \frac{\partial U_{\varepsilon\text{c}}}{\partial a}\delta a = \left(\frac{2F_{z\text{临}}^2\left(\xi_1-\kappa\right)^2\xi_2 a}{9\pi D_{\text{C}}} + \frac{D_{\text{T}}\pi a}{\xi_2}\Delta T^2\right)\delta a \tag{7-47}$$

再由式(7-35)所示的能量守恒方程，可解得该叠层顺序下 CFRP 出口分层损伤临界轴向力为

$$F_{z\text{临}} = \frac{3\pi}{\xi_1}\sqrt{\frac{\left(D_{\text{T}}\Delta T^2 + 2G_{\text{Ic}}\right)\cdot D_{\text{C}}}{\left(\xi_2-\kappa\right)\left(2\xi_2+\kappa\right)}} \tag{7-48}$$

采用上述方法，基于选用表 7-3 所示的 G_{Ic} 数值，分析在 Ti/CFRP 叠层结构的钻削过程中，钻削出口温度对分层损伤临界轴向力数值的影响，结果如图 7-8 所示。可见，分层损伤临界轴向力的数值随着钻削温度的升高而降低，例如，采用 Chou 等[10]发表的文献中的材料参数计算最后一层的分层损伤临界轴向力数值时，当钻削温度由 20℃升高到 150℃时，其临界轴向力下降约 12.7%，这表明钻削出口温度累积易加剧分层损伤的产生。

表 7-3　不同温度的 G_{Ic} 数值

文献	材料	相邻两层纤维方向差	温度/℃	$G_{\text{Ic}}/(\text{J/m}^2)$
Chou 等[10]	T800H/3631	0°	20	200
		0°	150	200
Asp[11]	HTA/6376C	0°	20	220
		0°	100	250

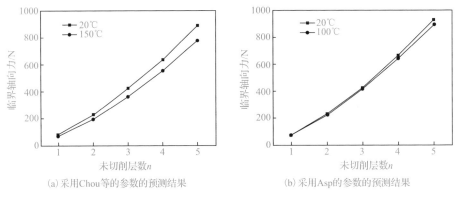

(a) 采用Chou等的参数的预测结果　　　　　(b) 采用Asp的参数的预测结果

图 7-8　温度对分层损伤临界轴向力的影响

7.4　叠层结构一体化钻削损伤抑制方法

前面已经提到，在叠层结构一体化钻削过程中，产生的加工损伤形式主要包括 CFRP 出口分层损伤、由金属切屑引起的 CFRP 孔壁和入口划伤、界面处 CFRP 热损伤等。为改善叠层结构一体化钻削质量，需针对这些损伤产生的源头提出行之有效的解决方法。具体而言，对于 CFRP 出口分层损伤，其形成主要与钻削轴向力过大有关。7.1～7.3 节已具体介绍了钻削轴向力以及不同温度下 CFRP 出口分层损伤临界轴向力的计算方法，本节将依据计算结果，提出一类多阶梯多刃带式低损伤钻削刀具结构，以减小 CFRP 出口分层损伤；对于 CFRP 孔壁和入口划伤，其形成主要与金属切屑的划擦作用有关。针对这一问题，本节将提出一类竖刃断屑式低损伤钻削刀具结构，以强化刀具的断屑功能，从而减轻金属切屑在排出过程中对 CFRP 的损伤。对于界面处 CFRP 热损伤，有效降低钻削温度是抑制此类加工损伤的关键。第 6 章中所介绍的一系列低损伤钻削工艺都能够有效降低 CFRP 钻削温度，并能够为叠层结构一体化钻削过程的工艺制定提供参考，因此这里不再赘述。下面将重点针对叠层结构一体化钻削过程中 CFRP 出口分层损伤、CFRP 孔壁和入口划伤的抑制方法展开介绍。

7.4.1　多阶梯多刃带式低损伤钻削刀具结构

为实现叠层结构的一体化高质量钻削，既要保证 CFRP、金属材料被有效去除，还要避免实际钻削轴向力达到或超过 CFRP 分层损伤临界轴向力。若采用普通麻花钻对叠层结构进行一体化钻削，并通过减小钻头顶角的方式降低钻削轴向力峰值，虽能在一定程度上避免 CFRP 出口分层损伤的产生，但会面临刀具难以有效钻入高强金属材料的窘境。可见，仅减小刀具载荷，无法解决叠层结构一体化钻削的难题。

1. 叠层结构的梯度切削

阶梯钻削刀具(图 7-9)是一类通过阶梯结构分散轴向载荷，从而有效降低钻削轴向力峰值的刀具。该类刀具的优势在于，既能提供足够强的载荷，又能通过对载荷进行合理分布，避免钻削轴向力过大的问题。因此，该类刀具已在叠层结构的一体化钻削中得到了广泛应用。然而，此类刀具对于钻削轴向力载荷的分散效果与各阶梯直径比例等结构参数密切相关。一旦这些结构参数选择不当，则无法保证叠层钻削轴向力不超过 CFRP 分层损伤临界轴向力，也难以满足叠层结构一体化高质量钻削要求。因此，有必要优选阶梯钻削刀具的结构参数。

图 7-9　典型的阶梯钻削刀具

具体而言，为保证叠层结构一体化钻削质量，在对阶梯钻削刀具的结构参数进行优选时，需以实际轴向力不超过分层损伤临界轴向力作为约束条件。式(7-19)已建立了实际轴向力与切削刃半径之间的定量关系；7.3 节中针对不同的叠层结构形式，建立了 CFRP 分层损伤临界轴向力的计算方法(式(7-40)和式(7-48))。因此，在此基础上，分别求解出满足"实际轴向力不超过分层损伤临界轴向力"这一条件时阶梯的直径范围。

由表 7-1 可知，当所使用的钻削工艺参数不同时，钻削轴向力计算公式中的切削系数 K_c、摩擦系数 K_f 和接触系数 K_p 的取值也会发生变化，使得实际轴向力的大小也相应改变，所以在设置各阶梯直径时，还要结合具体的工艺参数。以钻削 Ti/CFRP 叠层结构(厚度为 4mm/6mm)，若采用的阶梯钻削刀具的公称直径为 9.53mm，横刃长度为 0.6mm，各阶梯顶角均为 135°，设计前角为 15°，设计后角为 12°，则刀具第一阶梯直径优选结果如表 7-4 所示。

表 7-4　算例中刀具第一阶梯直径优选结果

钻削工艺参数	第一阶梯直径优选范围/mm
N=300r/min, f=0.03mm/r	7.72～8.57
N=600r/min, f=0.06mm/r	6.03～6.86

除对阶梯钻削刀具的阶梯直径进行优选外，为进一步改善叠层结构一体化钻削质量，本节基于第 4 章中提出的"微元去除"CFRP 切削加工损伤抑制原理，针对决定终孔质量的第二阶梯结构，提出梯度切削刀具结构设计思想。

采用第 4 章中的方法，可将第二阶梯对材料的去除过程简化为图 7-10 所示的直角切削过程。在此过程中，已加工表面会受到刀具切削刃和后刀面的挤压作用，产生变形和回弹。此时，若切深较大，则切削力往往也较大，使得已加工表面的回弹现象更为明显，极易造成两种材料在实际切削深度上的偏差；此外，如图 7-10(b)所示，当加工至 CFRP 出口附近时，较大的切削力还会引起纤维严重变形，致使 CFRP 出口损伤程度加剧。可见，采用大切深不利于实现叠层结构的一体化高质量钻削。

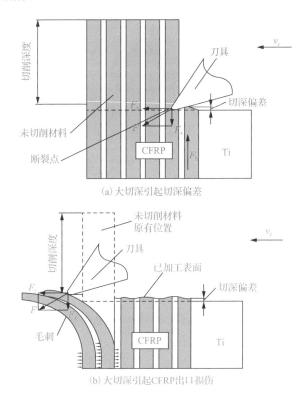

(a) 大切深引起切深偏差

(b) 大切深引起CFRP出口损伤

图 7-10　大切深对叠层结构一体化钻削质量的不利影响示意图

而当采用小切深时，如图 7-11(a)所示，由于切削力较小，孔径偏差和 CFRP 出口损伤程度将会得到抑制。然而，由图 7-11(a)还可发现，采用一次小切深加工，无法去除全部加工余量。因此，为在保证钻削质量的同时，满足孔的公称直径要求，需进行多次加工，但这样会严重降低加工效率。

　　为解决这一问题,可采用如图 7-11(b)所示的梯度切削思想来实现叠层结构的高质/高效钻削加工。即采用小切深对材料进行多梯度切削,既改善了加工质量,又保证了材料去除效率,这与第 4 章中提出的"微元去除"CFRP 切削加工损伤抑制原理的总体思想是一致的。

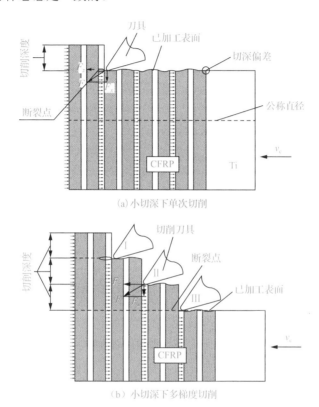

(a)小切深下单次切削

(b)小切深下多梯度切削

图 7-11　小切深下单次切削与多梯度切削过程简化示意图

2. 具有梯度切削功能的多阶梯多刃带式钻削刀具

　　为实现梯度切削思想,在阶梯钻削刀具的第二阶梯上,提出了多刃带的刀具结构[12],如图 7-12 所示。其中,各刃带的起始位置和直径均不相同。具体而言,第一刃带的起始位置最靠近钻尖,其余刃带沿刀具螺旋槽旋转方向顺势排布,起始位置相差约 0.4mm(约为 2 层 CFRP 单层厚度),从而在轴向上实现了梯度切削;在刀具旋转方向上,每条刃带的直径由钻心向外逐渐增加,从而在径向上实现了小切深加工(图 7-13)。各刃带都采用对称结构,保证了刀具的稳定性。

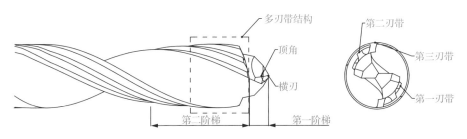

图 7-12　多阶梯多刃带式钻削刀具结构

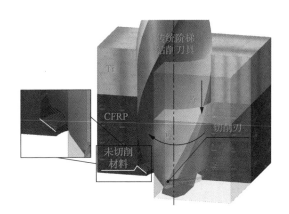

(a)传统阶梯钻削刀具

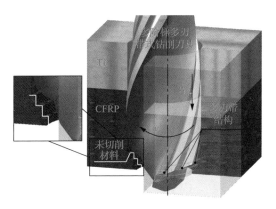

(b)多阶梯多刃带式钻削刀具

图 7-13　使用不同结构的阶梯钻削刀具钻削 Ti/CFRP 的示意图

以此为依据，设计出 3 系列叠层结构一体化低损伤钻削刀具，如表 7-5 所示。以最典型的多阶梯多刃带钻（第一阶梯直径取为 7.72mm，第二阶梯直径取为 9.53mm）为例，在对 Ti/CFRP 叠层结构（厚度为 6mm/6mm）进行一体化钻削时，设加工工艺参数 N=300r/min，f=0.03mm/r，得孔径偏差、出口分层、毛刺、撕裂损伤情况，分别如图 7-14、图 7-15 和表 7-6 所示。

上述结果表明，使用本节提出的多阶梯多刃带式钻削刀具，不仅能够提升 CFRP 与金属叠层的一体化制孔精度，还能够有效降低加工损伤，从而有利于全面改善叠层结构一体化钻削质量。

表 7-5　3 系列多阶梯多刃带式叠层结构一体化低损伤钻削刀具

项目	多阶梯多刃带钻	双刃带钻铰一体刀具	微齿双刃带钻铰刀具
主视图			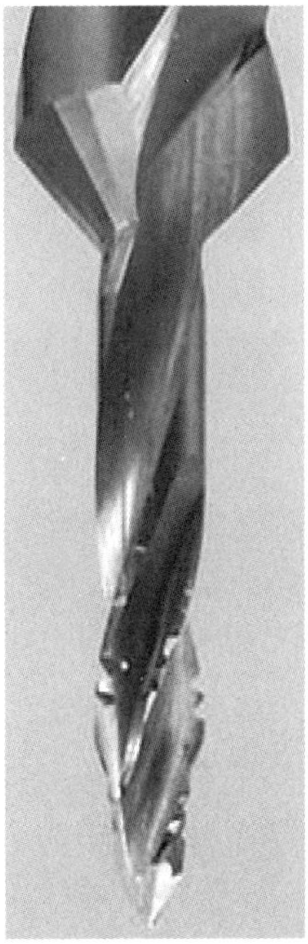
适用范围	Ti/CFRP 叠层大厚度、大直径孔加工	Ti/CFRP、Al/CFRP 叠层小直径深孔加工	CFRP、Al/CFRP 叠层小直径孔加工

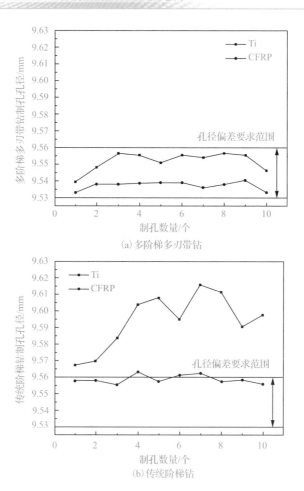

(a) 多阶梯多刃带钻

(b) 传统阶梯钻

图 7-14　使用不同结构刀具钻削 Ti/CFRP 的孔径

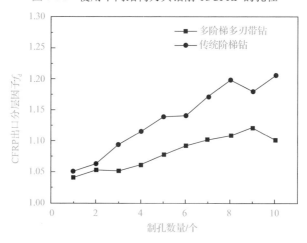

图 7-15　使用不同结构刀具加工 Ti/CFRP 的出口分层因子

表 7-6　使用不同结构刀具钻削 Ti/CFRP 的出口毛刺及撕裂

刀具名称		1	2	3	4
多阶梯多刃带钻	CFRP				
	Ti				
传统阶梯钻	CFRP				
	Ti				

刀具名称		5	6	7	8
多阶梯多刃带钻	CFRP				
	Ti				
传统阶梯钻	CFRP				
	Ti				

续表

刀具名称		9	10		
多阶梯 多刃带钻	CFRP	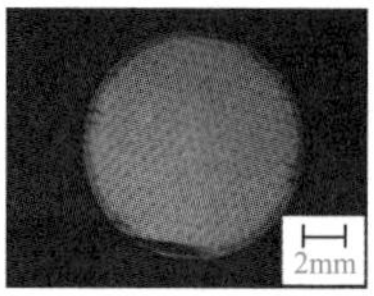	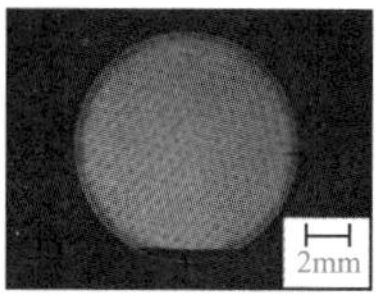		
	Ti	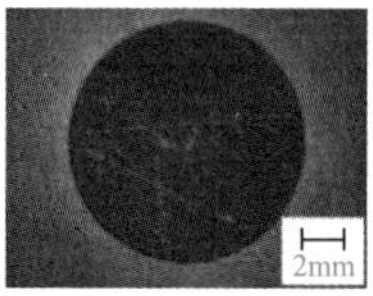	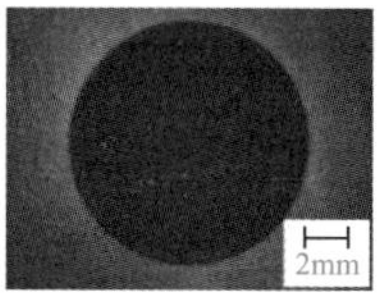		
传统 阶梯钻	CFRP	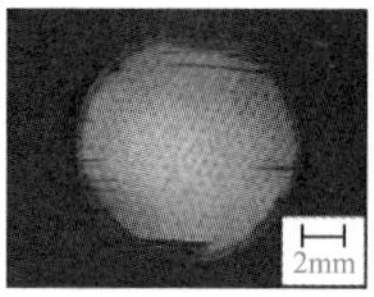	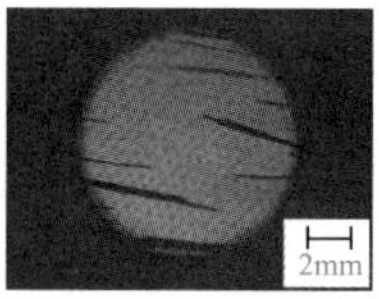		
	Ti	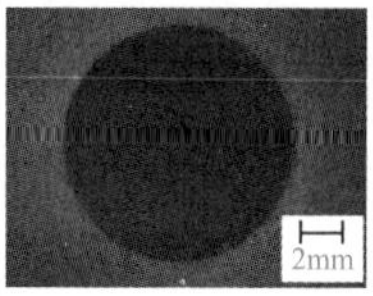	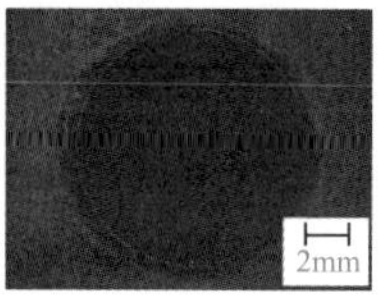		

7.4.2 竖刃断屑式低损伤钻削刀具结构

通过使用 7.4.1 节中所提出的刀具,很好地解决了叠层结构一体化钻削过程中轴向力过大的问题,既大幅提升了叠层制孔精度,又有效抑制了 CFRP 出口损伤。这些刀具特别适合于加工 CFRP 与高硬度金属组成的叠层结构。然而,在高端装备零件常用的金属材料中,还有一类延展性特别好的材料,如 Al6061 铝合金,在对这类材料进行钻削时,极易产生长切屑[13]。如果对由此类金属材料和 CFRP 组成的叠层结构(特别是 CFRP 在上、金属在下的情况)进行一体化钻削加工,则由于金属切屑较长,在沿排屑槽排出的过程中极易划伤 CFRP,从而导致 CFRP 孔壁甚至入口处极易产生严重的加工损伤。针对这类问题,本节提出一种竖刃断屑式低损伤钻削刀具结构,以通过促进断屑,从源头上解决金属切屑划伤 CFRP 孔壁或入口的问题。

1. 阶梯钻钻削金属的断屑理论

如图 7-16 所示,假设金属切屑的厚度为 a_{ch},宽度为 a_w,有式(7-49)成立[14]:

$$\begin{cases} a_{\mathrm{ch}} = \dfrac{f \sin\left(2\Phi_2\right) \cos\left(\dfrac{\pi}{4} - Q\right)}{2 \sin\left(\dfrac{\pi}{4} - Q + \gamma\right)} \\[4ex] a_{\mathrm{w}} = \dfrac{D - D_0}{2 \sin\left(2\Phi_2\right)} \end{cases} \tag{7-49}$$

式中，f 为进给量；Φ_2 为第二阶梯顶角的 $1/2$；D 为第二阶梯直径；D_0 为第一阶梯直径；Q 为切屑与前刀面间的摩擦角；γ 为刀具名义前角。

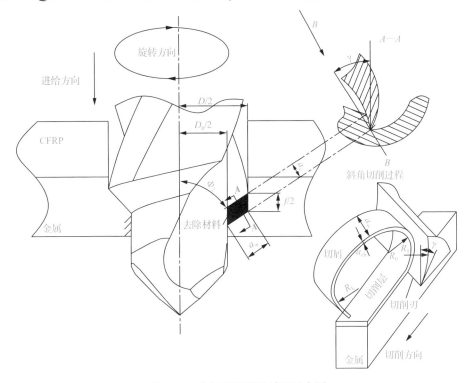

图 7-16　金属切屑流动过程示意图

在切屑排出过程中，会发生图 7-16 所示的卷曲变形。当切屑表面应变 ε 达到或超过金属材料的许用应变值 ε_{B} 时，就会发生断裂，切屑表面应变 ε 可通过式(7-50)计算[15]：

$$\varepsilon = \frac{a_{\mathrm{ch}}}{2}\left(\frac{1}{R_0} - \frac{1}{R_{\mathrm{L}}}\right) \tag{7-50}$$

式中，R_0 为切屑初始卷曲半径，可近似认为与刀面半径 R_1 (图 7-16) 相同；R_{L} 为切屑断裂时的卷曲半径。将式(7-49)代入式(7-50)中可得

$$\varepsilon = \frac{f \sin \Phi_2 \cos\left(\dfrac{\pi}{4} - Q\right)}{4 \sin\left(\dfrac{\pi}{4} - Q + \gamma\right)} \left(\frac{1}{R_1} - \frac{1}{R_L}\right) \tag{7-51}$$

由式(7-51)可知，减小前角和增加刀面半径都有利于增大切屑表面应变 ε，从而促进断屑。但由第 3 章可知，减小前角不利于抑制 CFRP 加工损伤；而若在切屑主流动方向上增加刀面半径，虽然有助于断屑，但这将阻碍切屑沿排屑槽的流动，对排屑过程造成不利影响。可见，仅仅减小前角或增加刀面半径都无法从根本上解决问题，而为实现叠层结构的一体化高质量钻削，还需提出一种新的断屑结构。

具体而言，如图 7-17 所示，若在切屑流动的侧向增加一个隔挡面，则切屑在流动过程中将不仅向上卷曲，还会向侧向卷曲。在这种情形下，切屑的表面应变 ε_1 变为

$$\varepsilon_1 = \frac{f \sin \Phi_2 \cos(\pi/4 - \varphi)}{4 \sin(\pi/4 - \varphi + \gamma)} \left(\frac{1}{R_c} - \frac{1}{R_L}\right) \tag{7-52}$$

式中，φ 为剪切角；R_c 的大小为

$$R_c = \sqrt{\frac{1 - \sin^2 \eta \cos^2 P}{\sqrt{\left(\dfrac{\cos \eta}{R_u}\right)^2 + \left(\dfrac{1}{R_s}\right)^2}}} \tag{7-53}$$

式中，R_u 和 R_s 分别为切屑在流动过程中的向上卷曲半径和侧向卷曲半径；η 为切屑流出角度；P 为切屑旋转中轴和 x 轴的角度，两者可通过式(7-54)求解：

$$\begin{cases} \eta = \tan \lambda_s / \sin \gamma \\ P = \arctan \dfrac{R_u}{R_s \cos \eta} \end{cases} \tag{7-54}$$

式中，λ_s 是刃倾角，结合式(7-53)和式(7-54)，可以得到 $\cos^2 \eta$：

$$\cos^2 \eta = \frac{-2 \pm \sqrt{\dfrac{R_u^2}{R_c^2} + \dfrac{R_s^2}{R_c^2} - \dfrac{R_u^2 R_s^2}{R_c^4}}}{2\left(\dfrac{R_s^2}{R_u^2} - \dfrac{R_s^2}{R_c^2}\right)} \tag{7-55}$$

由于 $0 < \cos^2 \eta < 1$，可解得

$$\frac{1}{R_c^2} - \frac{1}{R_u^2} > 0 \tag{7-56}$$

于是有

$$\varepsilon_1 - \varepsilon = \frac{f\sin\Phi_2\cos(\pi/4-\varphi)}{4\sin(\pi/4-\varphi+\gamma)}\left(\frac{1}{R_c}-\frac{1}{R_u}\right) > 0 \qquad (7\text{-}57)$$

由此可知，在切屑沿侧向流动时，增加一个隔挡面会使切屑的表面应变更大，从而有利于断屑。

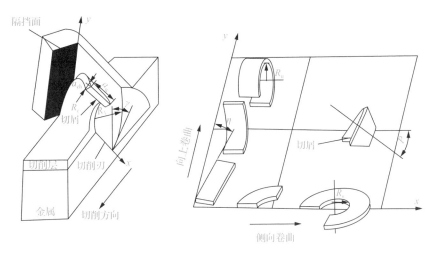

图 7-17　金属切屑在隔挡面作用下的流动状态简化示意图

2. 竖刃断屑式钻削刀具结构

　　基于上述分析，将这一侧向隔挡面结构引入阶梯钻削刀具的设计中，可得如图 7-18 所示的竖刃断屑式钻削刀具结构[16-21]。

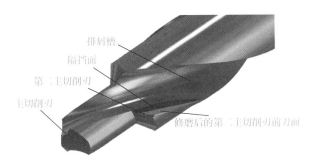

图 7-18　竖刃断屑式钻削刀具结构

　　以此为依据，设计出 3 系列叠层结构一体化低损伤钻削刀具，如表 7-7 所示。以最典型的竖刃阶梯钻(第一阶梯直径为 4.88mm，第二阶梯直径为 6.36mm)为例，在对 CFRP/Al 叠层结构(厚度为 8mm/4mm)进行一体化钻削时，设加工工艺参数 N=3000r/min，f=0.03mm/r，得切屑形态、CFRP 孔壁粗糙度、CFRP 入口损伤情况，分别如图 7-19、图 7-20 和表 7-8 所示。

表 7-7　3 系列竖刃断屑式叠层结构一体化低损伤钻削刀具

项目	竖刃阶梯钻	双刃带竖刃钻锪一体刀具	竖刃手工刀具
主视图	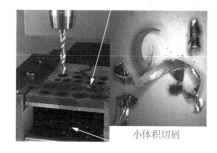		
适用范围	CFRP/Al、CFRP/Ti 叠层大厚度、大直径孔加工	CFRP/Al、CFRP/Ti 叠层钻锪孔加工	CFRP/Al、GFRP/Al 叠层小直径孔手工加工

（a）竖刃阶梯钻　　　　　　　　　　（b）传统阶梯钻

图 7-19　使用不同结构刀具钻削 CFRP/Al 的切屑形态

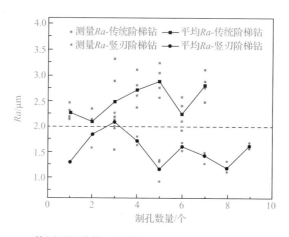

图 7-20　使用不同结构刀具钻削 CFRP/Al 的 CFRP 孔壁粗糙度

表 7-8　使用不同结构刀具钻削 CFRP/Al 的 CFRP 入口损伤

刀具名称	1	2	3	4	5
传统阶梯钻					
竖刃阶梯钻					

刀具名称	6	7	8	9
传统阶梯钻				
竖刃阶梯钻				

　　由以上结果可以发现，当使用传统阶梯钻对叠层结构进行一体化钻削时，难以实现有效断屑，易形成长切屑，甚至发生缠刀现象(图 7-19(b))。而若使用竖刃断屑式钻削刀具，则可实现有效断屑(图 7-19(a))，由此在很大程度上减轻了金属切屑对 CFRP 孔壁及入口的划擦，既提高了孔壁质量，又有效抑制了 CFRP 的入口损伤。因此，本节所提出的竖刃断屑式低损伤钻削刀具结构对于改善 CFRP 与金属叠层结构的钻削质量而言是非常有利的。

7.5　本章小结

　　本章首先针对 CFRP 与金属叠层结构一体化钻削过程中，易因轴向力过大而出现 CFRP 出口分层损伤的问题，提出了叠层结构一体化钻削轴向力的计算方法；在此基础上，为将钻削轴向力控制在合理的范围内，分别针对金属/CFRP 叠层和 CFRP/金属叠层等形式，考虑钻削温升对 CFRP 强度和模量的影响，提出了 CFRP 出口分层损伤临界轴向力的计算方法；再以实际钻削轴向力小于 CFRP 出口分层损伤临界轴向力为约束条件，优选了阶梯钻削刀具各阶梯直径比例；并通过提出梯度切削刀具结构设计思想，形成了一类多阶梯多刃带式低损伤钻削刀具结构。此外，针对一类高延展性金属与 CFRP 组成的叠层结构，为解决一体化钻削过程中金属不易断屑，从而划伤 CFRP 孔壁甚至入口的问题，提出了一类竖刃断屑式低损伤钻削刀具结构。依据上述刀具结构，设计出 6 系列叠层结构低损伤钻削刀具，有效地改善了叠层结构的一体化钻削质量。

参 考 文 献

[1] 陈亚莉. 从 A350XWB 看大型客机的选材方向[J]. 航空制造技术, 2009, 52（12）: 34-37.

[2] SAUNDERS L K L, MAUCH C A. An exit burr model for drilling of metals[J]. Journal of manufacturing science and engineering, 2001, 123（4）: 562-566.

[3] RUBENSTEIN C. The edge force components in oblique cutting[J]. International journal of machine tools and manufacture, 1990, 30（1）: 141-149.

[4] SCHULZE V, BECKE C, PABST R. Specific machining forces and resultant force vectors for machining of reinforced plastics[J]. CIRP annals, 2011, 60（1）: 69-72.

[5] GREENHALGH E S. Failure analysis and fractography of polymer composites[M]. New York: Woodhead Publishing Limited, 2009.

[6] BONO M, NI J. A model for predicting the heat flow into the workpiece in dry drilling[J]. Journal of manufacturing science & engineering, 2002, 124(4): 773-777.

[7] 战洪仁, 张先珍, 李雅侠, 等. 工程传热学基础[M]. 北京: 中国石化出版社, 2014.

[8] TIMOSHENKO S, WOINOWSKY-KRIEGER S. Theory of plates and shells[M]. New York: McGraw-Hill Book Company, 1987.

[9] ZHANG L B, WANG L J, LIU X Y. A mechanical model for predicting critical thrust forces in drilling composite laminates[J]. Proceedings of the institution of mechanical engineers, part B: journal of engineering manufacture, 2001, 215（2）: 135-146.

[10] CHOU I, KIMPARA I, KAGEYAMA K, et al. Mode Ⅰ and mode Ⅱ fracture toughness measured between differently oriented plies in graphite/epoxy composites[J]. ASTM,1995, STP-1230: 132-151.

[11] ASP L E. The effects of moisture and temperature on the interlaminar delamination toughness of a carbon/epoxy composite[J]. Composites science and technology, 1998, 58（6）: 967-977.

[12] 大连理工大学. 用于叠层结构零件整体制孔的多阶梯多刃刀具: 中国, 201610010005.1[P]. 2017-06-23.

[13] JIA Z Y, ZHANG C, WANG F J, et al. Multi-margin drill structure for improving hole quality and dimensional consistency in drilling Ti/CFRP Stacks[J]. Journal of materials processing technology, 2020, 276:116045.

[14] LEE E H, SHAFFER B W. The theory of plasticity applied to a problem of machining[J]. Journal of applied mechanics, 1951, 18（4）: 405-413.

[15] YILMAZ B, KARABULUT S, GULLU A, et al. A review of the chip breaking methods for continuous chips in turning[J]. Journal of manufacturing processes, 2020, (49):50-69.

[16] 大连理工大学. 用于复合材料及其叠层结构高质量制孔的竖刃双阶梯微齿刀具: 中国, 201810466351.X[P]. 2020-04-07.

[17] 大连理工大学. 一种阶梯钻变径位置切削刃的断屑结构: 中国, 201810984639.6[P]. 2020-08-04.

[18] Dalian University of Technology. Vertical-edge double-step sawtooth cutter for preparing high-quality holes of composite material and hybrid stack structure thereof: US, 107518101 B2[P]. 2020-05-14.

[19] Dalian University of Technology. Vertical-edge double-step sawtooth cutter for preparing high-quality holes of composite material and hybrid stack structure thereof: EP, 3756803[P]. 2019-05-31.

[20] Dalian University of Technology. Vertical-edge double-step sawtooth cutter for preparing high-quality holes of composite material and hybrid stack structure thereof: JP, 6775856[P]. 2020-10-09.

[21] WANG F J, ZHAO M, FU R, et al. Novel chip-breaking structure of step drill for drilling damage reduction on CFRP/Al stack[J]. Journal of materials processing technology, 2021, 291:117033.

关键词索引

B

本构模型　52
边界条件　47
变形　15
表层损伤　129
玻璃转化温度　10

C

CFRP　1
成屑行为　26
成型　1
出口损伤　101
粗糙度　63

D

单纤维　27
单纤维切削模型　26
刀-工接触　45
刀-工界面　33
刀具　17
刀具几何特征　101
刀具结构　113
刀具磨损　17
刀具磨损形态　144
刀具磨损抑制　21
低损伤　14
低损伤切削　19
地基梁　28

叠层结构　14
叠层顺序　203
断裂　10
断屑　203
钝圆半径　88
多向约束　27

F

反向剪切　88
分层损伤　17
复合材料　1
副切削刃　106

G

各向异性　11
工艺　1
工艺参数　53

H

横刃　106
宏观尺度　26
后刀面　40
后刀面磨损　145
后角　46
划伤　21

J

加工　13
加工方法　15

加工工具　20

加工工艺　15

加工损伤　14

界面　13

界面开裂　37

界面温度场　191

金属切屑　21

金属切削　21

进给　16

进给量　107

进给速度　80

K

抗拉强度　2

孔壁　79

孔壁质量　154

孔出口　79

孔径　112

L

冷却　153

冷却工艺　153

临界条件　203

螺旋刃　129

M

毛刺损伤　79

面下损伤　69

N

内冷孔　153

逆向冷却　161

黏结强度　29

P

铺层　19

铺放　11

Q

前刀面　35

前角　41

强度　2

强度极限　33

切屑　17

切削　16

切削方向　38

切削机理　18

切削宽度　76

切削理论　18

切削力　15

切削力预测　50

切削模型　26

切削区　19

切削区温度　19

切削热　17

切削刃钝圆半径　31

切削深度　29

切削速度　18

切削温度　19

R

热量　12

热量分配　43

热损伤　15

刃倾角　88

入口损伤　219

润滑冷却　153

S

失效准则　55

树脂　1

树脂及界面开裂 18

数值模拟 22

撕裂损伤 90

损伤 13

损伤起始 52

损伤深度 75

损伤形成机制 18

损伤演化 52

损伤抑制原理 88

T

碳纤维 1

碳纤维增强树脂基复合材料 1

梯度切削 209

涂层刀具 156

W

网格划分 58

微齿 87

微齿结构 89

微元去除 88

温度场 43

X

铣削 16

铣削刀具 89

铣削刀具结构 129

铣削工艺 161

铣削工艺参数 138

铣削损伤 14

细观尺度 26

纤维 1

纤维变形 30

纤维断裂 18

纤维方向 2

纤维切削角 18

显微观测 36

形貌 21

Y

一体化钻削 190

应力 27

优化 53

有限元数值模拟 18

约束 18

约束状态 19

约束作用 20

Z

直角切削 35

直角切削模拟 78

制孔 14

制孔质量 102

终孔 112

轴向力 53

轴向力计算 209

主切削刃 82

主轴转速 129

钻削 16

钻削刀具 89

钻削刀具结构 102

钻削工艺 161

钻削工艺参数 162

钻削损伤 14